Schwarze

Mathematik für Wirtschaftswissenschaftler
Band 3: Lineare Algebra und Lineare Programmierung

"Freilich habe ich seinerzeit auch einige Semester Mathematik auf der Universität studiert, und es gibt auf den deutschen volkswirtschaftlichen Fakultäten noch immer solche Kreise, die von der Erkenntnis, daß ein Fachkollege nebenbei auch etwas von Mathematik versteht, ebenso peinlich berührt sind, als wenn sie entdeckt hätten, daß derselbe im stillen eine Hafenschenke leite oder die Funktion eines Scharfrichters ausübe."

Aus: O. Anderson: Und dennoch mehr Vorsicht mit Indexzahlen. Allgem. Stat. Archiv **34**(1950), S. 37.

NWB
STUDIENBÜCHER WIRTSCHAFTSWISSENSCHAFTEN

Mathematik für Wirtschaftswissenschaftler

Band 3: Lineare Algebra und Lineare Programmierung

Von Professor Dr. Jochen Schwarze

6. Auflage

Verlag Neue Wirtschafts-Briefe · Herne/Berlin

CIP-Kurztitelaufnahme der Deutschen Bibliothek

Schwarze, Jochen:
Mathematik für Wirtschaftswissenschaftler /
von Jochen Schwarze. – Herne ; Berlin : Verlag
Neue Wirtschafts-Briefe
(NWB-Studienbücher Wirtschaftswissenschaften)
Bd. 3. Lineare Algebra und lineare Programmierung.
– 6. Aufl. – 1986.
ISBN 3-482-56336-5

Verlag Neue Wirtschafts-Briefe GmbH, Herne/Berlin
ISBN 3-482-**56336**-5 – 6. Auflage 1986

Druck: Poeschel & Schulz-Schomburgk, Eschwege

Vorwort zur 6. Auflage

Während lineare Algebra und angrenzende Gebiete, lineare Optimierung und Graphentheorie in die Lehrpläne der Schulen erst in den letzten Jahren langsam Eingang finden, hat dieses Teilgebiet innerhalb der Anwendung mathematischer Methoden auf die Lösung wirtschaftlicher Fragestellungen einen festen Standort. Bei der Lösung von Entscheidungsproblemen der wirtschaftlichen Praxis werden in zahlreichen Fällen Verfahren aus den genannten Gebieten herangezogen. Vielfach handelt es sich dabei um Ansätze, die man heute meistens in das Operations Research einordnet. Wegen der weiten Verbreitung der linearen Algebra, der linearen Optimierung und der Graphentheorie in den Wirtschaftswissenschaften und wegen ihrer Bedeutung für die praktische Anwendung, ist für den Studenten der Wirtschaftswissenschaften eine Einführung in diese Gebiete unerläßlich. Der vorliegende 3. Band der "Mathematik für Wirtschaftswissenschaftler" ist deshalb den Grundzügen dieser Verfahren gewidmet.

Wie die beiden ersten Bände ist auch dieser Teil aus Lehrerfahrungen des Verfassers hervorgegangen. Ein Vorläufer des vorliegenden Textes wurde nicht nur als Vorlesungsunterlage, sondern auch in Tutoren-Programmen erprobt.

Die jedem Abschnitt beigegebenen Übungsaufgaben sollen dem Leser die Kontrolle des erlernten Wissens bei einer selbständigen Durcharbeitung des Buches erleichtern. Dazu sind am Schluß des Bandes die Lösungen angegeben. Das Sachwortregister soll dem Leser die Benutzung des Buches auch als Nachschlagewerk erleichtern.

Für die vorliegende 6. Auflage wurde der Text vollständig überarbeitet. Aus didaktischen Gründen wurde die Einführung in die lineare Algebra umgestellt, und es wurden dabei weite Passagen neu geschrieben. Das Kapitel über Graphentheorie wurde neu aufgenommen. Dies rechtfertigt allein schon die große praktische Bedeutung dieser mathematischen Disziplin.

Den Herren Reiner Fuchs und Stephan Seyberlich bin ich zu großem Dank verpflichtet für die kritische Durcharbeitung des Manuskriptes und ihre Hilfe beim Ausmerzen von Druck- und anderen Fehlern. Ganz besonders herzlich habe ich wieder Frau Ing.grad. Renate Bennhardt für ihre tatkräftige Mitwirkung zu danken. Schließlich muß ich meiner Familie für ihre Geduld danken und meinem Dackel, der auch durch diesen Band durch den Verzicht auf Spaziergänge zu leiden hatte.

Braunschweig, Dezember 1985 Jochen Schwarze

HINWEISE ZUR DURCHARBEITUNG DIESES BUCHES

Definitionen, Regeln, Beispiele, Figuren, Gleichungen und Aufgaben sind abschnittsweise fortlaufend numeriert. Durch ausgestellte große Buchstaben wurden kenntlich gemacht mit:

D Definitionen
R Regeln
B Beispiele
F Figuren
G Gleichungen
Ü Übungsaufgaben.

Die fortlaufende Numerierung führt dazu, daß z.B. D 18.1.9 (eine Definition), B 18.1.10 (ein Beispiel) und F 18.1.11 (eine Figur) aufeinanderfolgen.

● Beispiele sind am Rand zusätzlich durch Punkte hervorgehoben.

*** Übungsaufgaben sind am Rand zusätzlich durch Sterne gekennzeichnet.

Das Buch "Schwarze, J.: Mathematik für Wirtschaftswissenschaftler - Elementare Grundlagen für Studienanfänger. Verlag Neue Wirtschafts-Briefe, Herne/Berlin" wurde im Text mit "Elementare Grundlagen ..." zitiert.

Inhaltsverzeichnis

17. Grundlagen der Matrizenrechnung

17.1 Matrizen und Vektoren

Durch eine Funktion wird dem Wert einer (oder den Werten mehrerer) unabhängiger Variablen eindeutig ein Wert der abhängigen Variablen zugeordnet. Diese Tatsache benutzt man, um Zusammenhänge zwischen ökonomischen Größen durch Funktionen zu beschreiben. In den Wirtschaftswissenschaften und in der betriebs- und volkswirtschaftlichen Praxis hat man es manchmal mit Zusammenhängen oder Beziehungen zu tun, die durch eine rechteckige, tabellenähnliche Anordnung von Zahlen beschrieben werden können. Dazu werden zunächst einige Beispiele betrachtet.

B 17.1.1 a) Die Außenhandelsbeziehungen von 4 Ländern während eines Zeitraums lassen sich übersichtlich wie folgt darstellen:

		Land			
		I	II	III	IV
Land	I	0	28	19	37
	II	14	0	25	46
	III	45	9	0	50
	IV	5	17	80	0

Zu jedem Land gehört eine Zeile und eine Spalte. In der Zeile eines Landes stehen die Exporte in die jeweils anderen Länder. In der zu einem Land gehörigen Spalte stehen die Importe von den jeweils anderen Ländern.

b) Entfernungen zwischen Orten werden (z.B. in Autoatlanten) in Entfernungstabellen der folgenden Art zusammengestellt:

		Ort				
		A	B	C	D	E
Ort	A	0	12	24	6	18
	B	12	0	5	29	40
	C	24	5	0	36	7
	D	6	29	36	0	3
	E	18	40	7	3	0

c) Ein Warenhaus, das 4 Lagerhäuser und 7 Filialen besitzt, kann die Kosten für den Transport einer Tonne Ware von den Lagerhäusern zu den Filialen wie folgt zusammenstellen:

		Filiale						
		1	2	3	4	5	6	7
Lagerhaus	1	12	6	5	4	1	9	18
	2	7	12	9	7	4	8	14
	3	4	3	6	2	3	1	3
	4	9	17	5	2	9	4	2

d) In einem Betrieb gibt es die Abteilungen A, B und C. Jede Abteilung gibt an die beiden anderen Leistungen ab. Die Leistungsbeziehungen können graphisch wie in F 17.1.2 oder tabellarisch dargestellt werden.

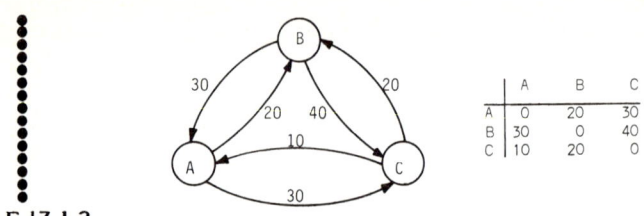

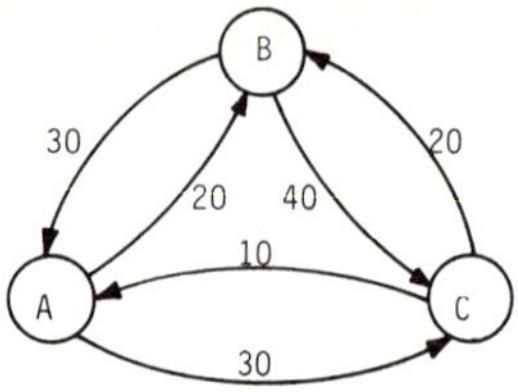

	A	B	C
A	0	20	30
B	30	0	40
C	10	20	0

F 17.1.2

Charakterisiert man die Zusammengehörigkeit der rechteckigen Anordnung von Zahlen dadurch, daß man sie in Klammern setzt, dann spricht man von einer Matrix.

D 17.1.3

Das rechteckige Zahlenschema

$$\begin{pmatrix} a_{11} & a_{12} & \cdots & a_{1j} & \cdots & a_{1n} \\ a_{21} & a_{22} & \cdots & a_{2j} & \cdots & a_{2n} \\ \vdots & \vdots & & \vdots & & \vdots \\ a_{i1} & a_{i2} & \cdots & a_{ij} & \cdots & a_{in} \\ \vdots & \vdots & & \vdots & & \vdots \\ a_{m1} & a_{m2} & \cdots & a_{mj} & \cdots & a_{mn} \end{pmatrix}$$

heißt **Matrix** mit m **Zeilen** und n **Spalten** oder **mxn-Matrix.** Die a_{ij} (i=1,...,m; j=1,...,n) heißen **Elemente** der Matrix.

Bei den Elementen gibt der erste Index (i) immer die Zeile und der zweite Index (j) die Spalte an, in der das Element steht. m und n geben die **Ordnung der Matrix** an.

B 17.1.4 Zu B 17.1.1a) und c) gehören folgende Matrizen

a) $\begin{pmatrix} 0 & 28 & 19 & 37 \\ 14 & 0 & 25 & 46 \\ 45 & 9 & 0 & 50 \\ 5 & 17 & 80 & 0 \end{pmatrix}$ 4x4-Matrix

c) $\begin{pmatrix} 12 & 6 & 5 & 4 & 1 & 9 & 18 \\ 7 & 12 & 9 & 7 & 4 & 8 & 14 \\ 4 & 3 & 6 & 2 & 3 & 1 & 3 \\ 9 & 17 & 5 & 2 & 9 & 4 & 2 \end{pmatrix}$ 4x7-Matrix

In den folgenden Ausführungen werden Matrizen mit halbfetten Großbuchstaben des lateinischen Alphabets bezeichnet (**A**, **B** usw.). Elemente von Matrizen werden mit Kleinbuchstaben des lateinischen Alphabets bezeichnet (vgl. D 17.1.3).

Außer der in D 17.1.3 gegebenen Form sind folgende Schreibweisen einer mxn-Matrix gebräuchlich:

$(a_{ij})_{mn}$; $\mathbf{A}_{mn}$; (a_{ij}); $\mathbf{A}$.

Auf die Angabe der Ordnung der Matrix wird meistens verzichtet, da sie aus dem Zusammenhang hervorgeht.

D 17.1.5

Eine Matrix, die nur aus einer einzigen Spalte besteht, also

$$\begin{pmatrix} a_1 \\ a_2 \\ \vdots \\ a_m \end{pmatrix}$$

, heißt **Spaltenvektor.**

Eine Matrix, die nur aus einer einzigen Zeile besteht, also $(a_1, a_2, \ldots, a_n)$, heißt **Zeilenvektor.**

Spaltenvektoren werden durch halbfette Kleinbuchstaben des lateinischen Alphabets (**a**, **b** usw.) oder mit (a_i), (b_i) usw. bezeichnet und Zeilenvektoren zusätzlich mit einem hochgestellten Strich (') oder T versehen **a'**, $\mathbf{a}^T$, $(a_i)'$ oder $(a_i)^T$. Die Elemente von Zeilenvektoren werden hier der besseren Lesbarkeit wegen durch Kommas getrennt. Sind die Elemente Dezimalbrüche, so werden Semikolons verwendet.

B 17.1.6 a) Eine Unternehmung, die 6 Güter herstellt, kann die in einem Monat produzierten Mengen der Güter ($x_1=5$; $x_2=9$; $x_3=2$; $x_4=28$; $x_5=0$; $x_6=17$) als Vektor schreiben:

$\mathbf{x}' = (x_1, x_2, x_3, x_4, x_5, x_6) = (5,9,2,28,0,17)$.

Außer diesem Mengenvektor gibt es auch einen Preisvektor für die Preise der Güter:

$\mathbf{p}' = (p_1, p_2, p_3, p_4, p_5, p_6) = (80,50,90,10,200,70)$.

In beiden Fällen können auch Spaltenvektoren verwendet werden.

b) Der Export eines Landes A in verschiedene andere Länder in einem Jahr kann als Vektor geschrieben werden:

Land 1	Land 2	Land 3	Land 4
(108,	72,	15,	80).

Ein **Vektor** ist also ein geordnetes m- bzw. n-Tupel von Zahlen. Vektoren sind Sonderfälle von Matrizen. Die Elemente von Vektoren heißen auch **Komponenten.**

Ein spezieller Sonderfall von Matrizen ist die 1 x 1-Matrix. Es ergibt sich dafür eine reelle Zahl, die im Rahmen der Matrizenrechnung auch als **Skalar** bezeichnet wird.

Das folgende Beispiel zeigt eine wirtschaftswissenschaftliche Anwendung von Matrizen, und zwar aus der Input-Output-Analyse.

B 17.1.7 In einer Volkswirtschaft gibt es drei Industriezweige. In jedem Industriezweig werden eigene Produkte und Produkte aus den anderen Industriezweigen im Produktionsprozeß als Input eingesetzt. Alle Produkte (Output), die nicht wieder für die Produktion verwendet werden, gehen an Endnachfrager bzw. Konsumenten (Staat, private Haushalte, Export).

Die Beziehungen zwischen dem Input und dem Output (Input und Output sind dabei als Wertgrößen zu verstehen) kann man in einer sogenannten Input-Output-Matrix zusammenstellen:

		Industriezweig A	Industriezweig B	Industriezweig C	Endnachfrage	Gesamtoutput
Industriezweig	A	1	2	1	4	8
	B	3	1	0	2	6
	C	1	2	1	3	7

Die Elemente geben den Output an, der von dem zu der Zeile gehörenden Industriezweig zu dem der Spalte entsprechenden Industriezweig bzw. der Endnachfrage geht.

Den Spaltenvektor für den Gesamtoutput erhält man durch Summation aller in einer Zeile stehenden Elemente.

Dividiert man unter Vernachlässigung der Endnachfrage die Elemente der Matrix durch den zu der betreffenden Spalte gehörenden gesamten Output, also die Elemente der 1. Spalte durch 8, die der 2. Spalte durch 6 und die der 3. Spalte durch 7, so erhält man folgende Matrix

$$\begin{array}{c} \\ A \\ B \\ C \end{array} \begin{array}{c} \begin{array}{ccc} A & B & C \end{array} \\ \begin{pmatrix} \frac{1}{8} & \frac{1}{3} & \frac{1}{7} \\ \frac{3}{8} & \frac{1}{6} & 0 \\ \frac{1}{8} & \frac{1}{3} & \frac{1}{7} \end{pmatrix} \end{array} .$$

Die Elemente dieser Matrix geben an, welchen Anteil seines Outputs der zu der betreffenden Spalte gehörende Industriezweig von dem zu der Zeile gehörenden Industriezweig erhält. Die Zahl $\frac{1}{3}$ in der 1. Zeile besagt also, daß Industriezweig B $\frac{1}{3}$ seines gesamten Outputs von Industriezweig A (als Input) empfängt.

Aufgaben

Ü 17.1.1 Gegeben ist die Matrix

$$\mathbf{A} = (a_{ij}) = \begin{pmatrix} 3 & 4 & -1 & 9 & -6 \\ -2 & 5 & 2 & -8 & 5 \\ -1 & -3 & -3 & 7 & -8 \\ 2 & 5 & 2 & 8 & -5 \\ 3 & -4 & 1 & -9 & 6 \end{pmatrix}$$

a) Wie lauten die Elemente $a_{15}, a_{34}, a_{43}, a_{52}, a_{41}$?

b) Bestimme $\sum_{i=1}^{5} a_{i2}$ und $\sum_{j=1}^{5} a_{2j}$.

Ü 17.1.2 Die Matrix $\mathbf{B}_{mn} = (b_{ij})$ sei folgendermaßen definiert: $b_{ij} = i+j-1$.

a) Schreibe die Matrix $\mathbf{B}_{34}$ auf.

b) Bestimme $\sum_{i=1}^{3} b_{ij}$ für $j = 1,\dots,4$;

c) Bestimme $\sum_{i=1}^{3} \sum_{j=1}^{4} b_{ij}$.

17.2 Grundbegriffe zu Matrizen und Vektoren

Im folgenden sind die wichtigsten Begriffe und Zusammenhänge für Matrizen definiert. Soweit keine besonderen Definitionen angegeben sind, gelten sie auch für Vektoren als Sonderfälle von Matrizen.

D 17.2.1

Zwei m x n-Matrizen $\mathbf{A} = (a_{ij})$ und $\mathbf{B} = (b_{ij})$ heißen einander **gleich**, also $\mathbf{A} = \mathbf{B}$, wenn $a_{ij} = b_{ij}$ für $i = 1,\dots,m$ und $j = 1,\dots,n$.

Die Gleichheit ist also nur für Matrizen gleicher Ordnung definiert.

D 17.2.2

Gegeben seien zwei m x n-Matrizen $\mathbf{A} = (a_{ij})$ und $\mathbf{B} = (b_{ij})$. Gilt $a_{ij} < b_{ij}$ für $i = 1,\dots,m$ und $j = 1,\dots,n$, also für alle Elemente der Matrix, so schreibt man $\mathbf{A} < \mathbf{B}$. Gilt $a_{ij} \leqq b_{ij}$ für alle i und j, so schreibt man $\mathbf{A} \leqq \mathbf{B}$.

Damit sind auch **Ungleichungen** für Matrizen definiert. Dabei wird manchmal noch eine zusätzliche Unterscheidung getroffen:
Gilt bei $\mathbf{A} \leqq \mathbf{B}$ für wenigstens ein Element $a_{ij} < b_{ij}$, d.h. wird die Gleichheit zwischen den Elementen nicht für alle gleichzeitig zugelassen, so schreibt man $\mathbf{A} \leq \mathbf{B}$ (mit nur einem waagerechten Strich).

D 17.2.3

Eine Matrix, deren sämtliche Elemente Null sind, heißt **Nullmatrix** und wird mit **0** bezeichnet. Ein Vektor, bei dem alle Elemente Null sind, heißt **Nullvektor**.

D 17.2.4

> Eine n x n-Matrix, bei der Zeilenzahl und Spaltenzahl übereinstimmen, heißt **quadratische Matrix n-ter Ordnung.**

In einer quadratischen Matrix bilden die Elemente a_{11}, a_{22}, a_{33} usw. die **Hauptdiagonale.** Die Elemente a_{ij} mit $i+j = n+1$ bilden die **Nebendiagonale.** (Beide sind in der nebenstehenden Matrix hervorgehoben.)

$$\begin{pmatrix} \mathbf{a_{11}} & a_{12} & a_{13} & a_{14} & \mathbf{a_{15}} \\ a_{21} & \mathbf{a_{22}} & a_{23} & \mathbf{a_{24}} & a_{25} \\ a_{31} & a_{32} & \mathbf{a_{33}} & a_{34} & a_{35} \\ a_{41} & \mathbf{a_{42}} & a_{43} & \mathbf{a_{44}} & a_{45} \\ \mathbf{a_{51}} & a_{52} & a_{53} & a_{54} & \mathbf{a_{55}} \end{pmatrix}$$

D 17.2.5

> Eine quadratische Matrix n-ter Ordnung heißt **Diagonalmatrix** n-ter Ordnung, wenn alle Elemente, die nicht auf der Hauptdiagonalen liegen, gleich Null sind.

Eine Diagonalmatrix, bei der alle Elemente auf der Hauptdiagonalen gleich sind, heißt auch **skalare Matrix.**

D 17.2.6

> Eine Diagonalmatrix n-ter Ordnung, deren Diagonalelemente alle gleich 1 sind, heißt **Einheitsmatrix** n-ter Ordnung und wird mit **E** bezeichnet.

Diagonalmatrix

$$\begin{pmatrix} a_{11} & 0 & 0 & \dots & 0 \\ 0 & a_{22} & 0 & \dots & 0 \\ 0 & 0 & a_{33} & \dots & 0 \\ \cdot & \cdot & \cdot & \dots & \cdot \\ 0 & 0 & 0 & \dots & a_{nn} \end{pmatrix}$$

Einheitsmatrix

$$\begin{pmatrix} 1 & 0 & 0 & \dots & 0 \\ 0 & 1 & 0 & \dots & 0 \\ 0 & 0 & 1 & \dots & 0 \\ \cdot & \cdot & \cdot & \dots & \cdot \\ 0 & 0 & 0 & \dots & 1 \end{pmatrix}$$

D 17.2.7

> Ein Vektor, dessen i-te Komponente "1" ist und der sonst nur "0" enthält, heißt **i-ter Einheitsvektor** und wird mit $\mathbf{e}_i$ bezeichnet.

Einheitsvektoren sind also von folgender Gestalt: (0,0,...,0,1,0,...,0) und entsprechend als Spaltenvektor.

D 17.2.8

> Eine quadratische Matrix, bei der sämtliche Elemente auf einer Seite der Hauptdiagonalen gleich Null sind, heißt **Dreiecksmatrix.** Man unterscheidet:

obere Dreiecksmatrix und **untere Dreiecksmatrix**

$$\begin{pmatrix} a_{11} & a_{12} & a_{13} & \dots & a_{1,n-1} & a_{1n} \\ 0 & a_{22} & a_{23} & \dots & a_{2,n-1} & a_{2n} \\ 0 & 0 & a_{33} & \dots & a_{3,n-1} & a_{3n} \\ \cdot & \cdot & \cdot & \dots & \cdot & \cdot \\ 0 & 0 & 0 & \dots & 0 & a_{nn} \end{pmatrix} \quad \begin{pmatrix} a_{11} & 0 & 0 & \dots & 0 & 0 \\ a_{21} & a_{22} & 0 & \dots & 0 & 0 \\ a_{31} & a_{32} & a_{33} & \dots & 0 & 0 \\ \cdot & \cdot & \cdot & \dots & \cdot & \cdot \\ a_{n1} & a_{n2} & a_{n3} & \dots & a_{n,n-1} & a_{nn} \end{pmatrix}$$

D 17.2.9

Gegeben sei eine m x n-Matrix $\mathbf{A} = (a_{ij})$. Die n x m-Matrix $\mathbf{B} = (b_{ji})$ mit $b_{ji} = a_{ji}$, j = 1,...,n; i = 1,...,m heißt **transponierte Matrix** zu **A** (oder kurz **Transponierte** zu **A**) und wird mit **A'** (manchmal auch mit $\mathbf{A}^T$) bezeichnet.

Die Transponierte **A'** der Matrix **A** erhält man also, indem man die Zeilen von **A** als Spalten von **A'** und damit die Spalten von **A** als Zeilen von **A'** schreibt.

B 17.2.10

$$\mathbf{A} = \begin{pmatrix} 3 & 2 \\ 4 & 0 \\ 1 & 6 \end{pmatrix} \quad ; \quad \mathbf{A}' = \begin{pmatrix} 3 & 4 & 1 \\ 2 & 0 & 6 \end{pmatrix} .$$

Als Transponierte eines Spaltenvektors ergibt sich ein Zeilenvektor und als Transponierte eines Zeilenvektors ein Spaltenvektor.

D 17.2.11

Gilt für eine quadratische Matrix **A** = **A'**, dann heißt die Matrix **symmetrisch.**

Die Symmetrie ist also nur für quadratische Matrizen definiert und meint immer Symmetrie bezüglich der Hauptdiagonalen.

B 17.2.12

$$\mathbf{A} = \begin{pmatrix} 1 & 7 & 2 \\ 7 & 3 & 8 \\ 2 & 8 & 5 \end{pmatrix} \quad ; \quad \mathbf{A}' = \begin{pmatrix} 1 & 7 & 2 \\ 7 & 3 & 8 \\ 2 & 8 & 5 \end{pmatrix} ,$$

die Matrix **A** ist symmetrisch.

Die Zeilen und Spalten einer Matrix können als Vektoren aufgefaßt werden. Eine Matrix selbst kann man sich dann als aus Zeilenvektoren oder Spaltenvektoren zusammengesetzt vorstellen.

D 17.2.13

Eine Matrix **A***, die man durch Streichen von Zeilen und/oder Spalten aus einer Matrix A erhält, heißt **Teilmatrix** von **A.**

B 17.2.14 Zu $\mathbf{A} = \begin{pmatrix} 3 & 4 & -2 & -1 & 13 \\ 4 & 12 & 3 & 0 & 11 \\ 6 & 9 & 5 & 0 & 2 \\ 8 & 16 & 2 & 8 & 4 \\ 7 & 1 & 2 & -9 & 15 \end{pmatrix}$ sind $\mathbf{A}_1^* = \begin{pmatrix} 3 & 4 & -1 & 13 \\ 4 & 12 & 0 & 11 \\ 6 & 9 & 0 & 2 \\ 7 & 1 & -9 & 15 \end{pmatrix}$ und $\mathbf{A}_2^* = \begin{pmatrix} 4 & 12 & 11 \\ 8 & 16 & 4 \\ 7 & 1 & 15 \end{pmatrix}$

Teilmatrizen. Bei $\mathbf{A}_1^*$ sind 4. Zeile und 3. Spalte gestrichen, bei $\mathbf{A}_2^*$ 1. und 3. Zeile und 3. und 4. Spalte.

Aufgaben

Ü 17.2.1 Bestimme die Transponierten zu

$\mathbf{A} = \begin{pmatrix} 3 & 2 & 8 \\ 4 & 1 & -7 \end{pmatrix}$; $\mathbf{B} = \begin{pmatrix} 5 & 17 & -2 & 29 \\ 6 & 12 & 3 & 18 \\ 2 & -9 & 14 & 32 \end{pmatrix}$; $\mathbf{C} = \begin{pmatrix} 12 & 8 & 16 \\ -7 & 9 & 7 \\ 34 & 2 & -3 \end{pmatrix}$

Ü 17.2.2 Welche der folgenden Matrizen sind symmetrisch?

$\mathbf{A} = \begin{pmatrix} 3 & 4 & 1 & 9 & 6 \\ 2 & 5 & 2 & 8 & 5 \\ 2 & 3 & 3 & 7 & 8 \\ 2 & 5 & 2 & 8 & 5 \\ 3 & 4 & 1 & 9 & 6 \end{pmatrix}$; $\mathbf{B} = \begin{pmatrix} 9 & 6 & 3 & 6 & 9 \\ 8 & 4 & 2 & 4 & 8 \\ 7 & 6 & 5 & 6 & 7 \\ 3 & 4 & 9 & 4 & 3 \\ 1 & 2 & 1 & 2 & 1 \end{pmatrix}$; $\mathbf{C} = \begin{pmatrix} 9 & 6 & 5 & 2 & 1 \\ 6 & 7 & 4 & 3 & 3 \\ 5 & 4 & 2 & 1 & 4 \\ 2 & 3 & 1 & 1 & 8 \\ 1 & 3 & 4 & 8 & 2 \end{pmatrix}$

Ü 17.2.3 Vervollständige die Matrizen **A** und **B** zu symmetrischen Matrizen.

$\mathbf{A} = \begin{pmatrix} 1 & 5 & -1 & 4 & 9 \\ . & 2 & 2 & 0 & 8 \\ . & . & 6 & 1 & 7 \\ . & . & . & 0 & 7 \\ . & . & . & . & 3 \end{pmatrix}$; $\mathbf{B} = \begin{pmatrix} 5 & 1 & 3 & 2 \\ 1 & 2 & 0 & . \\ 3 & 0 & . & . \\ 2 & . & . & . \end{pmatrix}$.

17.3 Addition von Matrizen

Für Matrizen sind verschiedene Rechenoperationen definiert, von denen hier zunächst die Addition behandelt wird. Dazu wird zuerst ein Beispiel betrachtet.

B 17.3.1 Ein Betrieb produziert die drei Güter I, II und III und liefert diese an die Händler A, B, C und D. Im ersten bzw. zweiten Halbjahr 1984 wurden dabei folgende Mengen abgegeben:

1. Halbjahr

	A	B	C	D
I	12	8	0	20
II	7	5	20	10
III	14	4	6	15

2. Halbjahr

	A	B	C	D
I	13	12	5	10
II	13	7	8	20
III	12	8	7	15

Die von den verschiedenen Produkten an die einzelnen Händler 1984 insgesamt abgegebenen Mengen erhält man, indem die jeweils an gleicher Stelle stehenden Elemente addiert werden, also

1 9 8 4 Gesamt

	A	B	C	D
I	12+13 = 25	8+12 = 20	0+5 = 5	20+10 = 30
II	7+13 = 20	5+ 7 = 12	20+8 = 28	10+20 = 30
III	14+12 = 26	4+ 8 = 12	6+7 = 13	15+15 = 30

Stellt man die Mengenabgaben im 1. Halbjahr und im 2. Halbjahr als Matrizen dar, dann entspricht die Bestimmung der Gesamtmenge für 1984 der Matrizenaddition.

R 17.3.2 Zwei **Matrizen gleicher Ordnung** $\mathbf{A} = (a_{ij})$ und $\mathbf{B} = (b_{ij})$ werden addiert bzw. subtrahiert, indem man die in den Matrizen an gleicher Stelle stehenden Elemente addiert bzw. subtrahiert: $(a_{ij})+(b_{ij}) = (a_{ij}+b_{ij})$; $(a_{ij})-(b_{ij}) = (a_{ij}-b_{ij})$.

Eine Addition zweier Matrizen ist also nur möglich, wenn beide Matrizen die gleiche Anzahl von Zeilen und die gleiche Anzahl von Spalten haben, also von gleicher Ordnung sind.

B 17.3.3 a) $$\begin{pmatrix}1 & 2\\3 & 4\end{pmatrix} + \begin{pmatrix}5 & 6\\7 & 8\end{pmatrix} = \begin{pmatrix}1+5 & 2+6\\3+7 & 4+8\end{pmatrix} = \begin{pmatrix}6 & 8\\10 & 12\end{pmatrix}$$

b) Für B 17.3.1 ergibt sich
$$\begin{pmatrix}12 & 8 & 0 & 20\\7 & 5 & 20 & 10\\14 & 4 & 6 & 15\end{pmatrix} + \begin{pmatrix}13 & 12 & 5 & 10\\13 & 7 & 8 & 20\\12 & 8 & 7 & 15\end{pmatrix} = \begin{pmatrix}25 & 20 & 5 & 30\\20 & 12 & 28 & 30\\26 & 12 & 13 & 30\end{pmatrix}$$

c) $$\begin{pmatrix}3 & 6 & -2\\11 & 12 & 18\\-2 & 8 & 0\end{pmatrix} - \begin{pmatrix}2 & 4 & 3\\10 & -2 & 11\\-5 & 4 & -2\end{pmatrix} = \begin{pmatrix}1 & 2 & -5\\1 & 14 & 7\\3 & 4 & 2\end{pmatrix}$$

Auch Vektoren können nach R 17.3.2 addiert bzw. subtrahiert werden.

B 17.3.4 a) $$\begin{pmatrix}a_1\\a_2\\\vdots\\a_m\end{pmatrix} + \begin{pmatrix}b_1\\b_2\\\vdots\\b_m\end{pmatrix} = \begin{pmatrix}a_1+b_1\\a_2+b_2\\\vdots \quad \vdots\\a_m+b_m\end{pmatrix}$$

b) $(a_1,a_2,\ldots,a_n)+(b_1,b_2,\ldots,b_n)$
$= (a_1+b_1, a_2+b_2,\ldots,a_n+b_n)$.

Ist $\mathbf{A}$ eine beliebige Matrix und $\mathbf{0}$ eine Nullmatrix gleicher Ordnung, so gilt $\mathbf{A} + \mathbf{0} = \mathbf{A}$ und $\mathbf{A} - \mathbf{0} = \mathbf{A}$.

R 17.3.5 Für die Matrizenaddition gelten
Kommutativgesetz: $\mathbf{A} \pm \mathbf{B} = \mathbf{B} \pm \mathbf{A}$ und
Assoziativgesetz: $(\mathbf{A} \pm \mathbf{B}) \pm \mathbf{C} = \mathbf{A} \pm (\mathbf{B} \pm \mathbf{C})$.
Monotoniegesetze:
Aus $\mathbf{A} = \mathbf{B}$ folgt $\mathbf{A} \pm \mathbf{C} = \mathbf{B} \pm \mathbf{C}$ und
aus $\mathbf{A} \leqq \mathbf{B}$ folgt $\mathbf{A} \pm \mathbf{C} \leqq \mathbf{B} \pm \mathbf{C}$.

Die Monotoniegesetze besagen, daß Matrizengleichungen oder -ungleichungen erhalten bleiben, wenn auf beiden Seiten der Gleichung bzw. Ungleichung die gleiche Matrix addiert bzw. subtrahiert wird.

Aufgaben

Ü 17.3.1 Gegeben seien die Matrizen

$$\mathbf{A} = \begin{pmatrix} 3 & 4 & 5 & 6 \\ 7 & 2 & 0 & 1 \\ 4 & 9 & 3 & 8 \end{pmatrix}, \quad \mathbf{B} = \begin{pmatrix} 1 & 3 & 5 & 4 \\ 7 & 2 & 2 & 8 \\ 6 & 1 & 9 & 3 \end{pmatrix}, \quad \mathbf{C} = \begin{pmatrix} 4 & 7 & 6 \\ 3 & 0 & 1 \\ 2 & 4 & 9 \end{pmatrix}.$$

Berechne a) $\mathbf{A} + \mathbf{B}$; b) $\mathbf{A} - \mathbf{B}$; c) $\mathbf{B} - \mathbf{A}$; d) $\mathbf{A} + \mathbf{C}$.

Ü 17.3.2 Gegeben seien die Matrizen

$$\mathbf{A} = \begin{pmatrix} 1 & 2 \\ 3 & 4 \\ 5 & 6 \end{pmatrix} \text{ und } \mathbf{B} = \begin{pmatrix} -3 & -2 \\ 1 & -5 \\ 4 & 3 \end{pmatrix}.$$

Bestimme die Matrix **C** so, daß gilt $\mathbf{A} + \mathbf{B} - \mathbf{C} = \mathbf{0}$, wobei **0** die Nullmatrix bezeichnet.

Ü 17.3.3 Gegeben seien die Vektoren

$$\mathbf{a}' = (5,4,-3), \quad \mathbf{b}' = (1,1,0), \quad \mathbf{c} = \begin{pmatrix} 4 \\ 3 \\ -3 \end{pmatrix}, \quad \mathbf{d} = \begin{pmatrix} -2 \\ 1 \\ 0 \\ 1 \end{pmatrix}.$$

Bestimme $\mathbf{a}+\mathbf{b}$, $\mathbf{a}-\mathbf{b}-\mathbf{c}$, $\mathbf{a}'+\mathbf{b}'$, $\mathbf{a}'+\mathbf{c}$, $\mathbf{b}+\mathbf{d}$, $\mathbf{b}'+\mathbf{c}'-\mathbf{d}'$, $\mathbf{a}'+\mathbf{b}'+\mathbf{c}'$.

Ü 17.3.4 Eine Unternehmung besitzt drei Teilelager, in denen jeweils drei Artikel lagern. Die in zwei aufeinanderfolgenden Monaten verbrauchten Mengen sind in den folgenden Tabellen wiedergegeben:

1. Monat

		Teilelager 1	2	3
Artikel	1	3	5	4
	2	2	6	1
	3	0	3	4

2. Monat

		Teilelager 1	2	3
Artikel	1	2	1	0
	2	3	2	1
	3	2	1	4

Schreibe die verbrauchten Mengen als Matrizen und bestimme den Gesamtverbrauch.

17.4 Multiplikation einer Matrix mit einem Skalar

Matrizen können mit einer reellen Zahl bzw. einem Skalar multipliziert werden. Dazu wird zunächst ein Beispiel betrachtet.

B 17.4.1 Die Außenhandelsbeziehungen zwischen den Ländern A, B, C sind durch die folgende Matrix gegeben (Exporte in den Zeilen, Importe in den Spalten).

$$\begin{array}{c} \\ A \\ B \\ C \end{array} \begin{array}{c} \begin{array}{ccc} A & B & C \end{array} \\ \begin{pmatrix} 0 & 12 & 8 \\ 6 & 0 & 4 \\ 10 & 2 & 0 \end{pmatrix} \end{array}$$

Die Zahlen geben den Wert in US \$ an. Will man die Werte in DM haben, und rechnet man für 1\$ als Wechselkurs DM 3,00, so erhält man die DM-Werte, indem man jede Zahl mit 3 multipliziert.

$$\begin{array}{c} \\ A \\ B \\ C \end{array} \begin{array}{c} \begin{array}{ccc} A & B & C \end{array} \\ \begin{pmatrix} 3\cdot 0 & 3\cdot 12 & 3\cdot 8 \\ 3\cdot 6 & 3\cdot 0 & 3\cdot 4 \\ 3\cdot 10 & 3\cdot 2 & 3\cdot 0 \end{pmatrix} \end{array} \text{ bzw. } \begin{array}{c} \\ A \\ B \\ C \end{array} \begin{array}{c} \begin{array}{ccc} A & B & C \end{array} \\ \begin{pmatrix} 0 & 36 & 24 \\ 18 & 0 & 12 \\ 30 & 6 & 0 \end{pmatrix} \end{array}$$

In dem Beispiel wird jedes Element der Matrix mit der gleichen Zahl multipliziert. Zur Vereinfachung sagt man auch "die Matrix wird mit der Zahl multipliziert" und definiert:

D 17.4.2 Eine Matrix $\mathbf{A} = (a_{ij})$ wird mit einer Zahl c (einem Skalar) multipliziert, indem man jedes Element der Matrix mit dieser Zahl multipliziert: $c(a_{ij}) = (ca_{ij})$.

B 17.4.3

$$4\cdot\begin{pmatrix} 3 & 0 & 8 \\ -2 & 5 & 9 \\ 1 & -6 & 2 \end{pmatrix} = \begin{pmatrix} 4\cdot 3 & 4\cdot 0 & 4\cdot 8 \\ 4\cdot(-2) & 4\cdot 5 & 4\cdot 9 \\ 4\cdot 1 & 4\cdot(-6) & 4\cdot 2 \end{pmatrix} = \begin{pmatrix} 12 & 0 & 32 \\ -8 & 20 & 36 \\ 4 & -24 & 8 \end{pmatrix}$$

R 17.4.4 Für die Multiplikation einer Matrix mit einem Skalar gelten

Kommutativgesetz: $c\mathbf{A} = \mathbf{A}c$,

Assoziativgesetz: $(c\cdot d)\mathbf{A} = c(d\mathbf{A})$,

Distributivgesetze: $c(\mathbf{A}+\mathbf{B}) = c\mathbf{A}+c\mathbf{B}$

$(c+d)\mathbf{A} = c\mathbf{A}+d\mathbf{A}$.

Monotoniegesetze:

Aus $\mathbf{A} = \mathbf{B}$ folgt $c\mathbf{A} = c\mathbf{B}$,

aus $\mathbf{A} \leqq \mathbf{B}$ folgt $c\mathbf{A} \leqq c\mathbf{B}$ falls $c \geqq 0$,

aus $\mathbf{A} \leqq \mathbf{B}$ folgt $c\mathbf{A} \geqq c\mathbf{B}$ falls $c \leqq 0$.

Aufgaben

Ü 17.4.1 Gegeben seien die Matrizen

$$\mathbf{A} = \begin{pmatrix} 4 & 2 \\ 1 & 0 \end{pmatrix};\ \mathbf{B} = \begin{pmatrix} 1 & 1 \\ 1 & 1 \end{pmatrix};\ \mathbf{C} = \begin{pmatrix} -2 & -1 \\ -3 & -2 \end{pmatrix}$$

Bestimme: a) $5\cdot\mathbf{A}$; b) $(-2)\cdot\mathbf{B}$; c) $3\cdot\mathbf{A} - 2\cdot\mathbf{B} + \mathbf{C}$; d) $\mathbf{A} - 10\cdot\mathbf{B} - 3\cdot\mathbf{C}$.

Ü 17.4.2 Gegeben seien die Vektoren

$$\mathbf{a} = \begin{pmatrix} 5 \\ 4 \\ -3 \end{pmatrix}; \quad \mathbf{b} = \begin{pmatrix} 1 \\ 1 \\ 0 \end{pmatrix}; \quad \mathbf{c} = \begin{pmatrix} 1 \\ 0 \\ -3 \end{pmatrix}.$$

Bestimme Werte für λ und μ, so daß gilt:

$$\mathbf{a} + \lambda\mathbf{b} + \mu\mathbf{c} = \mathbf{0} = \begin{pmatrix} 0 \\ 0 \\ 0 \end{pmatrix}.$$

Ü 17.4.3 Bestimme a, b, c und d so, daß gilt:

$$3\begin{pmatrix} a & b \\ c & d \end{pmatrix} = \begin{pmatrix} a & 6 \\ -1 & 2d \end{pmatrix} + \begin{pmatrix} 4 & a+b \\ c+d & 3 \end{pmatrix}.$$

17.5 Skalares Produkt von Vektoren

Zur Einführung des skalaren Produktes von Vektoren sei folgendes Beispiel betrachtet:

B 17.5.1 Ein Möbelhändler verkauft an einem Vormittag $x_1 = 6$ Stühle, $x_2 = 3$ Tische und $x_3 = 10$ Sessel. Die verkauften Mengen können als Zeilenvektor folgendermaßen geschrieben werden:

$$\mathbf{x}' = (x_1, x_2, x_3) = (6, 3, 10).$$

Die Preise der Möbel betragen: Stuhl: p_1 = 10,-DM/St.; Tisch: p_2 = 20,-DM/St.; Sessel: p_3 = 30,-DM/St.. Die Preise können als Spaltenvektor geschrieben werden:

$$\mathbf{p} = \begin{pmatrix} p_1 \\ p_2 \\ p_3 \end{pmatrix} = \begin{pmatrix} 10 \\ 20 \\ 30 \end{pmatrix}.$$

Der von dem Möbelhändler getätigte Umsatz errechnet sich nun wie folgt:

$$U = x_1p_1 + x_2p_2 + x_3p_3 = 6\ 10 + 3\ 20 + 10\ 30 = 60 + 60 + 300 = 420 \text{ DM}.$$

Es werden also, wenn man von den beiden Vektoren ausgeht, die beiden ersten Elemente, die beiden zweiten Elemente und die beiden dritten Elemente der Vektoren miteinander multipliziert. Die Produkte werden dann addiert. In dieser Weise ist das skalare Produkt eines Zeilenvektors mit einem Spaltenvektor definiert:

$$\mathbf{x}'\mathbf{p} = (x_1, x_2, x_3)\begin{pmatrix} p_1 \\ p_2 \\ p_3 \end{pmatrix} = x_1p_1 + x_2p_2 + x_3p_3.$$

D 17.5.2

> Gegeben seien ein Zeilenvektor $\mathbf{a}' = (a_1, a_2, \ldots, a_n)$ und ein Spaltenvektor $\mathbf{b} = \begin{pmatrix} b_1 \\ \vdots \\ b_n \end{pmatrix}$, die beide die gleiche Ordnung haben. Unter dem **skalaren** oder **inneren Produkt** der beiden Vektoren versteht man den Skalar
>
> $$\mathbf{a}'\mathbf{b} = (a_1, a_2, \ldots, a_n) \begin{pmatrix} b_1 \\ \vdots \\ b_n \end{pmatrix} = a_1 b_1 + a_2 b_2 + \ldots + a_n b_n = \sum_{i=1}^{n} a_i b_i .$$

Ein Zeilenvektor und ein Spaltenvektor gleicher Ordnung werden miteinander multipliziert, indem man die an der gleichen Stelle stehenden Elemente, also die ersten, die zweiten, die dritten usw. Elemente, miteinander multipliziert und diese Produkte dann addiert.

B 17.5.3 a) $(1,5,-2) \begin{pmatrix} 3 \\ 8 \\ 2 \end{pmatrix} = 1 \cdot 3 + 5 \cdot 8 - 2 \cdot 2 = 3 + 40 - 4 = 39;$

b) $(1,3,0,-4,6) \begin{pmatrix} 4 \\ 0 \\ 2 \\ 2 \\ 1 \end{pmatrix} = 4 + 0 + 0 - 8 + 6 = 2.$

Das skalare oder innere Produkt ist nur definiert, wenn beide Vektoren von der gleichen Ordnung sind, also die gleiche Anzahl von Elementen aufweisen. Der Zeilenvektor muß an erster Stelle stehen und der Spaltenvektor an der zweiten Stelle. Multipliziert man einen Spaltenvektor mit einem Zeilenvektor, so ist das Ergebnis eine Matrix (vgl. nächsten Abschnitt).

Sind sämtliche Elemente eines Vektors "1", so ergibt das skalare Produkt die Summe der Elemente des anderen Vektors.

B 17.5.4 a) $(3,8,0,-4,6) \begin{pmatrix} 1 \\ 1 \\ 1 \\ 1 \\ 1 \end{pmatrix} = 3 + 8 + 0 - 4 + 6 = 13;$

b) $(1,1,1,1) \begin{pmatrix} 4 \\ -9 \\ 6 \\ 0 \end{pmatrix} = 4 - 9 + 6 + 0 = 1.$

Ein Vektor, dessen sämtliche Elemente "1" sind, wird deshalb auch als

summierender Vektor bezeichnet.

Ist im skalaren Produkt ein Vektor ein Einheitsvektor i-ter Ordnung (vgl. D 17.2.7), dann ergibt das Produkt das i-te Element des anderen Vektors. Für $\mathbf{a}' = (a_1, a_2, \ldots, a_i, \ldots, a_n)$ gilt also $\mathbf{a}'\mathbf{e}_i = \mathbf{e}'_i\mathbf{a} = a_i$.

R 17.5.5

> Für das skalare Produkt von Vektoren gelten
> **Kommutativgesetz:** $\mathbf{a}'\mathbf{b} = \mathbf{b}'\mathbf{a}$
> **Distributivgesetz:** $(\mathbf{a}'+\mathbf{b}')\mathbf{c} = \mathbf{a}'\mathbf{c} + \mathbf{b}'\mathbf{c}$.
> **Monotoniegesetze:**
> Aus $\mathbf{a}' = \mathbf{b}'$ folgt $\mathbf{a}'\mathbf{c} = \mathbf{b}'\mathbf{c}$, $\mathbf{c}$ beliebig;
> aus $\mathbf{a}' \leqq \mathbf{b}'$ folgt $\mathbf{a}'\mathbf{c} \leqq \mathbf{b}'\mathbf{c}$ falls $\mathbf{c} > \mathbf{0}$;
> aus $\mathbf{a}' \leqq \mathbf{b}'$ folgt $\mathbf{a}'\mathbf{c} \geqq \mathbf{b}'\mathbf{c}$ falls $\mathbf{c} < \mathbf{0}$.

Aufgaben

Ü 17.5.1 Gegeben sind die Vektoren

$$\mathbf{a} = \begin{pmatrix} 1 \\ 2 \\ 1 \end{pmatrix}, \quad \mathbf{b} = \begin{pmatrix} -1 \\ 0 \\ 1 \end{pmatrix}, \quad \mathbf{c} = \begin{pmatrix} 2 \\ -1 \\ 0 \end{pmatrix}, \quad \mathbf{d}' = (1,-2,1,0).$$

Bestimme: $\mathbf{a}'\mathbf{b}$; $\mathbf{b}'\mathbf{c}$; $\mathbf{c}'\mathbf{d}$; $\mathbf{c}'\mathbf{b}$; $\mathbf{c}'\mathbf{a}$; $\mathbf{a}\mathbf{c}$.

Ü 17.5.2 Gegeben sind $\mathbf{a}' = (3,4,-6,8)$, $\mathbf{e}'_3 = (0,0,1,0)$ und $\mathbf{s}' = (1,1,1,1)$. Bestimme $\mathbf{a}'\mathbf{e}_3$, $\mathbf{e}'_3\mathbf{a}$, $\mathbf{a}'\mathbf{s}$ und $\mathbf{s}'\mathbf{a}$.

Ü 17.5.3 In einem Monat verkauft ein Unternehmen von 4 Produkten die Mengen x_1, x_2, x_3, x_4 zu den Preisen p_1, p_2, p_3, p_4. Mengen und Preise können zu Vektoren **x** bzw. **p** zusammengefaßt werden.
a) Der Umsatz U soll mindestens U* betragen. Schreibe diese Bedingung unter Verwendung des skalaren Produktes von Preis- und Mengenvektor.
b) Die Gesamtmenge aller Produkte soll mindestens 1000 Stück betragen. Schreibe diese Bedingung unter Verwendung von Vektoren.

17.6 Multiplikation von Matrizen

Für Matrizen ist ebenfalls eine Multiplikation definiert. Dazu wird folgendes Beispiel betrachtet:

B 17.6.1 In einem Chemiewerk wird Steinkohle und Braunkohle durch Hydrierung zunächst zu leichtflüssigen und gasförmigen Kohlenwasserstoffen verarbeitet. Dafür erhält man die folgenden Input-Output-Beziehungen, wobei die Zahlen jeweils angeben, wieviel t Kohlenwasserstoffe man aus einer t Kohle erhält.

Rohstoffe \ Halbprodukte	Kohlenwasserstoffe leichtflüssige (y_1)	gasförmige (y_2)
Steinkohle (x_1)	$a_{11} = 0{,}5$	$a_{12} = 0{,}2$
Braunkohle (x_2)	$a_{21} = 0{,}4$	$a_{22} = 0{,}3$

Werden x_1t Steinkohle und x_2t Braunkohle eingesetzt, so erhält man $y_1 = a_{11}x_1+a_{21}x_2 = 0{,}5x_1+0{,}4x_2$t leichtflüssige Kohlenwasserstoffe und $y_2 = a_{12}x_1+a_{22}x_2 = 0{,}2x_1+0{,}3x_2$t gasförmige Kohlenwasserstoffe.
Die Halbprodukte werden zu Paraffin, Schmieröl und Dieselöl weiterverarbeitet. Je Tonne Halbprodukt ergeben sich für die Fertigprodukte die in der folgenden Input-Output-Tabelle angegebenen Mengen:

Halbprodukte \ Fertigprodukte		Paraffin (z_1)	Schmieröl (z_2)	Dieselöl (z_3)
Kohlen-wasser-stoffe	leichtflüssige (y_1)	$b_{11} = 0{,}3$	$b_{12} = 0{,}4$	$b_{13} = 0{,}2$
	gasförmige (y_2)	$b_{21} = 0{,}2$	$b_{22} = 0{,}3$	$b_{23} = 0{,}4$

Hat man y_1t leichtflüssige Kohlenwasserstoffe und y_2t gasförmige Kohlenwasserstoffe, so erhält man die Mengen z_1,z_2 und z_3 der Fertigprodukte Paraffin, Schmieröl und Dieselöl wie folgt

$$z_1 = b_{11}y_1+b_{21}y_2 = 0{,}3y_1+0{,}2y_2;$$
$$z_2 = b_{12}y_1+b_{22}y_2 = 0{,}4y_1+0{,}3y_2;$$
$$z_3 = b_{13}y_1+b_{23}y_2 = 0{,}2y_1+0{,}4y_2.$$

Die Mengen der Fertigprodukte hängen davon ab, welche Rohstoffmengen (Steinkohle und Braunkohle) eingesetzt werden. Den Zusammenhang zwischen den Rohstoffmengen x_1 und x_2 und den Fertigprodukten z_1,z_2 und z_3 erhält man, indem man in die Gleichungen für z_1,z_2 und z_3 die weiter oben angegebenen Beziehungen für y_1 und y_2 einsetzt. Man erhält

$$z_1 = b_{11}(a_{11}x_1+a_{21}x_2)+b_{21}(a_{12}x_1+a_{22}x_2)$$
$$z_2 = b_{12}(a_{11}x_1+a_{21}x_2)+b_{22}(a_{12}x_1+a_{22}x_2)$$
$$z_3 = b_{13}(a_{11}x_1+a_{21}x_2)+b_{23}(a_{12}x_1+a_{22}x_2)$$

und daraus durch Umformen der rechten Seiten

$$z_1 = (a_{11}b_{11}+a_{12}b_{21})x_1+(a_{21}b_{11}+a_{22}b_{21})x_2,$$
$$z_2 = (a_{11}b_{12}+a_{12}b_{22})x_1+(a_{21}b_{12}+a_{22}b_{22})x_2,$$
$$z_3 = (a_{11}b_{13}+a_{12}b_{23})x_1+(a_{21}b_{13}+a_{22}b_{23})x_2.$$

Setzt man die numerischen Werte für die Koeffizienten der Input-Output-Tabellen ein, so ergibt sich

$$z_1 = 0{,}19x_1+0{,}18x_2; \quad z_2 = 0{,}26x_1+0{,}25x_2; \quad z_3 = 0{,}18x_1+0{,}20x_2.$$

Zwischen Rohstoffen und Fertigprodukten besteht somit folgende Input-Output-Beziehung:

Fertigprodukte / Rohstoffe	Paraffin (z_1)	Schmieröl (z_2)	Dieselöl (z_3)
Steinkohle (x_1)	$a_{11}b_{11}+a_{12}b_{21}$ $=0{,}19$	$a_{11}b_{12}+a_{12}b_{22}$ $=0{,}26$	$a_{11}b_{13}+a_{12}b_{23}$ $=0{,}18$
Braunkohle (x_2)	$a_{21}b_{11}+a_{22}b_{21}$ $=0{,}18$	$a_{21}b_{12}+a_{22}b_{22}$ $=0{,}25$	$a_{21}b_{13}+a_{22}b_{23}$ $=0{,}2$

Schreibt man die Input-Output-Beziehungen allgemein als Matrizen, so erhält man für die beiden Produktionsstufen

$$\mathbf{A} = \begin{pmatrix} a_{11} & a_{12} \\ a_{21} & a_{22} \end{pmatrix} \quad \text{bzw.} \quad \mathbf{B} = \begin{pmatrix} b_{11} & b_{12} & b_{13} \\ b_{21} & b_{22} & b_{23} \end{pmatrix}$$

und für die Beziehungen zwischen Rohstoffen und Fertigprodukten

$$\mathbf{C} = \mathbf{AB} = \begin{pmatrix} a_{11}b_{11}+a_{12}b_{21} & a_{11}b_{12}+a_{12}b_{22} & a_{11}b_{13}+a_{12}b_{23} \\ a_{21}b_{11}+a_{22}b_{21} & a_{21}b_{12}+a_{22}b_{22} & a_{21}b_{13}+a_{22}b_{23} \end{pmatrix} .$$

Die Elemente der Matrix **C** erhält man als skalare Produkte der Zeilen von **A** und der Spalten von **B**. In dieser Weise ist das Produkt der Matrix **A** mit der Matrix **B** definiert.

D 17.6.2

> Das **Produkt** der m x n-Matrix $\mathbf{A} = (a_{ij})$ mit der n x r-Matrix $\mathbf{B} = (b_{jk})$ ist definiert als
>
> $$\mathbf{C} = \mathbf{AB} = \left(\sum_{j=1}^{n} a_{ij}b_{jk}\right) \text{ und ist eine m x r-Matrix.}$$
>
> Das Element c_{ik} des Produktes **C** erhält man als skalares Produkt der i-ten Zeile von **A** und der k-ten Spalte von **B**.

Die Matrizenmultiplikation ist nur definiert für den Fall, daß die Spaltenzahl des ersten Faktors mit der Zeilenzahl des zweiten Faktors übereinstimmt. Das Ergebnis ist eine Matrix, die soviel Zeilen hat wie der erste Faktor und soviel Spalten wie der zweite Faktor. Gemäß der Definition des Matrizenproduktes werden die Zeilenvektoren der ersten Matrix mit den Spaltenvektoren der zweiten Matrix multipliziert. Das skalare Produkt der Zeile i der ersten Matrix mit der Spalte k der zweiten Matrix ergibt das Element, welches in der Ergebnismatrix in der Zeile i und der Spalte k steht.

B 17.6.3

$$\begin{pmatrix} 4 & 1 \\ 2 & 5 \\ 6 & 0 \\ 2 & 8 \end{pmatrix} \cdot \begin{pmatrix} 2 & 1 & 3 \\ 5 & 1 & 0 \end{pmatrix} = \begin{pmatrix} 4\cdot 2+1\cdot 5 & 4\cdot 1+1\cdot 1 & 4\cdot 3+1\cdot 0 \\ 2\cdot 2+5\cdot 5 & 2\cdot 1+5\cdot 1 & 2\cdot 3+5\cdot 0 \\ 6\cdot 2+0\cdot 5 & 6\cdot 1+0\cdot 1 & 6\cdot 3+0\cdot 0 \\ 2\cdot 2+8\cdot 5 & 2\cdot 1+8\cdot 1 & 2\cdot 3+8\cdot 0 \end{pmatrix}$$

$$= \begin{pmatrix} 13 & 5 & 12 \\ 29 & 7 & 6 \\ 12 & 6 & 18 \\ 44 & 10 & 6 \end{pmatrix}$$

Die Multiplikation von Matrizen kann mit Hilfe des sogenannten Falkschen Schemas veranschaulicht werden. Für das Produkt **AB** sieht dieses Schema wie folgt aus:

$$\begin{array}{c|c}
 & \begin{pmatrix} b_{11} & b_{12} & \cdots & b_{1k} & \cdots & b_{1r} \\ b_{21} & b_{22} & \cdots & b_{2k} & \cdots & b_{2r} \\ \cdots & & & & & \\ b_{j1} & b_{j2} & \cdots & b_{jk} & \cdots & b_{jr} \\ \cdots & & & & & \\ b_{n1} & b_{n2} & \cdots & b_{nk} & \cdots & b_{nr} \end{pmatrix} \\
\begin{pmatrix} a_{11} & a_{12} & \cdots & a_{1j} & \cdots & a_{1n} \\ a_{21} & a_{22} & \cdots & a_{2j} & \cdots & a_{2n} \\ \cdots & & & & & \\ \hline a_{i1} & a_{i2} & \cdots & a_{ij} & \cdots & a_{in} \\ \hline \cdots & & & & & \\ a_{m1} & a_{m2} & \cdots & a_{mj} & \cdots & a_{mn} \end{pmatrix} & \begin{pmatrix} c_{11} & \cdots & & & c_{1r} \\ \cdots & & & & \cdots \\ & & & & \\ \hline & & c_{ik} & & \\ \hline \cdots & & & & \cdots \\ c_{m1} & \cdots & & & c_{mr} \end{pmatrix}
\end{array}$$

Es ist $c_{ik} = (a_{i1},\ldots,a_{in}) \begin{pmatrix} b_{1k} \\ \vdots \\ b_{nk} \end{pmatrix} = \sum_{j=1}^{n} a_{ij} b_{jk}$.

B 17.6.4 Es sei $\mathbf{A} = \begin{pmatrix} 1 & 2 & 3 \\ 4 & 5 & 6 \end{pmatrix}$ und $\mathbf{B} = \begin{pmatrix} 3 & 5 & 1 \\ 1 & 3 & 4 \\ 2 & 4 & 2 \end{pmatrix}$.

Mit dem Falkschen Schema ergibt sich

$$\begin{array}{cc} & \begin{pmatrix} 3 & 5 & 1 \\ 1 & 3 & 4 \\ 2 & 4 & 2 \end{pmatrix} \\ \begin{pmatrix} 1 & 2 & 3 \\ 4 & 5 & 6 \end{pmatrix} & \begin{pmatrix} 11 & 23 & 15 \\ 29 & 59 & 36 \end{pmatrix} \end{array} .$$

Das Element c_{12}(=23) entsteht z.B. dadurch, daß die 1. Zeile der Matrix **A** mit der zweiten Spalte der Matrix **B** multipliziert wird:

$$1 \cdot 5 + 2 \cdot 3 + 3 \cdot 4 = 23 .$$

R 17.6.5 Für die Multiplikation einer Matrix **A** mit einer Einheitsmatrix **E** geeigneter Ordnung gilt **AE** = **EA** = **A**.

Der Einheitsmatrix kommt also bei der Matrizenmultiplikation die gleiche Bedeutung zu, wie der "1" bei der Multiplikation reeller Zahlen. Diese Eigenschaft können jedoch auch andere Matrizen haben, wie das folgende Beispiel zeigt.

B 17.6.6

$$\mathbf{A} = \begin{pmatrix} 2 & -3 & -5 \\ -1 & 4 & 5 \\ 1 & -3 & -4 \end{pmatrix} ; \quad \mathbf{B} = \begin{pmatrix} 2 & -2 & -4 \\ -1 & 3 & 4 \\ 1 & -2 & -3 \end{pmatrix}$$

Der Leser kann nachrechnen, daß für die beiden Matrizen folgendes gilt:

$$\mathbf{AB} = \begin{pmatrix} 2 & -3 & -5 \\ -1 & 4 & 5 \\ 1 & -3 & -4 \end{pmatrix} = \mathbf{A} \text{ und } \mathbf{BA} = \begin{pmatrix} 2 & -2 & -4 \\ -1 & 3 & 4 \\ 1 & -2 & -3 \end{pmatrix} = \mathbf{B} \quad .$$

Es ist also **AB** = **A** und **BA** = **B**, obwohl **B** im ersten Produkt und **A** im zweiten nicht die Einheitsmatrix sind.

R 17.6.7 Ist in einem Matrizenprodukt einer der beiden Faktoren eine Nullmatrix **0**, so ist das Produkt ebenfalls eine Nullmatrix: **A0** = **0** bzw. **0A** = **0**.

Die Nullmatrix entspricht also der Null bei den reellen Zahlen. Man beachte aber, daß es auch Produkte zweier von der Nullmatrix verschiedener Matrizen gibt, die als Ergebnis die Nullmatrix liefern, wie folgendes Beispiel zeigt.

B 17.6.8

$$\mathbf{A} = \begin{pmatrix} 2 & -3 & -5 \\ -1 & 4 & 5 \\ 1 & -3 & -4 \end{pmatrix} ; \quad \mathbf{B} = \begin{pmatrix} -1 & 3 & 5 \\ 1 & -3 & -5 \\ -1 & 3 & 5 \end{pmatrix}$$

Es ist **AB** = **0** und **BA** = **0**.

Die Multiplikation einer Matrix mit einem Vektor ist nach der Definition der Matrizenmultiplikation durchführbar, da ein Vektor als 1 x n- bzw. m x 1-Matrix aufgefaßt werden kann.

B 17.6.9

$$(1,3,-1)\begin{pmatrix}4 & 2\\ 6 & 1\\ 5 & 4\end{pmatrix} = (4+18-5, 2+3-4) = (17,1);$$

$$\begin{pmatrix}3 & 6 & 0\\ 0 & 1 & 2\end{pmatrix}\begin{pmatrix}4\\ 1\\ 5\end{pmatrix} = \begin{pmatrix}12+6+0\\ 0+1+10\end{pmatrix} = \begin{pmatrix}18\\ 11\end{pmatrix}.$$

Die Multiplikation eines Zeilenvektors mit einer Matrix ergibt einen Zeilenvektor, und das Produkt aus Matrix und Spaltenvektor ist ein Spaltenvektor.

Das Produkt eines Spaltenvektors mit einem Zeilenvektor ergibt nach der Definition der Matrizenmultiplikation eine Matrix.

B 17.6.10

$$\begin{pmatrix}3\\ 1\\ 0\\ 5\end{pmatrix}(4,1,2,-1) = \begin{pmatrix}12 & 3 & 6 & -3\\ 4 & 1 & 2 & -1\\ 0 & 0 & 0 & 0\\ 20 & 5 & 10 & -5\end{pmatrix}$$

Ist **A** eine Matrix und $\mathbf{e}_i$ ein Einheitsvektor geeigneter Ordnung, dann ergibt $\mathbf{Ae}_i$ die i-te Spalte von **A** und $\mathbf{e}_i'\mathbf{A}$ die i-te Zeile.

Ist **s** ein summierender Vektor (alle Elemente "1"), so ergibt **As** einen Spaltenvektor, dessen Elemente die Zeilensummen von **A** sind und **s'A** einen Zeilenvektor, dessen Elemente die Spaltensummen von **A** sind.

Aus den meisten angeführten Beispielen ergibt sich unmittelbar:

R 17.6.11

> Die Matrizenmultiplikation ist **nicht kommutativ** $\mathbf{AB} \neq \mathbf{BA}$.

Um die Reihenfolge der Faktoren zu kennzeichnen, spricht man manchmal auch davon, daß die Matrix **A** von links bzw. von rechts mit der Matrix **B** multipliziert wird.

R 17.6.12

> Für die Matrizenmultiplikation gelten
> **Assoziativgesetz:** $\mathbf{A(BC)} = \mathbf{(AB)C} = \mathbf{ABC}$
> **Distributivgesetz:** $\mathbf{A(B + C)} = \mathbf{AB} + \mathbf{AC}$
> bzw.
> $\mathbf{(A + B)C} = \mathbf{AC} + \mathbf{BC}$.
> **Monotoniegesetze:**
> Aus $\mathbf{A} = \mathbf{B}$ folgt $\mathbf{AC} = \mathbf{BC}$ und $\mathbf{DA} = \mathbf{DB}$;
> aus $\mathbf{A} \leqq \mathbf{B}$ folgt $\mathbf{AC} \leqq \mathbf{BC}$ für $\mathbf{C} \geqq \mathbf{0}$ und $\mathbf{DA} \leqq \mathbf{DB}$ für $\mathbf{D} \geqq 0$;
> aus $\mathbf{A} \leqq \mathbf{B}$ folgt $\mathbf{AC} \geqq \mathbf{BC}$ für $\mathbf{C} \leqq \mathbf{0}$ und $\mathbf{DA} \geqq \mathbf{DB}$ für $\mathbf{D} \leqq 0$.

Eine für die praktische Anwendung wichtige Regel über die Matrizenmultiplikation bezieht sich auf das Transponieren der beiden Matrizen eines Produktes:

R 17.6.13 Die **Transponierte eines Produktes** zweier Matrizen ist gleich dem Produkt der Transponierten der beiden Matrizen in umgekehrter Reihenfolge: $(\mathbf{AB})' = \mathbf{B}'\mathbf{A}'$.

B 17.6.14

$$\mathbf{A} = \begin{pmatrix} 1 & 0 & -2 \\ 3 & 5 & 1 \\ 2 & -1 & 0 \end{pmatrix};\ \mathbf{B} = \begin{pmatrix} 4 & 3 \\ 1 & -1 \\ 0 & 1 \end{pmatrix};\ \mathbf{AB} = \begin{pmatrix} 1 & 0 & -2 \\ 3 & 5 & 1 \\ 2 & -1 & 0 \end{pmatrix} \begin{pmatrix} 4 & 3 \\ 1 & -1 \\ 0 & 1 \end{pmatrix} = \begin{pmatrix} 4 & 1 \\ 17 & 5 \\ 7 & 7 \end{pmatrix};$$

$$\mathbf{B}'\mathbf{A}' = \begin{pmatrix} 4 & 1 & 0 \\ 3 & -1 & 1 \end{pmatrix} \begin{pmatrix} 1 & 3 & 2 \\ 0 & 5 & -1 \\ -2 & 1 & 0 \end{pmatrix} = \begin{pmatrix} 4 & 17 & 7 \\ 1 & 5 & 7 \end{pmatrix}.$$

Für Matrizen können auch Potenzen definiert werden, allerdings nur für quadratische Matrizen.

R 17.6.15 Unter der **n-ten Potenz einer quadratischen Matrix A** versteht man das n-fache Produkt der Matrix **A** mit sich selbst.

$$\mathbf{A}^n = \underbrace{\mathbf{A} \cdot \mathbf{A} \cdot \mathbf{A} \cdot \ldots \cdot \mathbf{A}}_{n\text{-mal}}$$

B 17.6.16

$$\mathbf{A} = \begin{pmatrix} 1 & 2 \\ 1 & 0 \end{pmatrix};\ \mathbf{A}^2 = \begin{pmatrix} 3 & 2 \\ 1 & 2 \end{pmatrix};\ \mathbf{A}^3 = \begin{pmatrix} 5 & 6 \\ 3 & 2 \end{pmatrix};\ \mathbf{A}^4 = \begin{pmatrix} 11 & 10 \\ 5 & 6 \end{pmatrix};\ \mathbf{A}^5 = \begin{pmatrix} 21 & 22 \\ 11 & 10 \end{pmatrix}.$$

Für Matrizenpotenzen gilt

R 17.6.17 $\mathbf{A}^n\mathbf{A}^m = \mathbf{A}^{n+m}$ und $(\mathbf{A}^n)^m = \mathbf{A}^{nm}$

Zum Abschluß dieses Abschnitts seien noch zwei weitere Beispiele für die ökonomische Anwendung der Matrizenmultiplikation gegeben.

B 17.6.18 Eine Unternehmung produziert zwei Güter in den Mengen x und y. Ihr Absatzplan für das erste Quartal eines Jahres ergibt sich aus:

$$\mathbf{A}: \begin{matrix} \text{Jan.} \\ \text{Febr.} \\ \text{März} \end{matrix} \overset{\begin{matrix} x & \ \ y \end{matrix}}{\begin{pmatrix} 5 & 3 \\ 9 & 7 \\ 4 & 11 \end{pmatrix}}.$$

Die Absatzpreise sind für alle Monate gleich. Sie werden gegeben durch:

$$\mathbf{p}': \quad \begin{matrix} x & y \\ (50, & 90) \end{matrix} \; .$$

Die monatlichen Umsätze **u** ergeben sich damit als Produkt der monatlichen Mengenvektoren mit dem Preisvektor **p** bzw. als **Ap**:

$$\mathbf{u} = \mathbf{Ap} = \begin{pmatrix} 5 & 3 \\ 9 & 7 \\ 4 & 11 \end{pmatrix} \begin{pmatrix} 50 \\ 90 \end{pmatrix} = \begin{pmatrix} 520 \\ 1080 \\ 1190 \end{pmatrix} \begin{matrix} \text{Jan.} \\ \text{Febr.} \\ \text{März.} \end{matrix} \; .$$

Zur Produktion der geplanten Absatzmengen werden drei Einzelteile R, S und T benötigt. Der Verbrauch an den Einzelteilen je Mengeneinheit der Güter x und y ergibt sich aus:

$$\mathbf{B}: \quad \begin{matrix} \\ x \\ y \end{matrix} \begin{matrix} R & S & T \\ \left(\begin{matrix} 4 & 2 & 1 \\ 0 & 5 & 3 \end{matrix}\right) \end{matrix} \; .$$

Die monatlich für die Produktion benötigten Einzelteile ergeben sich dann aus dem Produkt der Matrizen **A** und **B**:

$$\mathbf{C} = \mathbf{AB} = \begin{pmatrix} 5 & 3 \\ 9 & 7 \\ 4 & 11 \end{pmatrix} \begin{pmatrix} 4 & 2 & 1 \\ 0 & 5 & 3 \end{pmatrix} = \begin{matrix} R & S & T \\ \left(\begin{matrix} 20 & 25 & 14 \\ 36 & 53 & 30 \\ 16 & 63 & 37 \end{matrix}\right) \end{matrix} \begin{matrix} \\ \text{Jan.} \\ \text{Febr.} \\ \text{März.} \end{matrix} \; .$$

Die Kosten je Einheit der Einzelteile sind in dem Kostenvektor $\mathbf{k}_1'$ zusammengestellt:

$$\mathbf{k}_1': \quad \begin{matrix} R & S & T \\ (5, & 2, & 4) \end{matrix} \; .$$

Durch die Montage der Einzelteile entstehen je Mengeneinheit der Enderzeugnisse Montagekosten $\mathbf{k}_2'$:

$$\mathbf{k}_2': \quad \begin{matrix} x & y \\ (7, & 8) \end{matrix} \; .$$

Um den Gewinn der Unternehmung in den einzelnen Monaten zu ermitteln, sind von den bereits ermittelten Umsätzen die Gesamtkosten abzuziehen. Die Kosten für die Einzelteile ergeben sich aus dem Produkt $\mathbf{Ck}_1$:

$$\mathbf{k}_1^* = \mathbf{Ck}_1 = \begin{pmatrix} 20 & 25 & 14 \\ 36 & 53 & 30 \\ 16 & 63 & 37 \end{pmatrix} \begin{pmatrix} 5 \\ 2 \\ 4 \end{pmatrix} = \begin{pmatrix} 206 \\ 406 \\ 354 \end{pmatrix} \begin{matrix} \text{Jan.} \\ \text{Febr.} \\ \text{März.} \end{matrix} \; .$$

Die Monatskosten ergeben sich aus dem Produkt $\mathbf{Ak}_2$:

$$\mathbf{k}_2^* = \mathbf{Ak}_2 = \begin{pmatrix} 5 & 3 \\ 9 & 7 \\ 4 & 11 \end{pmatrix} \begin{pmatrix} 7 \\ 8 \end{pmatrix} = \begin{pmatrix} 59 \\ 119 \\ 116 \end{pmatrix} \begin{matrix} \text{Jan.} \\ \text{Febr.} \\ \text{März.} \end{matrix} \; .$$

Die Gesamtkosten betragen also:

$$\mathbf{k} = \mathbf{k}_1^* + \mathbf{k}_2^* = \begin{pmatrix} 265 \\ 525 \\ 470 \end{pmatrix} \begin{matrix} \text{Jan.} \\ \text{Febr.} \\ \text{März.} \end{matrix} \; .$$

Der Gewinn ergibt sich somit aus der Differenz **u-k** = **g**

$$\mathbf{g}: \quad \begin{matrix} \text{Jan.} \\ \text{Febr.} \\ \text{März} \end{matrix} \begin{pmatrix} 255 \\ 555 \\ 720 \end{pmatrix}.$$

B 17.6.19 Ein anderes Anwendungsbeispiel der Matrizenmultiplikation erhält man bei der Betrachtung der zeitlichen Entwicklung eines Marktes, auf dem mehrere Güter miteinander konkurrieren.
In einem Land werden die drei wöchentlich erscheinenden Illustrierten A, B und C verkauft. Die Möglichkeit eines Abonnements ist ausgeschlossen. In einer bestimmten Woche haben die Illustrierten folgende Marktanteile. A: 40%; B: 20%; C: 40%. Von den Käufern der Illustrierten A in dieser Woche kaufen in der folgenden Woche 80% wieder A, 10% kaufen B und 10% C. 20% der Käufer von A wechseln also in der nächsten Periode zu einer anderen Illustrierten.

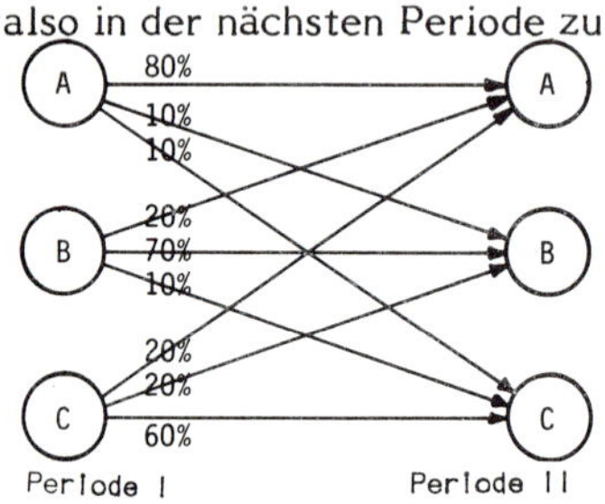

Von den Käufern der Illustrierten B kaufen in der Folgewoche wieder 70% B, während 20% A und 10% C kaufen. Die Käufer der Illustrierten C kaufen zu 60% wieder C, während 20% A und 20% B kaufen. Von einer zur anderen Woche wechselt also ein Teil der Leser die Illustrierte. Die Zeichnung veranschaulicht dies graphisch.

F 17.6.20
Das Verhalten der Käufer beim Übergang von einer Periode zur nächsten kann man durch eine Matrix beschreiben, wobei hier statt der Prozentzahlen Dezimalbrüche verwendet werden:

$$\begin{matrix} \\ A \\ B \\ C \end{matrix} \begin{matrix} \begin{matrix} A \quad & B \quad & C \end{matrix} \\ \begin{pmatrix} 0{,}8 & 0{,}1 & 0{,}1 \\ 0{,}2 & 0{,}7 & 0{,}1 \\ 0{,}2 & 0{,}2 & 0{,}6 \end{pmatrix} \end{matrix}.$$

Die Zahlen der Matrix geben zeilenweise an, welcher Anteil der Käufer von A, B, C in einer Periode in der nächsten Periode A, B, C kauft.

Hat man in einer bestimmten Periode die oben angegebenen Marktanteile (40%; 20%; 40%), so kann man die Marktanteile der nächsten Periode durch Multiplikation der angeführten Matrix mit dem Vektor der Marktanteile bestimmen. Von neuen oder ausscheidenden Käufern wird abgesehen. Man erhält:

$$(40,20,40) \begin{pmatrix} 0{,}8 & 0{,}1 & 0{,}1 \\ 0{,}2 & 0{,}7 & 0{,}1 \\ 0{,}2 & 0{,}2 & 0{,}6 \end{pmatrix} = (44,26,30).$$

Für die folgende Periode (III) ergibt sich

$$(44,26,30) \begin{pmatrix} 0{,}8 & 0{,}1 & 0{,}1 \\ 0{,}2 & 0{,}7 & 0{,}1 \\ 0{,}2 & 0{,}2 & 0{,}6 \end{pmatrix} = (46{,}4;28{,}6;25).$$

Bleibt das Übergangsverhalten der Käufer konstant, dann können mittels des beschriebenen Ansatzes die Marktanteile für alle folgenden Perioden berechnet werden.
Einen Prozeß der beschriebenen Art nennt man auch **Markovprozeß bzw. Markovkette.**

Aufgaben

Ü 17.6.1 Folgende Matrizen seien gegeben:

$$\mathbf{A} = (1, 3, 5);\ \mathbf{B} = \begin{pmatrix} 2 \\ 4 \\ 3 \\ 1 \end{pmatrix};\ \mathbf{C} = \begin{pmatrix} 2 & 3 & 4 & 6 \\ 1 & 2 & 3 & 4 \\ 1 & 1 & 1 & 2 \end{pmatrix};\ \mathbf{D} = \begin{pmatrix} 1 & 2 & 3 \\ 3 & 2 & 2 \\ 2 & 1 & 4 \\ 1 & 2 & 1 \end{pmatrix}.$$

Führe folgende Matrizenmultiplikation durch, sofern sie definitionsgemäß durchführbar sind.

a) **AB**; b) **BA**; c) **AC**; d) **BC**; e) **CB**; f) **CD**; g) **DC**.

Ü 17.6.2 Gegeben seien folgende Vektoren und Matrizen:

$$\mathbf{A} = \begin{pmatrix} 2 & 3 \\ -5 & 1 \end{pmatrix};\ \mathbf{B} = \begin{pmatrix} -3 \\ -2 \end{pmatrix};\ \mathbf{C} = \begin{pmatrix} -1 & 4 & -2 \\ 2 & 3 & 5 \end{pmatrix}$$

$$\mathbf{D} = \begin{pmatrix} 3 & 1 \\ -2 & 4 \\ 1 & -3 \end{pmatrix};\ \mathbf{E} = \begin{pmatrix} -1 & -4 \\ 3 & 2 \end{pmatrix};\ \mathbf{F} = \begin{pmatrix} -1 \\ 2 \\ -3 \end{pmatrix};\ \mathbf{G} = (5,7).$$

Bestimme: a) **AB**; b) **BA**; c) **AE**; d) **EA**; e) **CD**; f) **DC**; g) **GA**; h) **GB**; i) **BG**; k) **FC**; l) **CF**; m) **ED**; n) **DE**; o) $\mathbf{A}^2$; p) $\mathbf{A}^4$.

Ü 17.6.3 Unter welchen Voraussetzungen für m und n sind folgende Matrizenmultiplikationen definiert, und welcher Ordnung sind die resultierenden Matrizen?
a) $\mathbf{A}_{m1}\mathbf{B}_{1n}$; b) $\mathbf{A}_{1n}\mathbf{B}_{m1}$; c) $\mathbf{A}_{mn}\mathbf{B}_{m1}$; d) $\mathbf{A}_{mn}\mathbf{B}_{1n}$; e) $\mathbf{A}_{1n}\mathbf{B}_{mn}$;
f) $\mathbf{A}_{m1}\mathbf{B}_{mn}$.

Ü 17.6.4 Gegeben seien die Matrizen $\mathbf{A}_{mn}$ und $\mathbf{B}_{nr}$ $(m,n,r \in \mathbb{N})$. Für welche Werte m,n,r ist das Ergebnis der Multiplikation **AB**
a) ein Skalar; b) ein Zeilenvektor; c) ein Spaltenvektor;
d) eine Matrix mit einer Zeilenzahl und Spaltenzahl größer 1?

Ü 17.6.5 Gegeben seien die Matrizen

$$\mathbf{A} = \begin{pmatrix} -2 & 2 & -3 \\ 2 & 1 & -6 \\ -1 & -2 & 0 \end{pmatrix};\ \mathbf{b} = \begin{pmatrix} 3 \\ 0 \\ 1 \end{pmatrix};\ \mathbf{c} = \begin{pmatrix} -1 \\ -2 \\ 1 \end{pmatrix}.$$

Bestimme: a) **Ab**; b) **Ac**.

Ü 17.6.6 Ein zweistufiger Produktionsprozeß wird durch die beiden folgenden Produktionsmatrizen beschrieben:

Rohstoff (Zeilen 1, 2) × Zwischenprodukt (Spalten 1, 2, 3):

$$\begin{pmatrix} 3 & 1 & 2 \\ 2 & 3 & 4 \end{pmatrix}$$

Zwischenprodukt (Zeilen 1, 2, 3) × Endprodukt (Spalten 1, 2):

$$\begin{pmatrix} 3 & 1 \\ 0 & 3 \\ 1 & 2 \end{pmatrix}$$

Die Rohstoffpreise betragen $q_1 = 2$, $q_2 = 4$ und die Preise des Endproduktes $p_1 = 70$, $p_2 = 95$.

a) Bestimme die Matrix der Gesamtverarbeitung.
b) Welche Rohstoffkosten entstehen je Einheit des Endproduktes?
c) Welche Rohstoffmengen werden für 10 Einheiten des ersten und 5 Einheiten des zweiten Endproduktes benötigt?
d) Welcher Erlös wird für die unter c) angegebenen Endproduktmengen erzielt?

Ü 17.6.7 Auf einem Markt konkurrieren die Güter A, B und C miteinander. Im Monat Januar eines Jahres haben die Güter Marktanteile von 40%, 20%, 10%. 30% der möglichen Käufer haben weder A noch B noch C gekauft. Das Verhalten der Käufer (einer Marke treu bleiben, überwechseln zu einer anderen Marke oder gar nicht kaufen) beim Übergang von einem Monat zum nächsten gibt die folgende Zeichnung an, wobei die Menge der "Nichtkäufer" mit X bezeichnet wurde.

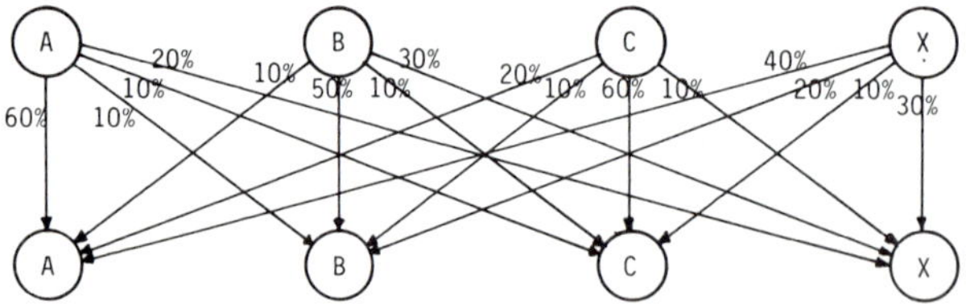

Bestimme die Marktanteile und den Anteil der Nichtkäufer für die Monate Februar, März und April.

17.7 Inverse einer Matrix

Die Inverse der reellen Zahl a ist $a^{-1} = \frac{1}{a}$. Es gilt $aa^{-1} = 1$.

D 17.7.1

> Für eine quadratische Matrix A ist die **Inverse oder inverse Matrix A^{-1}** als eine Matrix definiert, für die gilt
> $$A^{-1}A = AA^{-1} = E.$$

Für nichtquadratische Matrizen ist die Inverse nicht definiert.

B 17.7.2 $\mathbf{A} = \begin{pmatrix} 3 & -7 \\ 2 & -5 \end{pmatrix}$; $\mathbf{A}^{-1} = \begin{pmatrix} 5 & -7 \\ 2 & -3 \end{pmatrix}$; $\mathbf{AA}^{-1} = \begin{pmatrix} 1 & 0 \\ 0 & 1 \end{pmatrix}$.

Für die Bestimmung der Inversen einer Matrix gibt es verschiedene Möglichkeiten, auf die weiter unten eingegangen wird (Abschnitte 18.6 und 19.5).

Eine Anwendung der inversen Matrix zeigt das folgende Beispiel, welches an Beispiel 17.1.7 anknüpft.

B 17.7.3 In Beispiel 17.1.7 waren die Produktionsverflechtungen von drei Industriezweigen einer Volkswirtschaft durch die folgende Input-Output-Matrix gegeben:

$$\mathbf{X} = (x_{ij}) = \begin{pmatrix} 1 & 2 & 1 \\ 3 & 1 & 0 \\ 1 & 2 & 1 \end{pmatrix}.$$ Die Vektoren $\mathbf{x} = (x_j) = \begin{pmatrix} 8 \\ 6 \\ 7 \end{pmatrix}$ und $\mathbf{y} = (y_j) = \begin{pmatrix} 4 \\ 2 \\ 3 \end{pmatrix}$

geben den gesamten Output der Industriezweige bzw. die Endnachfrage an. Die Elemente der Matrix

$$\mathbf{A} = (a_{ij}) = \begin{pmatrix} \frac{1}{8} & \frac{1}{3} & \frac{1}{7} \\ \frac{3}{8} & \frac{1}{6} & 0 \\ \frac{1}{8} & \frac{1}{3} & \frac{1}{7} \end{pmatrix} \quad \text{mit } a_{ij} = \frac{x_{ij}}{x_j}$$

geben an, den wievielten Teil seines Outputs der zu einer Spalte gehörige Industriezweig (j) von dem zu der betreffenden Zeile gehörigen Industriezweig erhält. Für jeden Industriezweig i ist die Endnachfrage (y_i) gleich der Differenz aus gesamtem Output (x_i) und dem Output an die anderen Industriezweige : $y_i = x_i - \sum_j x_{ij}$.

In Matrizenschreibweise erhält man $\mathbf{y} = \mathbf{x} - \mathbf{Xs}$, wobei s ein summierender Vektor (alle Elemente sind 1) ist. Wegen

$$a_{ij} = \frac{x_{ij}}{x_j} \text{ gilt nun } \mathbf{Xs} = (\sum_j x_{ij}) = (\sum_j \frac{x_{ij}}{x_j} x_j) = \mathbf{Ax}.$$

Damit ergibt sich, da außerdem $\mathbf{x} = \mathbf{Ex}$ gilt: $\mathbf{y} = \mathbf{x}\text{-}\mathbf{Ax} = \mathbf{Ex}\text{-}\mathbf{Ax} = (\mathbf{E}\text{-}\mathbf{A})\mathbf{x}$. Multipliziert man in dieser Matrizengleichung beide Seiten von links mit $(\mathbf{E}\text{-}\mathbf{A})^{-1}$, so erhält man $(\mathbf{E}\text{-}\mathbf{A})^{-1}\mathbf{y} = \mathbf{x}$.

Den gesamten Output der Industriezweige kann man über diesen Ansatz bei bekannter Endnachfrage und Kenntnis der Matrix **A** der Input-Output-Koeffizienten bestimmen.

Aufgaben

Ü **17.7.1** Sind die Matrizen **A** und **B** zueinander invers?
*****

$$\mathbf{A} = \begin{pmatrix} 1 & 0 & 2 \\ 2 & -1 & 3 \\ 4 & 1 & 8 \end{pmatrix}; \mathbf{B} = \begin{pmatrix} -11 & 2 & 2 \\ -4 & 0 & 1 \\ 6 & -1 & -1 \end{pmatrix}.$$

Ü **17.7.2** In einer Volkswirtschaft gibt es 4 Industriezweige (A,B,C und D), deren gegenseitige Leistungsverflechtungen durch die folgende Input-Output-Tabelle gegeben sind:

	A	B	C	D	Endnachfrage
A	6	2	4	2	6
B	2	3	1	1	3
C	6	4	4	2	4
D	1	3	1	3	2

a) Bestimme den gesamten Output für jeden Industriezweig.
b) Bestimme die Matrix **A** der relativen Input-Output-Koeffizienten.
c) Bestimme die Endnachfrage mittels des Ansatzes $\mathbf{y} = (\mathbf{E}-\mathbf{A})\mathbf{x}$.

Ü **17.7.3** Zeige für die folgende Matrix, daß gilt $A = A^{-1}$.

$$A = \begin{pmatrix} -1 & -2 & -2 \\ 1 & 2 & 1 \\ -1 & -1 & 0 \end{pmatrix} .$$

17.8 Matrizen als spezielle Funktionen

Die Kenntnis der Matrizenmultiplikation erlaubt es, Matrizen als spezielle Funktionen aufzufassen. Eine spezielle lineare Funktion mit einer unabhängigen Variablen ist $y = ax$, $a \in \mathbb{R}$. Bei mehreren unabhängigen Variablen hat man als spezielle lineare Funktion

$$y = \sum_{i=1}^{n} a_i x_i .$$

Dabei wird den n unabhängigen Variablen $x_1,...,x_n$ die eine abhängige Variable y zugeordnet. Matrizen können nun als lineare Abbildungen aus einer Menge von n-Tupeln in eine Menge von m-Tupeln aufgefaßt werden:

$$\text{Mit } \mathbf{y} = \begin{pmatrix} y_1 \\ y_2 \\ \vdots \\ y_m \end{pmatrix} \quad \text{und } \mathbf{x} = \begin{pmatrix} x_1 \\ x_2 \\ \vdots \\ x_n \end{pmatrix}$$

und der m x n-Matrix $\mathbf{A} = (a_{ij})$ erhält man $\mathbf{y} = \mathbf{Ax}$.

Die Mengen der n-Tupel bzw. m-Tupel (Vektoren mit n bzw. m Elementen) werden üblicherweise als n- bzw. m-dimensionale Vektorräume bezeichnet. Der obige Ansatz entspricht dann einer linearen Abbildung von einem n-dimensionalen Vektorraum in einen m-dimensionalen Vektorraum.

17.9 Linearkombinationen von Vektoren

D 17.9.1

Unter einer **Linearkombination** der Vektoren

$$\mathbf{a}_1 = \begin{pmatrix} a_{11} \\ a_{21} \\ \vdots \\ a_{m1} \end{pmatrix}, \mathbf{a}_2 = \begin{pmatrix} a_{12} \\ a_{22} \\ \vdots \\ a_{m2} \end{pmatrix}, \ldots, \mathbf{a}_n = \begin{pmatrix} a_{1n} \\ a_{2n} \\ \vdots \\ a_{mn} \end{pmatrix}$$

versteht man eine Summe der Form

$$c_1\mathbf{a}_1 + c_2\mathbf{a}_2 + \ldots + c_n\mathbf{a}_n = \sum_{i=1}^{n} c_i\mathbf{a}_i$$

oder

$$c_1\mathbf{a}'_1 + c_2\mathbf{a}'_2 + \ldots + c_n\mathbf{a}'_n = \sum_{i=1}^{n} c_i\mathbf{a}'_i,$$

wobei die c_i Skalare sind.

Die Multiplikation eines Vektors mit einer Zahl ergibt wieder einen Vektor, so daß die $c_i\mathbf{a}_i$ bzw. $c_i\mathbf{a}'_i$ wieder Vektoren sind. Die Summe von Vektoren ergibt ebenfalls wieder einen Vektor, so daß gilt:

R 17.9.2

Jede Linearkombination von Vektoren gleicher Ordnung ergibt einen Vektor derselben Ordnung.

B 17.9.3 a)

$$\mathbf{a}_1 = \begin{pmatrix} 3 \\ 0 \\ 1 \\ -4 \end{pmatrix}, \mathbf{a}_2 = \begin{pmatrix} 1 \\ 2 \\ -2 \\ 3 \end{pmatrix}, \mathbf{a}_3 = \begin{pmatrix} 12 \\ 20 \\ 9 \\ 4 \end{pmatrix} \qquad c_1 = 3, \; c_2 = -1, \; c_3 = 4$$

$$c_1\mathbf{a}_1 + c_2\mathbf{a}_2 + c_3\mathbf{a}_3 = 3\cdot\begin{pmatrix} 3 \\ 0 \\ 1 \\ -4 \end{pmatrix} + (-1)\cdot\begin{pmatrix} 1 \\ 2 \\ -2 \\ 3 \end{pmatrix} + 4\cdot\begin{pmatrix} 12 \\ 20 \\ 9 \\ 4 \end{pmatrix}$$

$$= \begin{pmatrix} 9 \\ 0 \\ 3 \\ -12 \end{pmatrix} + \begin{pmatrix} -1 \\ -2 \\ 2 \\ -3 \end{pmatrix} + \begin{pmatrix} 48 \\ 80 \\ 36 \\ 16 \end{pmatrix} = \begin{pmatrix} 9 - 1 + 48 \\ 0 - 2 + 80 \\ 3 + 2 + 36 \\ -12 - 3 + 16 \end{pmatrix} = \begin{pmatrix} 56 \\ 78 \\ 41 \\ 1 \end{pmatrix}$$

b) $\mathbf{b}'_1 = (3,9,7)$; $\mathbf{b}'_2 = (1,-1,0)$; $\mathbf{b}'_3 = (12,8,9)$

$c_1 = 12$; $c_2 = -40$; $c_3 = -5$

$$c_1\mathbf{b}'_1 + c_2\mathbf{b}'_2 + c_3\mathbf{b}'_3 = 12\cdot(3,9,7) + (-40)\cdot(1,-1,0) + (-5)\cdot(12,8,9)$$

$$= (36,108,84) + (-40,40,0) + (-60,-40,-45)$$

$$= (-64,108,39)$$

D 17.9.4

Eine Linearkombination $\sum_{i=1}^{n} c_i \mathbf{a}_i$ der Vektoren $\mathbf{a}_i$ (i=1,...,n) mit $\sum_{i=1}^{n} c_i = 1$ heißt **konvexe** Linearkombination.

B 17.9.5 Eine Unternehmung produziert zwei Güter, die auf den Maschinen A und B bearbeitet werden. Die Bearbeitungszeiten je Stück und die verfügbaren Maschinenzeiten sind in der folgenden Tabelle wiedergegeben (Zeiten in Minuten).

	Gut 1	Gut 2	Verfügbare Zeit je Woche
Maschine A	6	10	2400
Maschine B	8	4	2400

Die produzierbaren Mengen sind durch die verfügbaren Zeiten beschränkt. Zulässige Produktionspläne sind dann z.B.

$$\mathbf{a}_1 = \begin{pmatrix} 100 \\ 100 \end{pmatrix}; \ \mathbf{a}_2 = \begin{pmatrix} 200 \\ 20 \end{pmatrix}; \ \mathbf{a}_3 = \begin{pmatrix} 10 \\ 200 \end{pmatrix},$$

wobei die Elemente der Vektoren die Mengen der beiden Güter angeben. Jede konvexe Linearkombination dieser Vektoren gibt dann wieder einen zulässigen Produktionsplan, also z.B.

$$\frac{1}{10} \cdot \begin{pmatrix} 100 \\ 100 \end{pmatrix} + \frac{2}{5} \cdot \begin{pmatrix} 200 \\ 20 \end{pmatrix} + \frac{1}{2} \cdot \begin{pmatrix} 10 \\ 200 \end{pmatrix} = \begin{pmatrix} 95 \\ 118 \end{pmatrix}.$$

Aufgaben

Ü 17.9.1 Bestimme Linearkombinationen der Vektoren (2,3,0,1); (4,7,-3,0); (-3,-2,1,2) mit a) $c_1 = 3$, $c_2 = -1$, $c_3 = 2$;
b) $c_1 = 1$, $c_2 = 3$, $c_3 = 4$.

18. Lineare Gleichungssysteme

18.1 Der Begriff des linearen Gleichungssystems

In **linearen Gleichungen** treten die Variablen nur in der ersten Potenz auf, und es kommen auch keine Produkte der Variablen vor. Der einfachste Fall ist die lineare Gleichung mit einer Variablen, die allgemein von der Form $ax+b = c$ ist und die Lösung $x = (c-b)/a$ hat (vgl. dazu und zu Gleichungen mit 2 Variablen Kapitel 7 der "Elementaren Grundlagen ...").

Bei vielen ökonomischen Anwendungen kommen lineare Gleichungen mit mehreren Variablen vor.

B 18.1.1 Der Student Paul geht morgens zum Kaufmann und holt sich 2 Brötchen und 1 l Milch für sein Frühstück. Er bezahlt dafür 1,80 DM. Als er zu Hause ausrechnen will, was 1 Brötchen und 1 l Milch kosten, versucht er, dafür eine Gleichung aufzustellen. Er bezeichnet den Brötchenpreis mit B und den Milchpreis mit M und erhält folgende lineare Gleichung mit 2 Variablen: $2B + 1M = 1{,}80$.

Im allgemeinen Fall hat man es mit n Variablen zu tun.

D 18.1.2

> Eine Gleichung der Form
> $$a_1x_1+a_2x_2+\ldots+a_nx_n = \sum_{i=1}^{n} a_ix_i = b$$
> (a_i = const. ($i = 1,\ldots,n$); b = const.) mit den n Variablen $x_1,\ldots,x_n$ heißt **lineare Gleichung in n Variablen.**

Eine einzige lineare Gleichung in n Variablen ist für x_i ($i = 1,\ldots,n$) nicht eindeutig lösbar, da man die Werte von n-1 der Variablen beliebig wählen kann, bzw. weil der Wert jeder der Variablen x_i von den Werten der anderen Variablen abhängt.

B 18.1.3 Die lineare Gleichung aus Beispiel 18.1.1 $2B+M = 1{,}80$ kann z.B. folgende Lösung haben: $B = 0{,}15$, $M = 1{,}50$; $B = 0{,}20$, $M = 1{,}40$; $B = 0{,}30$, $M = 1{,}20$; $B = 0{,}40$, $M = 1{,}00$. Der Student Paul kann aus der einen Gleichung den Brötchenpreis und den Milchpreis nicht ausrechnen.

Eine lineare Gleichung mit mehreren Variablen hat allgemein unendlich viele Lösungen. Lineare Gleichungen mit mehreren Variablen treten jedoch üblicherweise nicht einzeln auf, sondern man hat mehrere lineare Gleichungen mit den gleichen Variablen, ein sogenanntes **lineares Gleichungssystem.**

B 18.1.4 Es wird an Beispiel 18.1.1 angeknüpft. Der Student Paul hat am nächsten Morgen Besuch von seiner Freundin und er kauft 5 Brötchen, 2 l Milch und 4 Eier für das Frühstück und bezahlt 4,70 DM. Das führt zu der Gleichung 5B+2M+4E = 4,70, wobei E den Eierpreis bezeichnet. Am Tag darauf kauft er wieder 5 Brötchen und 2 l Milch aber 6 Eier für 5,10 DM und notiert folgende Gleichung 5B+2M+6E = 5,10DM. Paul hat nunmehr folgende Gleichungen:

$$\begin{aligned} 2B + M &= 1{,}80 \\ 5B+2M+4E &= 4{,}70 \\ 5B+2M+6E &= 5{,}10. \end{aligned}$$

D 18.1.5 Die m linearen Gleichungen

$$\begin{aligned} a_{11}x_1 + a_{12}x_2 + \dots + a_{1n}x_n &= \sum_{j=1}^{n} a_{1j}x_j = b_1 \\ a_{21}x_1 + a_{22}x_2 + \dots + a_{2n}x_n &= \sum_{j=1}^{n} a_{2j}x_j = b_2 \\ \cdot \qquad \cdot \qquad \cdots \qquad \cdot \quad &\qquad \cdot \qquad\quad \cdot \\ a_{m1}x_1 + a_{m2}x_2 + \dots + a_{mn}x_n &= \sum_{j=1}^{n} a_{mj}x_j = b_m \end{aligned}$$

ergeben ein **lineares Gleichungssystem.**

Ein lineares Gleichungssystem kann man entweder ausführlich oder unter Verwendung des Summenzeichens schreiben, wie D 18.1.5 zeigt. Mit dem Summenzeichen kann für das Gleichungssystem verkürzt auch

$$\sum_{j=1}^{n} a_{ij}x_j = b_i, \qquad i = 1,\dots,m$$

geschrieben werden.

Eine andere Schreibweise ergibt sich bei Verwendung von **Matrizen.** In einer einzelnen linearen Gleichung der Form

$$a_1x_1 + a_2x_2 + a_3x_3 + \dots + a_nx_n = b$$

läßt sich die linke Seite als skalares Produkt von Vektoren auffassen:

$$a_1x_1 + a_2x_2 + a_3x_3 + \dots + a_nx_n = (a_1, a_2, \dots, a_n) \begin{pmatrix} x_1 \\ x_2 \\ \vdots \\ x_n \end{pmatrix} = \mathbf{a'x}$$

Für die lineare Gleichung ergibt sich dann

$$\mathbf{a'x} = b.$$

In der entsprechenden Weise kann man die linke Seite eines linearen Gleichungssystems als Produkt der Matrix

$$A = \begin{pmatrix} a_{11} & a_{12} & \dots & a_{1n} \\ a_{21} & a_{22} & \dots & a_{2n} \\ \cdot & \cdot & \dots & \cdot \\ a_{m1} & a_{m2} & \dots & a_{mn} \end{pmatrix} \quad \text{mit dem Vektor } \mathbf{x} = \begin{pmatrix} x_1 \\ x_2 \\ \vdots \\ x_n \end{pmatrix}$$

auffassen:

$$\begin{pmatrix} a_{11}x_1 & + & a_{12}x_2 & + \dots & + a_{1n}x_n \\ a_{21}x_1 & + & a_{22}x_2 & + \dots & + a_{2n}x_n \\ \cdot & & \cdot & \dots & \cdot \\ a_{m1}x_1 & + & a_{m2}x_2 & + \dots & + a_{mn}x_n \end{pmatrix} = \begin{pmatrix} a_{11} & a_{12} & \dots & a_{1n} \\ a_{21} & a_{22} & \dots & a_{2n} \\ \cdot & \cdot & \dots & \cdot \\ a_{m1} & a_{m2} & \dots & a_{mn} \end{pmatrix} \begin{pmatrix} x_1 \\ x_2 \\ \vdots \\ x_n \end{pmatrix}$$

Mit dem Vektor $\mathbf{b}' = (b_1, b_2, \dots, b_m)$ lautet das lineare Gleichungssystem in Matrizenschreibweise

$$\begin{pmatrix} a_{11} & a_{12} & \dots & a_{1n} \\ a_{21} & a_{22} & \dots & a_{2n} \\ \cdot & \cdot & \dots & \cdot \\ a_{m1} & a_{m2} & \dots & a_{mn} \end{pmatrix} \begin{pmatrix} x_1 \\ x_2 \\ \cdot \\ x_n \end{pmatrix} = \begin{pmatrix} b_1 \\ b_2 \\ \cdot \\ b_m \end{pmatrix}$$

oder kürzer

$$\mathbf{Ax} = \mathbf{b}.$$

Die Matrix **A** der Koeffizienten des linearen Gleichungssystems heißt **Koeffizientenmatrix.**

B 18.1.6 Die drei Gleichungen aus Beispiel 18.1.4 lauten in Matrizenschreibweise

$$\begin{pmatrix} 2 & 1 & 0 \\ 5 & 2 & 4 \\ 5 & 2 & 6 \end{pmatrix} \begin{pmatrix} B \\ M \\ E \end{pmatrix} = \begin{pmatrix} 1{,}80 \\ 4{,}70 \\ 5{,}10 \end{pmatrix} .$$

Vor allem bei Anwendungsproblemen kommt es vor, daß lineare Gleichungssysteme zunächst nicht in der Form **Ax = b** gegeben sind. Durch äquivalente Umformungen (Durchführung der gleichen Rechenoperation mit der gleichen Zahl auf beiden Seiten der Gleichung) kann aber jedes Gleichungssystem auf die genannte Form gebracht werden.

B 18.1.7

$$\left.\begin{aligned} 5x-2y &= 24-2z \\ 3y-4z &= 5+3x \\ 6z &= 12+4x-2y \end{aligned}\right\} \Rightarrow \left\{\begin{aligned} 5x-2y+2z &= 24 \\ -3x+3y-4z &= 5 \\ -4x+2y+6z &= 12 \end{aligned}\right\} \Rightarrow \begin{pmatrix} 5 & -2 & 2 \\ -3 & 3 & -4 \\ -4 & 2 & 6 \end{pmatrix} \begin{pmatrix} x \\ y \\ z \end{pmatrix} = \begin{pmatrix} 24 \\ 5 \\ 12 \end{pmatrix}$$

Es wird deshalb folgendes definiert:

D 18.1.8

> $\mathbf{Ax} = \mathbf{b}$ heißt **Normalform** eines linearen Gleichungssystems.

In den folgenden Ausführungen wird vor allem die Normalform von linearen Gleichungssystemen betrachtet.

D 18.1.9

> Ist bei einem linearen Gleichungssystem $\mathbf{Ax} = \mathbf{b}$ der Vektor $\mathbf{b} = \mathbf{0}$, so heißt das Gleichungssystem **homogen.** Ist wenigstens ein Element von $\mathbf{b}$ von Null verschieden ($\mathbf{b} \neq \mathbf{0}$), so heißt das Gleichungssystem **inhomogen.**

Bei einem linearen Gleichungssystem stellt sich nun die Aufgabe, die Lösungen des Gleichungssystems zu bestimmen. Bevor darauf im einzelnen eingegangen wird, werden hier zunächst noch einige Beispiele wirtschaftlicher Fragestellungen angeführt, die auf lineare Gleichungssysteme führen.

B 18.1.10 **Verrechnung innerbetrieblicher Leistungen**

Es wird von einem einfachen Betrieb ausgegangen, der drei Abteilungen A, B und C hat. Die Abteilungen sind durch Leistungsabgaben gegenseitig verflochten. So kann etwa in einem Industriebetrieb die Abteilung "Heizung" Leistungen an eine Abteilung "Reparaturen und Instandhaltung" abgeben, und umgekehrt nimmt die "Heizung" die Dienste der Abteilung "Reparaturen und Instandhaltung" in Anspruch.
Die Leistungsverflechtungen der drei Abteilungen A, B und C sind aus der folgenden Figur 18.1.11 ersichtlich. Die Zahlen an den Pfeilen geben die Leistungsabgaben in Mengeneinheiten an. Jede Abteilung gibt außerdem Leistungen nach außen (an den Markt) ab, und zwar A 50, B 80 und C 40 Mengeneinheiten. In jeder Abteilung fallen nun unmittelbare Kosten an, in denen die Leistungen der anderen Abteilungen noch nicht berücksichtigt sind. Dazu gehören z.B. Löhne und Gehälter, Abschreibungen für Maschinen, Stromverbrauch usw. Diese Kosten nennt man **Primärkosten.** Um die Kosten ("Preise") für eine Mengeneinheit der Leistungen jeder Abteilung berechnen zu können, muß man auch die durch den innerbetrieblichen Leistungsaustausch entstehenden Kosten kennen. Diese Kosten nennt man **Sekundärkosten.**

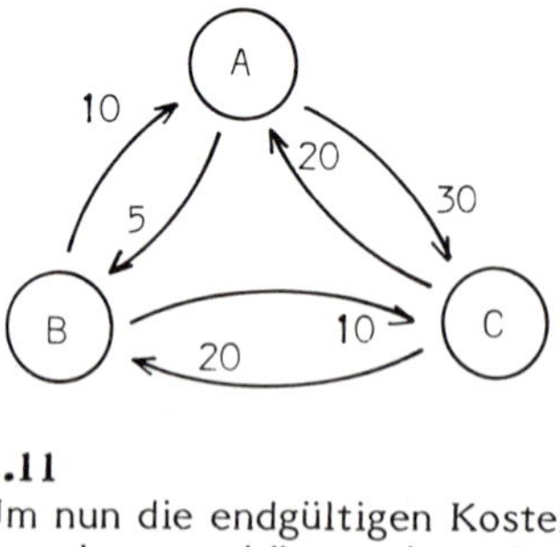

F 18.1.11

Um nun die endgültigen Kosten ("Verrechnungspreise") bei Abteilung A berechnen zu können, braucht man die Kosten je Einheit bei B und C. Um die Kosten bei B zu berechnen, braucht man die Einheitskosten bei A und C usw. Es sieht also so aus, als ob sich das Problem nicht lösen läßt. Das ist richtig, wenn man die Kosten der Abteilungen nacheinander berechnen will. Man kann jedoch das Problem durch gleichzeitige Bestimmung aller Verrechnungspreise lösen. Dazu sind in der folgenden Zeichnung alle Angaben zusammengestellt.

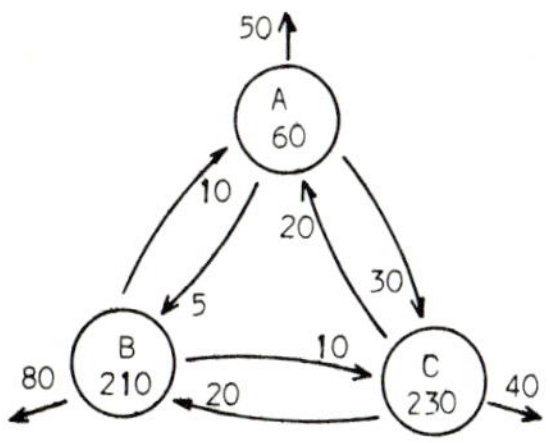

F 18.1.12

Die Zahlen in den Kreisen geben die Primärkosten an (F 18.1.12). Die Kosten je Einheit (Verrechnungspreis) für die Abteilung A, B bzw. C werden mit a, b bzw. c bezeichnet. Mittels der zu bestimmenden Verrechnungspreise soll eine Verrechnung aller Kosten sichergestellt werden.
Die Abteilung A gibt insgesamt 50+5+30 = 85 Mengeneinheiten ab. Es werden also Kosten in Höhe von 85 a weitergegeben. Bei Abteilung A entstehen Primärkosten in Höhe von 60 und Sekundärkosten in Höhe von 10b+20c, denn 10 Mengeneinheiten werden von B empfangen und 20 Leistungseinheiten von C. Da entstehende und zu verrechnende Kosten gleich sein sollen, erhält man folgende Gleichung:

$$85a = 60 + 10b + 20c.$$

Die gesamte Leistungsabgabe von B beträgt 100 und es entstehen Kosten von 210 (Primärkosten) sowie 5a+20c (Sekundärkosten). Das führt ähnlich wie bei A zu folgender Gleichung 100b = 210+5a+20c. Entsprechend erhält man bei C die Gleichung 80c = 230+30a+10b. Formt man die Gleichungen um, dann erhält man folgendes lineare Gleichungssystem:

$$\begin{aligned} 85a - 10b - 20c &= 60 \\ -5a + 100b - 20c &= 210 \\ -30a - 10b + 80c &= 230 \end{aligned} \quad \text{bzw.} \quad \begin{pmatrix} 85 & -10 & -20 \\ -5 & 100 & -20 \\ -30 & -10 & 80 \end{pmatrix} \begin{pmatrix} a \\ b \\ c \end{pmatrix} = \begin{pmatrix} 60 \\ 210 \\ 230 \end{pmatrix} .$$

Die Auflösung dieses Gleichungssystems liefert die gesuchten Verrechnungspreise.

B 18.1.13 Käuferverhalten

Es wird an Beispiel 17.6.19 angeknüpft. Dort wurde das Verhalten von Käufern auf einem Markt mit mehreren konkurrierenden Produkten beschrieben, und es wurde ein Ansatz zur zeitlichen Entwicklung der Marktanteile beschrieben. Man kann nun fragen, bei welchen Marktanteilen sich der Markt im Gleichgewicht befindet. Das ist dann der Fall, wenn sich die Marktanteile nicht ändern. Das Übergangsverhalten der Käufer in Beispiel 17.6.19 wurde durch folgende Matrix gegeben:

$$\begin{pmatrix} 0{,}8 & 0{,}1 & 0{,}1 \\ 0{,}2 & 0{,}7 & 0{,}1 \\ 0{,}2 & 0{,}2 & 0{,}6 \end{pmatrix} .$$

Werden die Marktanteile der Güter mit A, B und C bezeichnet, so muß bei einem Marktgleichgewicht gelten:

$$\begin{aligned} 0{,}8A + 0{,}2B + 0{,}2C &= A, \\ 0{,}1A + 0{,}7B + 0{,}2C &= B, \\ 0{,}1A + 0{,}1B + 0{,}6C &= C; \end{aligned}$$

denn die Marktanteile sollen gleich bleiben. Da der Markt auf die drei Güter vollständig aufgeteilt wird, gilt außerdem A+B+C = 100. Von den drei obigen Gleichungen ist eine dadurch überflüssig, denn die Marktanteile müssen zusammen 100% ergeben. Die Berechnung der Marktanteile, bei denen ein Gleichgewicht auf dem Markt herrscht, kann also mit dem folgenden Gleichungssystem vorgenommen werden:

$$\begin{aligned} -0{,}2A + 0{,}2B + 0{,}2C &= 0 \\ 0{,}1A - 0{,}3B + 0{,}2C &= 0 \\ A + B + C &= 100 \end{aligned} \quad \text{bzw.} \quad \begin{pmatrix} -0{,}2 & 0{,}2 & 0{,}2 \\ 0{,}1 & -0{,}3 & 0{,}2 \\ 1 & 1 & 1 \end{pmatrix} \begin{pmatrix} A \\ B \\ C \end{pmatrix} = \begin{pmatrix} 0 \\ 0 \\ 100 \end{pmatrix}.$$

B 18.1.14 Teilebedarfsrechnung

Ein anderes Anwendungsbeispiel für lineare Gleichungssysteme hat man bei der sogenannten Teilebedarfsrechnung. Aus Werkstoffen (A, B) werden Zwischenprodukte (C, D, E) und Endprodukte (F, G) hergestellt. In der Zeichnung sind die Verknüpfungen graphisch dargestellt.

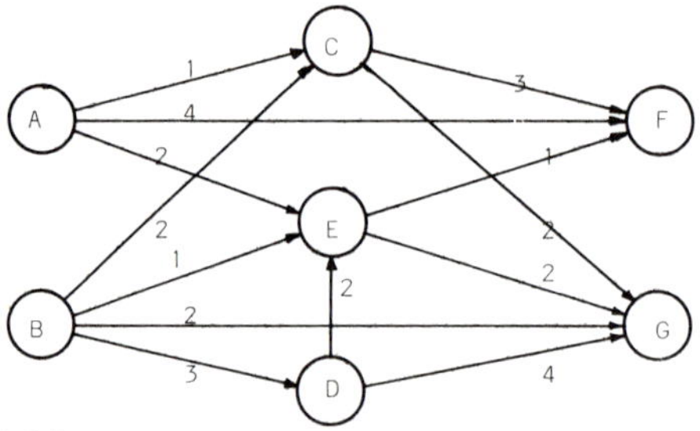

Die Zahlen an den Pfeilen geben an, wieviel Mengeneinheiten für eine Einheit des "folgenden" Produktes benötigt werden. Die graphische Darstellung der Zusammenhänge bezeichnet man auch als GOZINTOGRAPH. Von den Produkten E, F und G werden die Mengen 50, 200 und 120 benötigt.

F 18.1.15

Um auszurechnen, welche Stückzahlen von A, B, C und D für diese Mengen benötigt werden (Teilebedarf), kann man folgendermaßen vorgehen. Die Bedarfsmengen der einzelnen Produkte werden mit a, b, c, d, e, f und g bezeichnet. Es wird nun über die Mengenverknüpfungen des Schaubildes der Bedarf ausgerechnet. Von A benötigt man ein Stück für jede Einheit von C, 4 Stück pro Einheit von F und 2 je Einheit von E. Es gilt also $a = c+2e+4f$. Entsprechend ergibt sich für die anderen Mengen $b = 2c+3d+e+2g$; $c = 3f+2g$; $d = 2e+4g$ und $e = f+2g+50$. Die 50 geben den Endverbrauch an. Die übrigen Beziehungen lauten $f = 200$ und $g = 120$.

Man erhält also folgendes lineare Gleichungssystem zur Ermittlung des Teilebedarfs.

$$\begin{aligned} a - c - 2e - 4f &= 0 \\ b - 2c - 3d - e - 2g &= 0 \\ c - 3f - 2g &= 0 \\ d - 2e - 4g &= 0 \\ e - f - 2g &= 50 \\ f &= 200 \\ g &= 120 \end{aligned} \quad \text{bzw.} \quad \begin{pmatrix} 1 & 0 & -1 & 0 & -2 & -4 & 0 \\ 0 & 1 & -2 & -3 & -1 & 0 & -2 \\ 0 & 0 & 1 & 0 & 0 & -3 & -2 \\ 0 & 0 & 0 & 1 & -2 & 0 & -4 \\ 0 & 0 & 0 & 0 & 1 & -1 & -2 \\ 0 & 0 & 0 & 0 & 0 & 1 & 0 \\ 0 & 0 & 0 & 0 & 0 & 0 & 1 \end{pmatrix} \begin{pmatrix} a \\ b \\ c \\ d \\ e \\ f \\ g \end{pmatrix} = \begin{pmatrix} 0 \\ 0 \\ 0 \\ 0 \\ 50 \\ 200 \\ 120 \end{pmatrix}$$

Aufgaben

Ü 18.1.1 Schreibe unter Verwendung von Matrizen

$$\begin{aligned} 5x+3y-2z &= 1 \\ -x-\;y+\;z &= 0 \\ 2x-4y+4z &= 2\;. \end{aligned}$$

Ü 18.1.2 Lassen sich die folgenden Gleichungssysteme in der Form **Ax** = **b** schreiben? Falls ja, gib die Matrizenschreibweise an.

a) $5x + 3xy = 2$
$2\frac{x}{y} - 2\;y = 1;$

b) $5x - 3y = y + z$
$-x + 5y = 2x - 4z;$

c) $x_1x_2 + 5x_2^2 = 1$
$\frac{x_1}{x_2} + \frac{1}{x_2^2} = 3.$

Ü 18.1.3 Ein Betrieb besteht aus 3 Kostenstellen (K_1, K_2 und K_3), die Leistungen für den Absatzmarkt und für die jeweils anderen beiden Kostenstellen erbringen. Die Marktleistungen betragen:

K_1	K_2	K_3
30	154	28

Die gegenseitigen Leistungsabgaben zwischen den Kostenstellen sind in der folgenden Tabelle gegeben:

		Empfangende Stelle K_1	K_2	K_3
Abgebende Stelle	K_1	0	30	40
	K_2	20	0	32
	K_3	40	28	0

Die Stellen-Primärkosten betragen:

K_1	K_2	K_3
300	150	120

a) Stelle die Angaben in einem übersichtlichen Diagramm zusammen.
b) Formuliere das zur Bestimmung der innerbetrieblichen Verrechnungspreise notwendige Gleichungssystem.

Ü 18.1.4 Ein Industriebetrieb stellt 3 Güter X, Y und Z in den Mengen x, y und z her. Zur Produktion einer Einheit von Y werden drei Einheiten von X benötigt. Für eine Einheit von Z werden sechs Einheiten von X und 5 Einheiten von Y benötigt.
Es liegt ein Auftrag von 40 Stück des Gutes X, 60 Stück von Y und 20 Stück von Z vor. Welche Mengen müssen insgesamt hergestellt werden? Formuliere den Ansatz als lineares Gleichungssystem!

Ü **18.1.5** Für Fünf-Mark-Stücke soll eine neue Legierung verwendet werden, die aus 43% Nickel, 38% Kupfer und 19% Zinn besteht. Die neue Legierung soll aus **zwei alten Legierungen**, die noch in großer Menge vorrätig sind, **und aus reinem Kupfer** durch Mischung gewonnen werden.
Legierung 1: 50% Nickel, 30% Kupfer und 20% Zinn
Legierung 2: 60% Nickel, 10% Kupfer und 30% Zinn.
Gesucht sind die benötigten Anteile der Legierungen 1 und 2 und des Kupfers. Formuliere das Mischungsproblem als Gleichungssystem!

18.2 Regeln für die Lösung linearer Gleichungssysteme

Lineare Gleichungssysteme sind nicht immer lösbar. An einfachen Beispielen soll zunächst gezeigt werden, welche Fälle möglich sind. Dabei erfolgt eine Beschränkung auf inhomogene Gleichungssysteme, für die nach D 18.1.9 gilt $\mathbf{b} \neq \mathbf{0}$.
Bei der Lösung linearer Gleichungssysteme sollte immer die folgende Regel beachtet werden.

Die Lösung eines linearen Gleichungssystems kann durch Einsetzen der Lösungswerte für die Variablen in die Gleichung überprüft werden.

Mit dieser Grundregel können die Lösungen in den folgenden Beispielen überprüft werden.

B **18.2.1** a) Das Gleichungssystem aus B 18.1.4 hat die Lösung B = 0,30; M = 1,20; E = 0,20. Diese Lösung ist **eindeutig**, d.h. es gibt keine andere Lösung.
b) Das Gleichungssystem $2x+4y-2z = 10$ und $x-2y+7z = 17$ hat **mehrere Lösungen.** Beide Gleichungen sind z.B. für (x,y,z) = (5,1,2); (-4,7,5) oder (14,-5,-1) erfüllt. Das Gleichungssystem ist lösbar, aber nicht eindeutig (nur eine Lösung) sondern mehrdeutig.
c) Das Gleichungssystem $x+2y = 5$ und $x+2y = 4$ ist **nicht lösbar.** Die beiden Gleichungen widersprechen sich. Die linken Seiten stimmen überein (x+2y), aber die rechten Seiten nicht.

Das Beispiel zeigt die drei Fälle, die bei der Lösung eines inhomogenen linearen Gleichungssystems auftreten können.

R 18.2.2

Bei der **Lösung eines inhomogenen linearen Gleichungssystems** kann es
a) **keine** Lösung (**nicht lösbares** Gleichungssystem),
b) **eine** Lösung (**eindeutig lösbares** Gleichungssystem) oder
c) **mehrere** Lösungen (**mehrdeutig lösbares** Gleichungssystem)
geben.

Nicht lösbare Gleichungssysteme enthalten in den Gleichungen einen Widerspruch. Bei mehrdeutig lösbaren Gleichungssystemen können (oder müssen) eine oder mehrere Variablen vorgegeben werden, um die Lösungswerte der übrigen Variablen bestimmen zu können.

Für die Bestimmung der Lösungsmenge eines linearen Gleichungssystems mit **zwei** Variablen der allgemeinen Form

$a_1x+b_1y = c_1$ und $a_2x+b_2y = c_2$

gibt es verschiedene Möglichkeiten. (Vgl. dazu im einzelnen Abschnitt 8.2 der "Elementaren Grundlagen ...".)

(1) Eine Gleichung wird nach x (oder y) aufgelöst und der sich für x (oder y) ergebende Ausdruck in die andere Gleichung eingesetzt. Diese hat dann nur noch eine Variable und kann nach dieser aufgelöst werden. Den Lösungswert der anderen Variablen erhält man dann, indem man den Lösungswert der ersten Variablen in eine Gleichung einsetzt.

B 18.2.3 $x-2y = 1$ und $3x-y = 18$. Erste Gleichung: $x = 1+2y$; eingesetzt in die zweite Gleichung: $3+6y-y = 18 \Rightarrow 5y = 15 \Rightarrow y = 3$. Wird $y = 3$ in die erste Gleichung eingesetzt, ergibt sich $x-6 = 1$ bzw. $x = 7$.

(2) Beide Gleichungen werden nach einer Variablen aufgelöst und die sich ergebenden Ausdrücke gleichgesetzt. Diese Gleichung in einer Variablen wird nach dieser aufgelöst. Mit dem gefundenen Lösungswert kann über eine der beiden Gleichungen der Lösungswert der anderen Variablen bestimmt werden.

B 18.2.4 $2x-y = 5$ und $3x+y = 5$. Auflösung nach y und Gleichsetzen ergibt $2x-5 = 5-3x$ bzw. $x = 2$. Mit $x = 2$ folgt aus der 2. Gleichung $6+y = 5$ oder $y = -1$.

(3) Es wird ein geeignetes Vielfaches einer Gleichung zu der anderen addiert, so daß dadurch eine Gleichung mit einer Variablen entsteht, die nach dieser aufgelöst wird. Mit diesem Lösungswert erhält man dann über eine der beiden gegebenen Gleichungen den Lösungswert der anderen Variablen.

B 18.2.5 $2x+2y = 6$ und $4x-3y = 26$. Es wird das (-2)-fache der ersten Gleichung zur zweiten addiert:

$$\begin{array}{rcr} 4x-3y &=& 26 \\ \underline{-4x-4y} &=& \underline{-12} \\ -7y &=& 14 \end{array}$$

Es ergibt sich $y = -2$. Mit der ersten Gleichung ergibt sich $2x-4 = 6$ oder $x = 5$.

Aus der Behandlung einfacher Gleichungen ist folgendes bekannt (vgl. "Elementare Grundlagen ..." R 7.2.1):

Die Lösungsmenge einer Gleichung wird durch äquivalente Umformung der Gleichung nicht verändert.

Äquivalente Umformungen sind solche, bei denen auf beiden Seiten der Gleichung mit der gleichen Zahl (nicht Null!) die gleiche Rechenoperation durchgeführt wird.

Das Entsprechende gilt auch für lineare Gleichungen mit mehreren Variablen.

R 18.2.6

> Die Lösungsmenge einer linearen Gleichung mit mehreren Variablen wird durch **äquivalente Umformungen** nicht verändert.

In dem obigen Ansatz (3) zur Lösung von linearen Gleichungen mit 2 Variablen wurde ein Vielfaches einer Gleichung zu der anderen addiert. Die Addition des Vielfachen einer Gleichung zu einer anderen ist auch bei Gleichungssystemen mit mehr als zwei Variablen möglich ohne das sich die Lösungsmenge des Gleichungssystem dadurch verändert.

B 18.2.7

$$\begin{aligned} 3x-4y+5z &= 15 \\ 6x+2y-3z &= 7 \\ x+y+z &= 2 \end{aligned}$$

hat die Lösung x = 2, y = -1, z = 1.

Addiert man das 2-fache der ersten Gleichung zur zweiten und das (-3)-fache der ersten Gleichung zur dritten, so erhält man

$$\begin{array}{rcl} 6x+2y-3z &=& 7 \\ 6x-8y+10z &=& 30 \\ \hline 12x-6y+7z &=& 37 \end{array} \qquad \begin{array}{rcl} x+y+z &=& 2 \\ -9x+12y-15z &=& -45 \\ \hline -8x+13y-14z &=& -43 \end{array} .$$

Das neue Gleichungssystem lautet:

$$\begin{aligned} 3x-4y+5z &= 15 \\ 12x-6y+7z &= 37 \\ -8x+13y-14z &= -43. \end{aligned}$$

Es hat dieselbe Lösung wie das ursprüngliche Gleichungssystem, wie man durch Einsetzen nachprüfen kann.

Schließlich ist leicht einzusehen, daß Gleichungen miteinander vertauscht werden können, ohne daß sich die Lösungsmenge des Gleichungssystems ändert.

Die angestellten Überlegungen führen zu folgender Grundregel für das Lösen linearer Gleichungssysteme.

R 18.2.8

> Die Lösungsmenge eines linearen Gleichungssystems wird nicht verändert, wenn
> (1) einzelne Gleichungen äquivalent umgeformt werden;
> (2) ein Vielfaches einer Gleichung zu einer anderen Gleichung addiert wird;
> (3) zwei Gleichungen miteinander vertauscht werden.

Auf der Basis dieser Grundregel ist die systematische Auflösung linearer Gleichungssysteme möglich. Da dabei eigentlich nur mit den Koeffizienten des Gleichungssystems gerechnet wird, also den Elementen der Koeffizientenmatrix **A** und des Vektors **b**, können solche systematischen Lösungsverfahren auch in Matrizenschreibweise formuliert werden. Im nächsten Abschnitt wird darauf eingegangen. Hier ist noch eine einfach einzusehende Regel für die Lösung eines homogenen Gleichungssystems zu erwähnen.

R 18.2.9

> Ein **homogenes lineares Gleichungssystem** $\mathbf{Ax} = 0$ hat immer mindestens die triviale Lösung $\mathbf{x} = 0$.

18.3 Lösung eines inhomogenen linearen Gleichungssystems durch vollständige Elimination

In diesem Abschnitt wird davon ausgegangen, daß ein zu lösendes lineares Gleichungssystem in seiner **Normalform** (vgl. D 18.1.8) gegeben ist. Andere Gleichungssysteme können immer durch äquivalente Umformungen (R 18.2.6) in die Normalform übergeführt werden.

Um ein systematisches Lösungsverfahren für inhomogene Gleichungssysteme zu bekommen, kann man die in der Grundregel R 18.2.8 angegebenen Operationen so anwenden, daß man schließlich ein Gleichungssystem erhält, daß nach Möglichkeit in jeder Gleichung nur noch eine Variable mit dem Koeffizienten 1 enthält. Stimmt die Anzahl der Variablen mit der Anzahl der Gleichungen überein und ist das Gleichungssystem eindeutig lösbar, dann bedeutet das folgendes:

$$\begin{aligned} a_{11}x_1+a_{12}x_2+\dots+a_{1n}x_n &= b_1 \\ a_{21}x_1+a_{22}x_2+\dots+a_{2n}x_n &= b_2 \\ \dots \\ a_{n1}x_1+a_{n2}x_2+\dots+a_{nn}x_n &= b_n \end{aligned}$$

wird durch die Operationen aus R 18.2.8 umgeformt in

$$\begin{aligned} x_1 &= b_1^* \\ x_2 &= b_2^* \\ &\vdots \\ x_n &= b_n^* \; . \end{aligned}$$

Die b_j^* $(j = 1,\dots,n)$ sind die Lösungswerte für die Variablen.

Bei Anwendung der Operationen aus R 18.2.8 wird - im eigentlichen Sinne - nur mit den Koeffizienten a_{ij} und den absoluten Gliedern b_j der Gleichungen gerechnet. Für die Bestimmung der Lösung des Gleichungssystems reicht es deshalb aus, wenn nur die um den Vektor **b** erweiterte Koeffizientenmatrix **A** betrachtet wird, d.h.

$$\left(\begin{array}{cccc|c} a_{11} & a_{12} & \dots & a_{1n} & b_1 \\ a_{21} & a_{22} & \dots & a_{2n} & b_2 \\ \cdot & \cdot & \dots & \cdot & \cdot \\ a_{n1} & a_{n2} & \dots & a_{nn} & b_n \end{array}\right) \quad \text{oder kurz } (\mathbf{A} \mid \mathbf{b}).$$

Die Operationen aus R 18.2.8 bedeuten, übertragen auf diese erweiterte Koeffizientenmatrix, folgendes:

(1) Multiplikation einer Zeile mit einer von Null verschiedenen Zahl. (Andere äquivalente Umformungen entfallen für die Normalform.)
(2) Addition eines Vielfachen einer Zeile zu einer anderen.
(3) Vertauschung von Zeilen.

Durch Anwendung dieser Zeilenoperationen formt man die Matrix **(A | b)** so um, daß anstelle von **A** eine Einheitsmatrix steht. Man bringt die erweiterte Koeffizientenmatrix also auf die Form

$$\left(\begin{array}{cccc|c} 1 & 0 & \dots & 0 & b_1^* \\ 0 & 1 & \dots & 0 & b_2^* \\ \cdot & \cdot & \dots & \cdot & \cdot \\ 0 & 0 & \dots & 1 & b_n^* \end{array}\right).$$

Damit hat man dann die Lösungswerte b_j^* der Variablen gefunden. Um die Bestimmung der Lösung eines inhomogenen linearen Gleichungssystems mit Hilfe der erweiterten Koeffizientenmatrix zu erläutern, wird zunächst ein Beispiel betrachtet, in dem Gleichungssystem und erweiterte Koeffizientenmatrix nebeneinander betrachtet werden.

B 18.3.1 Es soll das Gleichungssystem aus B 18.1.4 gelöst werden. Dabei werden jeweils Gleichungssystem und erweiterte Koeffizientenmatrix nebeneinander geschrieben. Gleichungssystem und erweiterte Koeffizientenmatrix lauten:

$$\begin{aligned} 2B+M &= 1{,}8 \\ 5B+2M+4E &= 4{,}7 \\ 5B+2M+6E &= 5{,}1 \end{aligned} \qquad \left(\begin{array}{ccc|c} 2 & 1 & 0 & 1{,}8 \\ 5 & 2 & 4 & 4{,}7 \\ 5 & 2 & 6 & 5{,}1 \end{array}\right).$$

Nach der schrittweisen Umformung soll sich ergeben

$$\begin{aligned} B &= b_1^* \\ M &= b_2^* \\ E &= b_3^* \end{aligned} \qquad \left(\begin{array}{ccc|c} 1 & 0 & 0 & b_1^* \\ 0 & 1 & 0 & b_2^* \\ 0 & 0 & 1 & b_3^* \end{array}\right).$$

Im ersten Schritt wird die erste Gleichung (Zeile) so umgeformt, daß B den Faktor 1 hat. Dazu wird (Operation (1) aus R 18.2.8) die erste Gleichung (Zeile) mit 0,5 multipliziert:

$$\begin{aligned} B+0{,}5M &= 0{,}9 \\ 5B+2M+4E &= 4{,}7 \\ 5B+2M+6E &= 5{,}1 \end{aligned} \qquad \left(\begin{array}{ccc|c} 1 & 0{,}5 & 0 & 0{,}9 \\ 5 & 2 & 4 & 4{,}7 \\ 5 & 2 & 6 & 5{,}1 \end{array}\right).$$

In den nächsten beiden Schritten wird ein geeignetes Vielfaches der neuen ersten Gleichung (Zeile) zur zweiten bzw. dritten Gleichung (Zeile) addiert, um die Variable B aus diesen Gleichungen zu

eliminieren (um in der ersten Spalte die Nullen in der zweiten und dritten Zeile zu erzeugen).
Addition des (-5)-fachen der ersten Gleichung (Zeile) zur zweiten:

$$\begin{array}{r} 5B+2M \quad +4E = 4{,}7 \\ -5B-2{,}5M \qquad = -4{,}5 \\ \hline -0{,}5M +4E = 0{,}2 \end{array} \qquad \begin{array}{rrr|r} 5 & 2 & 4 & 4{,}7 \\ -5 & -2{,}5 & 0 & -4{,}5 \\ \hline 0 & -0{,}5 & 4 & 0{,}2 \end{array} \quad .$$

Addition des (-5)-fachen der ersten Gleichung (Zeile) zur dritten:

$$\begin{array}{r} 5B+2M \quad +6E = 5{,}1 \\ -5B-2{,}5M \qquad = -4{,}5 \\ \hline -0{,}5M +6E = 0{,}6 \end{array} \qquad \begin{array}{rrr|r} 5 & 2 & 6 & 5{,}1 \\ -5 & -2{,}5 & 0 & -4{,}5 \\ \hline 0 & -0{,}5 & 6 & 0{,}6 \end{array} \quad .$$

Gleichungssystem bzw. erweiterte Koeffizientenmatrix lauten nunmehr:

$$\begin{array}{r} B+0{,}5M \qquad = 0{,}9 \\ -0{,}5M+4E = 0{,}2 \\ -0{,}5M+6E = 0{,}6 \end{array} \qquad \left(\begin{array}{rrr|r} 1 & 0{,}5 & 0 & 0{,}9 \\ 0 & -0{,}5 & 4 & 0{,}2 \\ 0 & -0{,}5 & 6 & 0{,}6 \end{array}\right) \quad .$$

Die Variable B steht jetzt nur noch in der ersten Gleichung (Zeile). Im nächsten Schritt wird die zweite Gleichung (Zeile) mit -2 multipliziert, um zu erreichen, daß M in dieser Gleichung den Faktor 1 hat. Die zweite Gleichung (Zeile) lautet dann

$$M-8E = -0{,}4 \text{ bzw.} \qquad (0\ 1\ -8 \quad -0{,}4).$$

Jetzt wird ein geeignetes Vielfaches dieser neuen zweiten Zeile zur ersten und dritten addiert, um die Variable M aus diesen Gleichungen zu eliminieren bzw. in der ersten und dritten Zeile der zweiten Spalte eine Null zu erzeugen:
Addition des (-0,5)-fachen der neuen zweiten Gleichung (Zeile) zur ersten:

$$\begin{array}{r} B+0{,}5M \qquad = 0{,}9 \\ -0{,}5M+4E = 0{,}2 \\ \hline B \qquad +4E = 1{,}1 \end{array} \qquad \begin{array}{rrr|r} 1 & 0{,}5 & 0 & 0{,}9 \\ 1 & -0{,}5 & 4 & 0{,}2 \\ \hline 1 & 0 & 4 & 1{,}1 \end{array} \quad .$$

Addition des 0,5-fachen der neuen zweiten Gleichung (Zeile) zur dritten:

$$\begin{array}{r} -0{,}5+6E = 0{,}6 \\ 0{,}5-4E = -0{,}2 \\ \hline 2E = 0{,}4 \end{array} \qquad \begin{array}{rrr|r} 0 & -0{,}5 & 6 & 0{,}6 \\ 0 & 0{,}5 & -4 & -0{,}2 \\ \hline 0 & 0 & 2 & 0{,}4 \end{array} \quad .$$

Gleichungssystem bzw. Koeffizientenmatrix lauten nunmehr

$$\begin{array}{lll} B & & +4E = 1{,}1 \\ & M & -8E = -0{,}4 \\ & & \;\;2E = 0{,}4 \end{array} \qquad \left(\begin{array}{rrr|r} 1 & 0 & 4 & 1{,}1 \\ 0 & 1 & -8 & -0{,}4 \\ 0 & 0 & 2 & 0{,}4 \end{array}\right) .$$

Hier wird bereits deutlich, daß im linken Teil der erweiterten Koeffizientenmatrix nacheinander Einheitsvektoren erzeugt werden. In der ersten Spalte ein 1. Einheitsvektor, in der zweiten Spalte ein 2. Einheitsvektor.

Im nächsten Schritt wird die dritte Gleichung (Zeile) so umgeformt, daß E den Faktor 1 hat. Dazu wird die Gleichung (Zeile) mit 0,5 multipliziert:

$$E = 0{,}2 \qquad\qquad \begin{array}{ccc|c} 0 & 0 & 1 & 0{,}2. \end{array}$$

Damit liegt für E bereits der Lösungswert vor. Jetzt werden geeignete Vielfache dieser neuen dritten Gleichung (Zeile) zu den beiden anderen addiert, um die Variable E aus diesen Gleichungen zu eliminieren bzw. in der ersten und zweiten Zeile der dritten Spalte Nullen zu erzeugen.

Addition des (-4)-fachen der neuen dritten Gleichung (Zeile) zur ersten:

$$\begin{array}{lrl} B & +4E & = 1{,}1 \\ & -4E & = -0{,}8 \\ \hline B & & = 0{,}3 \end{array} \qquad\qquad \begin{array}{rrr|r} 1 & 0 & 4 & 1{,}1 \\ 0 & 0 & -4 & -0{,}8 \\ \hline 1 & 0 & 0 & 0{,}3 \end{array} \quad .$$

Addition des 8-fachen der neuen dritten Gleichung (Zeile) zur zweiten:

$$\begin{array}{lrl} M & -8E & = -0{,}4 \\ & 8E & = 1{,}6 \\ \hline M & & = 1{,}2 \end{array} \qquad\qquad \begin{array}{rrr|r} 0 & 1 & -8 & -0{,}4 \\ 0 & 0 & 8 & 1{,}6 \\ \hline 0 & 1 & 0 & 1{,}2 \end{array} \quad .$$

Gleichungssystem bzw. erweiterte Koeffzientenmatrix lauten jetzt

$$\begin{array}{lllr} B & & & = 0{,}3 \\ & M & & = 1{,}2 \\ & & E & = 0{,}2 \end{array} \qquad\qquad \left(\begin{array}{ccc|c} 1 & 0 & 0 & 0{,}3 \\ 0 & 1 & 0 & 1{,}2 \\ 0 & 0 & 1 & 0{,}2 \end{array}\right) \quad .$$

Damit ist die Lösung des Gleichungssystems bestimmt. Es wird auch unmittelbar deutlich, wie die Lösung aus der erweiterten Koeffizientenmatrix abzulesen ist, denn die erweiterte Koeffizientenmatrix entspricht dem danebenstehenden Gleichungssystem.

Das Beispiel zeigt, wie bereits oben erwähnt wurde, daß zur Lösung eines in Normalform gegebenen inhomogenen Gleichungssystems die Lösung durch geeignete und zulässige Umformung der erweiterten Koeffizientenmatrix gefunden werden kann. Um diesen Ansatz als Regel zu definieren, werden zunächst die in R 18.2.8 definierten zulässigen Operationen für Gleichungen eines Gleichungssystems als Zeilenoperationen für Matrizen definiert:

R 18.3.2

Unter **Zeilenoperationen** versteht man die folgenden Rechenoperationen für eine Matrix:
(1) Multiplikation aller Elemente einer Zeile mit einer von Null verschiedenen Zahl.
(2) Addition einer mit einem Skalar multipizierten Zeile zu einer anderen Zeile.
(3) Vertauschung zweier Zeilen.

Bezüglich der erweiterten Koeffizientenmatrix eines linearen Gleichungssystems entsprechen diese Zeilenoperationen den für R 18.2.8 angegebenen Operationen.

Das in Beispiel 18.3.1 erläuterte Verfahren zur Bestimmung der Lösungen eines linearen Gleichungssystems kann für die erweiterte Koeffizientenmatrix unter Verwendung von Zeilenoperationen wie folgt als Regel formuliert werden.

R 18.3.3

> Gegeben sei die Normalform $\mathbf{Ax} = \mathbf{b}$ eines inhomogenen linearen Gleichungssystems, bei dem die Anzahl der Gleichungen mit der Anzahl der Variablen übereinstimmt. Die Lösungen des Gleichungssystems kann man bestimmen, indem man die um den Vektor **b** erweiterte Koeffizientenmatrix $(\mathbf{A} \mid \mathbf{b})$ durch Anwendung von Zeilenoperationen (R 18.3.2) in eine Matrix der Form $(\mathbf{E} \mid \mathbf{b}^*)$ umformt. Es gilt dann $\mathbf{x} = \mathbf{b}^*$.

Im einzelnen gilt für das Lösungsverfahren der **vollständigen Elimination** für ein inhomogenes lineares Gleichungssystem der Form

$$\begin{pmatrix} a_{11} & a_{12} & \cdots & a_{1n} \\ a_{21} & a_{22} & \cdots & a_{2n} \\ \cdot & \cdot & \cdots & \cdot \\ a_{n1} & a_{n2} & \cdots & a_{nn} \end{pmatrix} \begin{pmatrix} x_1 \\ x_2 \\ \cdot \\ x_n \end{pmatrix} = \begin{pmatrix} b_1 \\ b_2 \\ \cdot \\ b_n \end{pmatrix}$$

folgendes:

Der erste Lösungsschritt besteht darin, daß man die Koeffizientenmatrix um den Vektor der absoluten Glieder zur erweiterten Koeffizientenmatrix ergänzt:

$$\left(\begin{array}{cccc|c} a_{11} & a_{12} & \cdots & a_{1n} & b_1 \\ a_{21} & a_{22} & \cdots & a_{2n} & b_2 \\ \cdot & \cdot & \cdots & \cdot & \cdot \\ a_{n1} & a_{n2} & \cdots & a_{nn} & b_n \end{array}\right) .$$

In der erweiterten Matrix werden nun in den Spalten der Koeffizientenmatrix schrittweise Einheitsvektoren erzeugt, so daß an Stelle der Koeffizientenmatrix schließlich eine Einheitsmatrix steht. Das geschieht durch Anwendung der in R 18.3.2 gegebenen Zeilenoperationen:

(1) Multiplikation einer Zeile mit einer von Null verschiedenen Zahl.

(2) Addition eines Vielfachen einer Zeile zu einer anderen.

(3) Vertauschung von Zeilen.

Die erweiterte Matrix lautet dann schließlich

$$\left(\begin{array}{cccc|c} 1 & 0 & \ldots & 0 & b_1^* \\ 0 & 1 & \ldots & 0 & b_2^* \\ \cdot & \cdot & \ldots & \cdot & \cdot \\ 0 & 0 & \ldots & 1 & b_n^* \end{array}\right) .$$

Die Zahlen b_1^*, b_2^*, ..., b_n^* sind die Lösungen des Gleichungssystems, denn eine Rücktransformation der erweiterten Matrix in ein lineares Gleichungssystem ergibt $x_1 = b_1^*$; $x_2 = b_2^*$; $x_3 = b_3^*$;...;$x_n = b_n^*$.
Dazu wird noch ein weiteres ausführliches Beispiel behandelt.

B 18.3.4

$$8x_1 + 3x_2 = 30$$
$$5x_1 + 2x_2 = 19.$$

(1) Bestimmung der erweiterten Koeffizientenmatrix

$$\left(\begin{array}{cc|c} 8 & 3 & 30 \\ 5 & 2 & 19 \end{array}\right)$$

(2) Erzeugung der Einheitsmatrix

Iteration 1 (Erzeugung eines 1. Einheitsvektors in der 1. Spalte der erweiterten Matrix).

Es muß $a_{11} = 1$ sein. Dazu wird die 1. Zeile mit $\frac{1}{8}$ multipliziert.
Die erweiterte Matrix lautet dann

$$\left(\begin{array}{cc|c} 1 & \frac{3}{8} & \frac{15}{4} \\ 5 & 2 & 19 \end{array}\right).$$

Das zweite Element in der 1. Spalte muß "0" werden. Dazu wird das (-5)-fache der neuen 1. Zeile zur 2. Zeile addiert.

$$\begin{array}{cc|c} 5 & 2 & 19 \\ -5 & -\frac{15}{8} & -\frac{75}{4} \\ \hline 0 & \frac{1}{8} & \frac{1}{4} \end{array}.$$

Die erweiterte Matrix lautet nach der 1. Iteration

$$\left(\begin{array}{cc|c} 1 & \frac{3}{8} & \frac{15}{4} \\ 0 & \frac{1}{8} & \frac{1}{4} \end{array}\right).$$

Iteration 2 (Erzeugung eines 2. Einheitsvektors in der 2. Spalte).

$a_{22} = 1$ erreicht man durch Multiplikation der 2. Zeile mit 8:

$$\left(\begin{array}{cc|c} 1 & \frac{3}{8} & \frac{15}{4} \\ 0 & 1 & 2 \end{array}\right).$$

Damit das erste Element in der 2. Spalte "0" wird, addiert man das $(-\frac{3}{8})$-fache der 2. Zeile zur 1.Zeile:

$$\begin{array}{cc|c} 1 & \frac{3}{8} & \frac{15}{4} \\ 0 & -\frac{3}{8} & -\frac{3}{4} \\ \hline 1 & 0 & 3 \end{array} .$$

Die erweiterte Matrix lautet dann $\left(\begin{array}{cc|c} 1 & 0 & 3 \\ 0 & 1 & 2 \end{array}\right)$.

Das Lösungsverfahren ist damit beendet. Die Lösungen des Gleichungssystems lassen sich aus dieser Matrix ablesen: $x_1 = 3$, $x_2 = 2$.

B 18.3.5 Für das Gleichungssystem aus B 18.1.13 ergeben sich schrittweise folgende Matrizen:

$$\left(\begin{array}{ccc|c} -0{,}2 & 0{,}2 & 0{,}2 & 0 \\ 0{,}1 & -0{,}3 & 0{,}2 & 0 \\ 1 & 1 & 1 & 100 \end{array}\right) \quad \left(\begin{array}{ccc|c} 1 & -1 & -1 & 0 \\ 0 & -0{,}2 & 0{,}3 & 0 \\ 0 & 2 & 2 & 100 \end{array}\right)$$

$$\left(\begin{array}{ccc|c} 1 & 0 & -2{,}5 & 0 \\ 0 & 1 & -1{,}5 & 0 \\ 0 & 0 & 5 & 100 \end{array}\right) \quad \left(\begin{array}{ccc|c} 1 & 0 & 0 & 50 \\ 0 & 1 & 0 & 30 \\ 0 & 0 & 1 & 20 \end{array}\right) .$$

Ein Marktgleichgewicht liegt also bei den Marktanteilen A: 50%; B: 30%; C: 20%.

Das Lösungsverfahren der vollständigen Elimination wurde in R 18.3.3, den nachfolgenden Erläuterungen sowie in den Beispielen sehr stark systematisiert. Für eine eindeutige Regel sowie z.B. für die Verwendung dieses Algorithmus für ein DV-Programm ist das erforderlich. Bei manuellem Lösen von Gleichungssystemen erhält man die Lösung oft schneller, wenn man von der strengen Systematik abweicht. Die Koeffizienten linearer Gleichungssysteme sind nämlich mitunter so, daß bei entsprechender Anwendung der Zeilenoperationen mehrere Nullen in einem Schritt erzeugt werden können.

B 18.3.6 In dem Gleichungssystem aus B 18.3.1 kann als erster oder zweiter Schritt das (-1)-fache der zweiten Zeile zur dritten addiert werden. Durch diese Zeilenoperation ändert sich die erweiterte Koeffizientenmatrix wie folgt:

$$\left(\begin{array}{ccc|c} 2 & 1 & 0 & 1{,}8 \\ 5 & 2 & 4 & 4{,}7 \\ 5 & 2 & 6 & 5{,}1 \end{array}\right) \Rightarrow \left(\begin{array}{ccc|c} 2 & 1 & 0 & 1{,}8 \\ 5 & 2 & 4 & 4{,}7 \\ 0 & 0 & 2 & 0{,}4 \end{array}\right) .$$

In der letzten Zeile sind damit zwei der erforderlichen Nullen erzeugt. Addiert man das (-2)-fache der neuen dritten Zeile zur zweiten, so lautet diese Zeile $(5 \;\; 2 \;\; 0 \;|\; 3{,}9)$.

Im dritten Schritt kann jetzt die erste Zeile mit 0,5 multipliziert werden und im vierten Schritt das (-5)-fache der neuen ersten Zeile zur zweiten Zeile addiert werden. Die erweiterte Koeffizientenmatrix lautet dann:

$$\left(\begin{array}{ccc|c} 1 & 0,5 & 0 & 0,9 \\ 0 & -0,5 & 0 & -0,6 \\ 0 & 0 & 2 & 0,4 \end{array}\right) \quad .$$

Jetzt wird die zweite Zeile zur ersten addiert, die zweite Zeile mit -2 multipliziert und die dritte Zeile mit 0,5 multipliziert. Danach ergibt sich:

$$\left(\begin{array}{ccc|c} 1 & 0 & 0 & 0,3 \\ 0 & 1 & 0 & 1,2 \\ 0 & 0 & 1 & 0,2 \end{array}\right) \quad ,$$

d.h. die Lösung des Gleichungssystems. Vergleicht man dieses Vorgehen mit dem in B 18.3.1, so wird deutlich, daß bei einigem Geschick der Aufwand zur Lösungsbestimmung reduziert werden kann.

Aufgaben

Ü 18.3.1 Löse das folgende Gleichungssystem durch vollständige Elimination: $x_1+x_2-x_3 = 4$; $2x_1-x_2+x_3 = 5$; $x_1+x_2+x_3 = 6$.

Ü 18.3.2 Löse die folgenden Gleichungssysteme durch vollständige Elimination:

a)
$$\begin{aligned} x_1 + 3x_2 - 4x_3 &= 10 \\ 3x_1 + 10x_2 - 6x_3 &= 40 \\ 4x_1 + 12x_2 - 12x_3 &= 48 \; ; \end{aligned}$$

b)
$$\begin{aligned} x + 4y + z &= 0 \\ x + z &= 4 \\ 0,5x - 3y + 2z &= 5 . \end{aligned}$$

Ü 18.3.3 Der Ökonomie-Student Paul finanziert sein Studium durch eine kleine Landwirtschaft. Er war heute auf dem Viehmarkt und hat Ziegen zu je DM 200,-, Kühe zu je DM 1.000,- und Enten zu je DM 30,- gekauft. Insgesamt hat er DM 3.600,- ausgegeben und zehnmal soviel Enten wie Kühe gekauft. Auf dem Nachhauseweg hat er 68 Beine bei seinen Tieren gezählt. Wieviel Enten, Ziegen und Kühe hat er gekauft?

18.4 Vollständige Elimination bei mehrdeutigen und bei nicht lösbaren Gleichungssystemen

Ist ein Gleichungssystem mit n Variablen und n Gleichungen nicht eindeutig lösbar, sondern mehrdeutig, dann läßt sich das Lösungsverfahren der vollständigen Elimination nicht bis zum Schluß durchführen, weil in mindestens einer Zeile lauter Nullen erscheinen.

B 18.4.1
$$\begin{aligned} 2x_1 - x_2 + 6x_3 &= 10 \\ x_1 + x_2 - 2x_3 &= 4 \\ x_1 - 2x_2 + 8x_3 &= 6 \end{aligned}$$

$$\left(\begin{array}{ccc|c} 2 & -1 & 6 & 10 \\ 1 & 1 & -2 & 4 \\ 1 & -2 & 8 & 6 \end{array}\right) \left(\begin{array}{ccc|c} 1 & -\frac{1}{2} & 3 & 5 \\ 0 & \frac{3}{2} & -5 & -1 \\ 0 & -\frac{3}{2} & 5 & 1 \end{array}\right) \left(\begin{array}{ccc|c} 1 & 0 & \frac{4}{3} & \frac{14}{3} \\ 0 & 1 & -\frac{10}{3} & -\frac{2}{3} \\ 0 & 0 & 0 & 0 \end{array}\right).$$

Die letzte Zeile enthält nur Nullen und das Lösungsverfahren muß deshalb abgebrochen werden. Das Gleichungssystem ist **mehrdeutig** lösbar. Um die unendlich vielen Lösungen dieses Gleichungssystems zu bestimmen, kann man aus der erweiterten Koeffizientenmatrix folgendes Gleichungssystem ablesen:

$$x_1 + \frac{4}{3}x_3 = \frac{14}{3} \text{ und } x_2 - \frac{10}{3}x_3 = -\frac{2}{3}.$$

Löst man nach x_1 und x_2 auf, so erhält man

$$x_1 = \frac{14}{3} - \frac{4}{3}x_3 \text{ und } x_2 = -\frac{2}{3} + \frac{10}{3}x_3.$$

Gibt man x_3 vor, so sind x_1 und x_2 eindeutig bestimmt. x_3 ist aber frei wählbar. Deshalb gibt es unendlich viele Lösungen. Einige davon sind

(1) $x_3 = 1, x_1 = \frac{10}{3}, x_2 = \frac{8}{3}$; (2) $x_3 = 2, x_1 = 2, x_2 = 6$;

(3) $x_3 = 3, x_1 = \frac{2}{3}, x_2 = \frac{28}{3}$; (4) $x_3 = 0, x_1 = \frac{14}{3}, x_2 = -\frac{2}{3}$;

(5) $x_3 = -1, x_1 = 6, x_2 = -4$.

Allgemein gilt folgendes:

R 18.4.2

> Ergeben sich bei der Bestimmung der Lösungen eines inhomogenen linearen Gleichungssystems $\mathbf{A}\mathbf{x} = \mathbf{b}$ mit n Gleichungen in n Variablen mit der vollständigen Elimination **in wenigstens einer Zeile** der erweiterten Koeffizientenmatrix **nur Nullen,** so ist das Gleichungssystem nur **mehrdeutig lösbar.**

Enthalten k Zeilen nur Nullen, dann erhält man die allgemeine Lösung, indem nach n-k Variablen aufgelöst wird. k Variablenwerte können dann beliebig vorgegeben werden, um die übrigen Variablen eindeutig zu bestimmen.

Hier sei noch ein weiteres Beispiel angegeben.

B 18.4.3

$$\begin{aligned} x_1 + 5x_2 + 2x_3 + 3x_4 &= 4 \\ 4x_1 + 18x_2 + 2x_3 + 8x_4 &= 12 \\ 3x_1 + 11x_2 - 6x_3 + x_4 &= 4 \\ 2x_2 + 6x_3 + 4x_4 &= 4 \end{aligned}$$

Die erweiterte Koeffizientenmatrix lautet

$$\left(\begin{array}{cccc|c} 1 & 5 & 2 & 3 & 4 \\ 4 & 18 & 2 & 8 & 12 \\ 3 & 11 & -6 & 1 & 4 \\ 0 & 2 & 6 & 4 & 4 \end{array}\right) .$$

Durch Anwendung der vollständigen Elimination erhält man

$$\left(\begin{array}{cccc|c} 1 & 5 & 2 & 3 & 4 \\ 0 & -2 & -6 & -4 & -4 \\ 0 & -4 & -12 & -8 & -8 \\ 0 & 2 & 6 & 4 & 4 \end{array}\right)$$

und im zweiten Schritt

$$\left(\begin{array}{cccc|c} 1 & 0 & -13 & -7 & -6 \\ 0 & 1 & 3 & 2 & 2 \\ 0 & 0 & 0 & 0 & 0 \\ 0 & 0 & 0 & 0 & 0 \end{array}\right) .$$

Man hat also die Gleichungen

$$\begin{aligned} x_1 - 13x_3 - 7x_4 &= -6 \\ x_2 + 3x_3 + 2x_4 &= 2 \end{aligned}$$

bzw.

$$\begin{aligned} x_1 &= -6 + 13x_3 + 7x_4 \\ x_2 &= 2 - 3x_3 - 2x_4 \end{aligned} .$$

x_1 und x_2 können erst eindeutig bestimmt werden, wenn man für x_3 und x_4 Werte vorgibt. Allgemein kann man in dem Beispiel für zwei Unbekannte beliebige Werte vorgeben und erhält dann eindeutige Lösungen für die beiden übrigen.

Allgemein ergibt sich für mehrdeutig lösbare Gleichungssysteme mit n Gleichungen in n Variablen folgendes:

Das Gleichungssystem mit der erweiterten Koeffizientenmatrix

$$\begin{array}{ccccccccc} a_{11}x_1 & + & a_{12}x_2 & + & \cdots & + & a_{1n}x_n & = & b_1 \\ a_{21}x_1 & + & a_{22}x_2 & + & \cdots & + & a_{2n}x_n & = & b_2 \\ \cdot & & \cdot & & \cdots & & \cdot & & \cdot \\ a_{n1}x_1 & + & a_{n2}x_2 & + & \cdots & + & a_{nn}x_n & = & b_n \end{array} \qquad \left(\begin{array}{cccc|c} a_{11} & a_{12} & \cdots & a_{1n} & b_1 \\ a_{21} & a_{22} & \cdots & a_{2n} & b_2 \\ \cdot & \cdot & \cdots & \cdot & \cdot \\ a_{n1} & a_{n2} & \cdots & a_{nn} & b_n \end{array}\right)$$

ergibt mit der vollständigen Elimination folgende erweiterte Koeffizientenmatrix

$$\left(\begin{array}{ccccccc|c} 1 & 0 & 0 \dots & 0 & a^*_{1,r+1} & \dots & a^*_{1n} & b^*_1 \\ 0 & 1 & 0 \dots & 0 & a^*_{2,r+1} & \dots & a^*_{2n} & b^*_2 \\ \cdot & \cdot & \cdot \dots & \cdot & \cdot & \dots & \cdot & \cdot \\ 0 & 0 & 0 \dots & 1 & a^*_{r,r+1} & \dots & a^*_{rn} & b^*_r \\ 0 & 0 & 0 \dots & 0 & 0 & & 0 & 0 \\ \cdot & \cdot & \cdot \dots & \cdot & \cdot & \dots & \cdot & \cdot \\ 0 & 0 & 0 \dots & 0 & 0 & \dots & 0 & 0 \end{array}\right) .$$

Zur Erzeugung einer Einheitsmatrix im linken oberen Teil der Koeffizientenmatrix muß man in manchen Fällen Spalten vertauschen. Dabei ist darauf zu achten, daß die den betreffenden Spalten zugeordneten Unbekannten mit vertauscht werden.

Die sich ergebende erweiterte Koeffizientenmatrix entspricht folgendem Gleichungssystem

$$\begin{array}{lcl} x_1 + a^*_{1,r+1}x_{r+1} + \dots + a^*_{1n}x_n = b^*_1 & & x_1 = b^*_1 - a^*_{1,r+1}x_{r+1} - \dots - a^*_{1n}x_n \\ x_2 + a^*_{2,r+1}x_{r+1} + \dots + a^*_{2n}x_n = b^*_2 & & x_2 = b^*_2 - a^*_{2,r+1}x_{r+1} - \dots - a^*_{2n}x_n \\ \cdot \quad \cdot \quad \cdot \quad \dots \quad \cdot \quad \cdot & \text{bzw.} & \cdot \quad \cdot \quad \cdot \quad \cdot \quad \dots \quad \cdot \quad \cdot \\ x_r + a^*_{r,r+1}x_{r+1} + \dots + a^*_{rn}x_n = b^*_r & & x_r = b^*_r - a^*_{r,r+1}x_{r+1} - \dots - a^*_{rn}x_n \end{array}$$

Gibt man für die n-r Variablen $x_{r+1},\dots,x_n$ beliebige Werte vor, so sind $x_1,\dots,x_r$ eindeutig bestimmt (vgl. dazu auch Beispiele 18.4.1 und 18.4.3).

Eine mehrdeutige Lösung kann sich bei der Lösung eines linearen Gleichungssystems auch ergeben, wenn die Anzahl der Gleichungen m kleiner ist als die Anzahl der Variablen n.

B 18.4.4 Für das Gleichungssystem

$$\begin{aligned} 3x + 9y + 6z &= 12 \\ 5x + 17y + 16z &= 30 \end{aligned}$$

ergeben sich nacheinander folgende erweiterte Koeffizientenmatrizen

$$\left(\begin{array}{ccc|c} 3 & 9 & 6 & 12 \\ 5 & 17 & 16 & 30 \end{array}\right) \Rightarrow \left(\begin{array}{ccc|c} 1 & 3 & 2 & 4 \\ 0 & 2 & 6 & 10 \end{array}\right) \Rightarrow \left(\begin{array}{ccc|c} 1 & 0 & -7 & -11 \\ 0 & 1 & 3 & 5 \end{array}\right)$$

Das der letzten erweiterten Koeffizientenmatrix entsprechende Gleichungssystem lautet

$$\begin{aligned} x - 7z &= -11 \\ y + 3z &= 5 \end{aligned} \quad \text{bzw.} \quad \begin{aligned} x &= -11 + 7z \\ y &= 5 - 3z \end{aligned} \quad .$$

Zu jedem (beliebigen) Wert von z gibt es eindeutige Lösungswerte von x und y. Das Gleichungssystem ist nur mehrdeutig lösbar.

Allgemein gilt:

R 18.4.5

> Gegeben sei ein inhomogenes lineares Gleichungssystem mit m Gleichungen in n Variablen und m < n. Können durch Zeilenoperationen in den ersten m Spalten der erweiterten Koeffizientenmatrix Einheitsvektoren erzeugt werden, so ist das Gleichungssystem mehrdeutig lösbar.

Ist die **Anzahl der Gleichungen größer als die Anzahl der Variablen,** so ergibt sich für ein lösbares Gleichungssystem bei Anwendung der vollständigen Elimination immer mindestens eine Zeile mit lauter Nullen. Bei m Gleichungen mit n Variablen (m > n) kann die (definitionsgemäß quadratische) Einheitsmatrix, die im linken Teil der erweiterten Koeffizientenmatrix erzeugt wird, höchstens von der Ordnung n sein. Die übrigen Zeilen müssen dann Nullen enthalten.

B 18.4.6 Das Gleichungssystem $4x+2y = 10$; $3x+8y = 1$ und $5x+y = 14$ mit der erweiterten Koeffizientenmatrix

$$\left(\begin{array}{cc|c} 4 & 2 & 10 \\ 3 & 8 & 1 \\ 5 & 1 & 14 \end{array}\right) \text{ ergibt } \left(\begin{array}{cc|c} 1 & 0{,}5 & 2{,}5 \\ 0 & 6{,}5 & -6{,}5 \\ 0 & -1{,}5 & 1{,}5 \end{array}\right) \text{ und } \left(\begin{array}{cc|c} 1 & 0 & 3 \\ 0 & 1 & -1 \\ 0 & 0 & 0 \end{array}\right).$$

Die eindeutige Lösung lautet $x = 3$ und $y = -1$.

Die bisherigen Überlegungen können zu folgender Regel zusammengefaßt werden:

R 18.4.7

> Gegeben sei ein lösbares inhomogenes lineares Gleichungssystem $\mathbf{Ax} = \mathbf{b}$. Die eindeutige oder mehrdeutige Lösung des Gleichungssystems kann dadurch bestimmt werden, daß der linke (obere) Teil der erweiterten Koeffizientenmatrix durch Anwendung von Zeilenoperationen auf die Form einer Einheitsmatrix gebracht wird. Aus dem der umgeformten erweiterten Koeffizientenmatrix entsprechenden Gleichungssystem kann dann die Lösung abgelesen werden.

Es ist jetzt noch die Frage zu klären, welches Ergebnis die vollständige Elimination bei einem nicht lösbaren Gleichungssystem liefert. Dazu wird zunächst folgendes Beispiel betrachtet.

B 18.4.8 Für das Gleichungssystem

$$\begin{aligned} 2x + 3y - z &= 12 \\ 4x - 3y + 7z &= 6 \\ 6x + 9y - 3z &= 18 \end{aligned}$$

ergibt die Umformung der erweiterten Koeffizientenmatrix schrittweise

$$\left(\begin{array}{ccc|c} 2 & 3 & -1 & 12 \\ 4 & -3 & 7 & 6 \\ 6 & 9 & -3 & 18 \end{array}\right) \quad \left(\begin{array}{ccc|c} 1 & 1{,}5 & -0{,}5 & 6 \\ 0 & -9 & 9 & -18 \\ 0 & 0 & 0 & -18 \end{array}\right) \quad \left(\begin{array}{ccc|c} 1 & 0 & 1 & 3 \\ 0 & 1 & -1 & 2 \\ 0 & 0 & 0 & 18 \end{array}\right) .$$

Die dritte Zeile der letzten erweiterten Koeffizientenmatrix enthält im linken Teil nur Nullen und in der letzten Spalte eine von Null verschiedene Zahl. Das ist ein sicheres Indiz dafür, daß das Gleichungssystem nicht lösbar ist. Die Gleichungen enthalten einen Widerspruch. Das sieht man sofort, wenn die dritte Gleichung mit 1/3 multipliziert wird.
Erste und dritte Gleichung lauten dann: $2x+3y-z = 12$ und $2x+3y-z = 6$. Die linken Seiten sind gleich, die rechten aber nicht. Es liegt ein Widerspruch vor.

Die Überlegungen des Beispiels ergeben allgemein:

R 18.4.9

> Gegeben sei ein inhomogenes lineares Gleichungssystem. Entsteht bei Anwendung von Zeilenoperationen zur Durchführung der vollständigen Elimination in der erweiterten Koeffizientenmatrix eine Zeile, die in der letzten Spalte eine von Null verschiedene Zahl und sonst nur Nullen enthält, so enthält das Gleichungssystem einen Widerspruch und ist **nicht lösbar**.

Damit sind alle drei Fälle der Lösbarkeit eines linearen Gleichungssystems - eindeutig, mehrdeutig, nicht lösbar - mit der vollständigen Elimination behandelt.

Aufgaben

Ü 18.4.1 Löse das folgende Gleichungssystem
** $x-2y-3z = 2$; $x-4y-13z = 14$; $-3x+5y+4z = 0$.

Ü 18.4.2 Löse das folgende Gleichungssystem
******

$$\begin{aligned} x_1 + x_2 \qquad\qquad\qquad +3x_5 &= 3 \\ x_1 + 4x_2 + 15x_3 - 9x_4 + 6x_5 &= 3 \\ x_2 + 3x_3 - 2x_4 + x_5 &= 2. \end{aligned}$$

Ü 18.4.3 Löse $x+3y-5z = 8$; $2x-y+6z = 9$; $3x+2y+z = 20$.
*

Ü 18.4.4 Löse das folgende Gleichungssystem
****

$$\begin{aligned} x_1 + 2x_2 + 3x_3 - 10x_4 &= 11 \\ x_1 + 5x_2 + 9x_3 - 22x_4 &= 20 \\ x_1 - x_2 - 3x_3 + 2x_4 &= 2 \\ 2x_1 + 4x_2 + 6x_3 - 20x_4 &= 22. \end{aligned}$$

18.5 Lösung eines inhomogenen linearen Gleichungssystems mit Hilfe des GAUSSschen Algorithmus

Eines der bekanntesten Verfahren zur Lösung linearer Gleichungssysteme ist der sogenannte **GAUSSsche Algorithmus.** Unter Verwendung von Matrizen wird er ähnlich durchgeführt, wie die in den beiden vorhergehenden Abschnitten beschriebene vollständige Elimination.

R 18.5.1

> Die Lösung des eindeutig lösbaren inhomogenen linearen Gleichungssystems $\mathbf{Ax} = \mathbf{b}$ mit m Gleichungen in n Variablen und m > n können dadurch bestimmt werden, daß man durch Anwendung von Zeilenoperationen auf die erweiterte Koeffizientenmatrix $(\mathbf{A}/\mathbf{b})$ den oberen quadratischen Teil von $\mathbf{A}$ in eine obere Dreiecksmatrix umwandelt. Durch sukzessives Einsetzen kann man aus dem sich ergebenden Gleichungssystem die Lösungen ableiten.

Im einzelnen läuft der GAUSSsche Algorithmus wie folgt ab:
Gleichungssystem

$$\begin{pmatrix} a_{11} & a_{12} & \cdots & a_{1n} \\ a_{21} & a_{22} & \cdots & a_{2n} \\ \cdot & \cdot & \cdots & \cdot \\ a_{m1} & a_{m2} & \cdots & a_{mn} \end{pmatrix} \begin{pmatrix} x_1 \\ x_2 \\ \cdot \\ x_n \end{pmatrix} = \begin{pmatrix} b_1 \\ b_2 \\ \cdot \\ b_m \end{pmatrix}$$

(1) **Erweiterung der Koeffizientenmatrix**

$$\left(\begin{array}{cccc|c} a_{11} & a_{12} & \cdots & a_{1n} & b_1 \\ a_{21} & a_{22} & \cdots & a_{2n} & b_2 \\ \cdot & \cdot & \cdots & \cdot & \cdot \\ a_{m1} & a_{m2} & \cdots & a_{mn} & b_m \end{array}\right)$$

(2) **Umwandlung der erweiterten Matrix durch Anwendung der Zeilenoperationen, so daß aus der Koeffizientenmatrix eine obere Dreiecksmatrix wird.**

$$\left(\begin{array}{ccccc|c} a_{11} & a_{12} & a_{13} & \cdots & a_{1n} & b_1 \\ 0 & a^*_{22} & a^*_{23} & \cdots & a^*_{2n} & b^*_2 \\ 0 & 0 & a^*_{33} & \cdots & a^*_{3n} & b^*_3 \\ \cdot & \cdot & \cdot & \cdots & \cdot & \cdot \\ 0 & 0 & 0 & \cdots & a^*_{nn} & b^*_n \\ 0 & 0 & 0 & \cdots & 0 & 0 \\ \cdot & \cdot & \cdot & \cdots & \cdot & \cdot \\ 0 & 0 & 0 & & 0 & 0 \end{array}\right).$$

Diese erweiterte Matrix entspricht folgendem Gleichungssystem

$$\begin{array}{llllll} a_{11}x_1 + & a_{12}x_2 + & a_{13}x_3 + & \dots + & a_{1n}x_n = & b_1 \\ & a^*_{22}x_2 + & a^*_{23}x_3 + & \dots + & a^*_{2n}x_n = & b^*_2 \\ & & a^*_{33}x_3 + & \dots + & a^*_{3n}x_n = & b^*_3 \\ & & . & \dots & . & . \\ & & & & a^*_{nn}x_n = & b^*_n \end{array}$$

(3) **Bestimmung der Lösungen durch sukzessives Einsetzen der bereits bekannten Lösungswerte.**

Aus der letzten Gleichung kann man $x_n = \frac{b^*_n}{a^*_{nn}}$ ausrechnen. Setzt man den Lösungswert für x_n in die vorletzte Gleichung ein, so kann man daraus dann den Lösungswert für x_{n-1} bestimmen. Durch Einsetzen der Lösungswerte für x_n und x_{n-1} in die (n-2)-te Gleichung kann x_{n-2} ausgerechnet werden usw.
Das Verfahren soll an folgendem Beispiel näher erläutert werden:

B 18.5.2

$$\begin{aligned} x_1 + 2x_2 - x_3 + 6x_4 &= 33 \\ 2x_1 - 4x_2 + 2x_3 - 2x_4 &= -6 \\ -x_1 + 4x_2 + x_3 + 4x_4 &= 13 \\ 3x_1 - 2x_2 + 3x_3 + x_4 &= 11 . \end{aligned}$$

In Matrizenschreibweise lautet das Gleichungssystem

$$\begin{pmatrix} 1 & 2 & -1 & 6 \\ 2 & -4 & 2 & -2 \\ -1 & 4 & 1 & 4 \\ 3 & -2 & 3 & 1 \end{pmatrix} \begin{pmatrix} x_1 \\ x_2 \\ x_3 \\ x_4 \end{pmatrix} = \begin{pmatrix} 33 \\ -6 \\ 13 \\ 11 \end{pmatrix}$$

(1) **Erweiterung der Koeffizientenmatrix**

$$\left(\begin{array}{cccc|c} 1 & 2 & -1 & 6 & 33 \\ 2 & -4 & 2 & -2 & -6 \\ -1 & 4 & 1 & 4 & 13 \\ 3 & -2 & 3 & 1 & 11 \end{array}\right)$$

(2) **Umformung der erweiterten Koeffizientenmatrix**

Iteration 1 (Erzeugung der erforderlichen Nullen in der 1. Spalte).
Dazu werden geeignete Vielfache der 1. Zeile zu den anderen Zeilen addiert.
a_{21} wird Null, indem man das (-2)-fache der 1. Zeile zur 2. Zeile addiert.
a_{31} wird Null, wenn man die 1. Zeile zur 3. Zeile addiert und
a_{41} wird Null durch Addition des (-3)-fachen der 1. Zeile zur 4. Zeile:

$$\begin{array}{rrrrr} 2 & -4 & 2 & -2 & -6 \\ -2 & -4 & 2 & -12 & -66 \\ \hline 0 & -8 & 4 & -14 & -72; \end{array} \quad \begin{array}{rrrrr} -1 & 4 & 1 & 4 & 13 \\ 1 & 2 & -1 & 6 & 33 \\ \hline 0 & 6 & 0 & 10 & 46; \end{array} \quad \begin{array}{rrrrr} 3 & -2 & 3 & 1 & 11 \\ -3 & -6 & 3 & -18 & -99 \\ \hline 0 & -8 & 6 & -17 & -88. \end{array}$$

Die erweiterte Matrix lautet jetzt

$$\left(\begin{array}{rrrr|r} 1 & 2 & -1 & 6 & 33 \\ 0 & -8 & 4 & -14 & -72 \\ 0 & 6 & 0 & 10 & 46 \\ 0 & -8 & 6 & -17 & -88 \end{array}\right) .$$

Iteration 2 (Erzeugung der Nullen in der 2. Spalte).
Dazu werden geeignete Vielfache der 2. Zeile zur 3. und 4. Zeile addiert. Addition des 0,75-fachen der 2. Zeile zur 3. Zeile und Addition des (-1)-fachen der 2. Zeile zur 4. Zeile:

$$\begin{array}{rrrrr} 0 & 6 & 0 & 10 & 46 \\ 0 & -6 & 3 & -10{,}5 & -54 \\ \hline 0 & 0 & 3 & -0{,}5 & -8 \end{array} \qquad \begin{array}{rrrrr} 0 & -8 & 6 & -17 & -88 \\ 0 & 8 & -4 & 14 & 72 \\ \hline 0 & 0 & 2 & -3 & -16 \end{array} .$$

Nach der 2. Iteration lautet die erweiterte Matrix

$$\left(\begin{array}{rrrr|r} 1 & 2 & -1 & 6 & 33 \\ 0 & -8 & 4 & -14 & -72 \\ 0 & 0 & 3 & -0{,}5 & -8 \\ 0 & 0 & 2 & -3 & -16 \end{array}\right) .$$

Iteration 3 (Erzeugung einer Null in der 3. Spalte).
Dazu wird das $(-\frac{2}{3})$-fache der 3. Zeile zur 4. Zeile addiert:

$$\begin{array}{rrrrr} 0 & 0 & 2 & -3 & -16 \\ 0 & 0 & -2 & \frac{1}{3} & \frac{16}{3} \\ \hline 0 & 0 & 0 & -\frac{8}{3} & -\frac{32}{3} \end{array} .$$

Die erweiterte Matrix und das zugehörige Gleichungssystem lauten:

$$\left(\begin{array}{rrrr|r} 1 & 2 & -1 & 6 & 33 \\ 0 & -8 & 4 & -14 & -72 \\ 0 & 0 & 3 & -0{,}5 & -8 \\ 0 & 0 & 0 & -\frac{8}{3} & -\frac{32}{3} \end{array}\right) \qquad \begin{array}{rcr} x_1 + 2x_2 - x_3 + 6x_4 &=& 33 \\ -8x_2 + 4x_3 - 14x_4 &=& -72 \\ 3x_3 - 0{,}5x_4 &=& -8 \\ -\frac{8}{3}x_4 &=& -\frac{32}{3} \end{array} .$$

(3) **Sukzessive Auflösung des umgewandelten Gleichungssystems**

Aus der 4. Gleichung folgt $x_4 = 4$.

Mit $x_4 = 4$ folgt aus der 3. Gleichung $3x_3 - 0{,}5 \cdot 4 = -8$ oder $3x_3 = -6$ oder $x_3 = -2$.

Mit $x_4 = 4$ und $x_3 = -2$ folgt aus der 2. Gleichung
$-8x_2 + 4(-2) - 14 \cdot 4 = -72$ oder $-8x_2 = -8$ oder $x_2 = 1$.

Mit $x_4 = 4$, $x_3 = -2$ und $x_2 = 1$ folgt aus der 1. Gleichung
$x_1 + 2 \cdot 1 + 2 + 6 \cdot 4 = 33$ oder $x_1 = 5$.
Damit sind alle Lösungswerte bestimmt.

Ebenso wie für die vollständige Elimination gilt für den GAUSSschen Algorithmus folgendes:
Ist das Gleichungssystem mehrdeutig lösbar, dann ergeben sich bei der Umformung der erweiterten Koeffizientenmatrix mehr als m-n Zeilen mit lauter Nullen. Es kann dann keine Dreiecksmatrix n-ter Ordnung erzeugt werden.

Ist das Gleichungssystem nicht lösbar (Widerspruch), dann ergeben sich bei der Umformung der erweiterten Matrix in wenigstens einer Zeile im linken Teil nur Nullen und im rechten eine von Null verschiedene Zahl.

Aufgaben

Ü **18.5.1** Löse die folgenden Gleichungssysteme mit Hilfe des GAUSSschen Algorithmus:

a) $$\begin{aligned} 2x + y - 2z &= 10 \\ 3x + 2y + 2z &= 1 \\ 5x + 4y + 3z &= 4; \end{aligned}$$

b) $$\begin{aligned} 5x + 7y + 15z &= 6 \\ x + 2y + 3z &= 6 \\ 2x + 4y + 12z &= 6. \end{aligned}$$

Ü **18.5.2** Gegeben sei das lineare inhomogene Gleichungssystem $\mathbf{Ax} = \mathbf{b}$ mit

$$\mathbf{A} = \begin{pmatrix} 1 & 2 & 2-t \\ 1 & 3 & 3-t \\ 0 & 2-t & t^2 \end{pmatrix} \quad \text{und } \mathbf{b} = \begin{pmatrix} t^2 \\ t^2+2 \\ t^2+t+6 \end{pmatrix}.$$

Für welche Werte von t ist das Sytem lösbar bzw. eindeutig lösbar?
Löse das System für t = 0.

18.6 Bestimmung der Inversen einer Matrix mit vollständiger Elimination

In Abschnitt 17.7 bzw. D 17.7.1 wurde die inverse Matrix bzw. Inverse einer Matrix eingeführt. Zu einer quadratischen Matrix $\mathbf{A}$ ist die Inverse $\mathbf{A}^{-1}$ eine Matrix mit der Eigenschaft $\mathbf{AA}^{-1} = \mathbf{A}^{-1}\mathbf{A} = \mathbf{E}$. Die Bestimmung der Inversen kann auf die Lösung mehrerer linearer Gleichungssysteme zurückgeführt werden, wie die folgenden Überlegungen zeigen:

Die gesuchte inverse Matrix zu $\mathbf{A}$ wird mit $\mathbf{X}$ bezeichnet. Es ist

$$\mathbf{A} = \begin{pmatrix} a_{11} & a_{12} & \cdots & a_{1n} \\ a_{21} & a_{22} & \cdots & a_{2n} \\ \cdot & \cdot & \cdots & \cdot \\ a_{n1} & a_{n2} & \cdots & a_{nn} \end{pmatrix} \text{und } \mathbf{X} = \begin{pmatrix} x_{11} & x_{12} & \cdots & x_{1n} \\ x_{21} & x_{22} & \cdots & x_{2n} \\ \cdot & \cdot & \cdots & \cdot \\ x_{n1} & x_{n2} & \cdots & x_{nn} \end{pmatrix}.$$

Es soll gelten **AX** = **E**. Die Spalten von **E** erhält man nach der Definition der Matrizenmultiplikation (vgl. D 17.6.2), indem man die Spalten von **X** mit den Zeilen von **A** multipliziert. Daraus ergeben sich folgende Gleichungen für die Spalten von **E**:

$$\begin{pmatrix} a_{11} & a_{12} & \cdots & a_{1n} \\ a_{21} & a_{22} & \cdots & a_{2n} \\ \cdot & \cdot & \cdots & \cdot \\ a_{n1} & a_{n2} & \cdots & a_{nn} \end{pmatrix} \begin{pmatrix} x_{11} \\ x_{21} \\ \cdot \\ x_{n1} \end{pmatrix} = \begin{pmatrix} 1 \\ 0 \\ 0 \\ \cdot \\ 0 \end{pmatrix}; \quad \begin{pmatrix} a_{11} & a_{12} & \cdots & a_{1n} \\ a_{21} & a_{22} & \cdots & a_{2n} \\ \cdot & \cdot & \cdots & \cdot \\ a_{n1} & a_{n2} & \cdots & a_{nn} \end{pmatrix} \begin{pmatrix} x_{12} \\ x_{22} \\ \cdot \\ x_{n2} \end{pmatrix} = \begin{pmatrix} 0 \\ 1 \\ 0 \\ \cdot \\ 0 \end{pmatrix}$$

usw. bis hin zu

$$\begin{pmatrix} a_{11} & a_{12} & \cdots & a_{1n} \\ a_{21} & a_{22} & \cdots & a_{2n} \\ \cdot & \cdot & & \cdot \\ a_{n1} & a_{n2} & \cdots & a_{nn} \end{pmatrix} \begin{pmatrix} x_{1n} \\ x_{2n} \\ \cdot \\ x_{nn} \end{pmatrix} = \begin{pmatrix} 0 \\ 0 \\ \cdot \\ 0 \\ 1 \end{pmatrix}.$$

Die Auflösung dieser insgesamt n Gleichungssysteme ergibt die Spalten der inversen Matrix. Sofern die Inverse existiert, sind alle Gleichungssysteme eindeutig lösbar.

Da alle Gleichungssysteme die gleiche Koeffizientenmatrix besitzen, nämlich **A**, ist es möglich, sie simultan zu lösen. Anstelle von n erweiterten Koeffizientenmatrizen $(\mathbf{A}|\mathbf{e}_i)$, wobei $\mathbf{e}_i$ ein i-ter Einheitsvektor ist, verwendet man dazu die um eine Einheitsmatrix erweiterte Koeffizientenmatrix $(\mathbf{A}|\mathbf{E})$.

Die Bestimmung der Inversen einer Matrix geschieht dann unter Anwendung der Zeilenoperationen wie folgt:

R 18.6.1

Gegeben sei eine quadratische Matrix **A**, zu der die Inverse $\mathbf{A}^{-1}$ existiert. Die **Inverse** kann wie folgt bestimmt werden:

(1) Erweiterung der Matrix **A** um eine Einheitsmatrix geeigneter Ordnung zu $(\mathbf{A}|\mathbf{E})$.

(2) Transformation der erweiterten Matrix $(\mathbf{A}|\mathbf{E})$ durch Anwendung von Zeilenoperationen derart, daß anstelle von **A** die Einheitsmatrix steht. Im rechten Teil der erweiterten Matrix steht dann die Inverse: $(\mathbf{E}|\mathbf{A}^{-1})$.

Die Transformation der erweiterten Matrix geschieht, wie bei der in Abschnitt 18.3 beschriebenen vollständigen Elimination, am übersichtlichsten dadurch, daß man sich in den Spalten des linken Teils nacheinander geeignete Einheitsvektoren erzeugt, und zwar jeweils zuerst die 1 an der entsprechenden Stelle und danach die Nullen. Das folgende Beispiel zeigt die Einzelheiten des Vorgehens.

B 18.6.2.

$$A = \begin{pmatrix} a_{11} & a_{12} & a_{13} \\ a_{21} & a_{22} & a_{23} \\ a_{31} & a_{32} & a_{33} \end{pmatrix} = \begin{pmatrix} 3 & 1 & 6 \\ 2 & 2 & 4 \\ 9 & 3 & 20 \end{pmatrix}$$

(1) **Erweiterung der Matrix um eine Einheitsmatrix gleicher Ordnung.**

$$\left(\begin{array}{ccc|ccc} 3 & 1 & 6 & 1 & 0 & 0 \\ 2 & 2 & 4 & 0 & 1 & 0 \\ 9 & 3 & 20 & 0 & 0 & 1 \end{array}\right)$$

(2) **Transformation der erweiterten Matrix.**

Iteration 1 (Erzeugung eines Einheitsvektors in der ersten Spalte)
Multiplikation der ersten Zeile mit 1/3 ergibt:

$$\begin{array}{ccc|ccc} 1 & \frac{1}{3} & 2 & \frac{1}{3} & 0 & 0 \end{array} .$$

Addition des (-2)-fachen davon zur 2. Zeile und des (-9)-fachen zur dritten Zeile ergibt

$$\begin{array}{ccc|ccc} 2 & 2 & 4 & 0 & 1 & 0 \\ -2 & -\frac{2}{3} & -4 & -\frac{2}{3} & 0 & 0 \\ \hline 0 & \frac{4}{3} & 0 & -\frac{2}{3} & 1 & 0 \end{array} \qquad \begin{array}{ccc|ccc} 9 & 3 & 20 & 0 & 0 & 1 \\ -9 & -3 & -18 & -3 & 0 & 0 \\ \hline 0 & 0 & 2 & -3 & 0 & 1 \end{array} .$$

Nach der ersten Iteration erhält man also die folgende erweiterte Matrix:

$$\left(\begin{array}{ccc|ccc} 1 & \frac{1}{3} & 2 & \frac{1}{3} & 0 & 0 \\ 0 & \frac{4}{3} & 0 & -\frac{2}{3} & 1 & 0 \\ 0 & 0 & 2 & -3 & 0 & 1 \end{array}\right)$$

Iteration 2 (Erzeugung eines Einheitsvektors in der 2. Spalte)

Die 2. Zeile wird mit $\frac{3}{4}$ multipliziert und das (-1/3)-fache dieser neuen 2. Zeile zur ersten addiert:

$$\begin{array}{ccc|ccc} 0 & 1 & 0 & -\frac{1}{2} & \frac{3}{4} & 0 \end{array} \qquad \begin{array}{ccc|ccc} 1 & \frac{1}{3} & 2 & \frac{1}{3} & 0 & 0 \\ 0 & -\frac{1}{3} & 0 & \frac{1}{6} & -\frac{1}{4} & 0 \\ \hline 1 & 0 & 2 & \frac{1}{2} & -\frac{1}{4} & 0 \end{array} .$$

Nach der zweiten Iteration ergibt sich

$$\left(\begin{array}{ccc|ccc} 1 & 0 & 2 & \frac{1}{2} & -\frac{1}{4} & 0 \\ 0 & 1 & 0 & -\frac{1}{2} & \frac{3}{4} & 0 \\ 0 & 0 & 2 & -3 & 0 & 1 \end{array}\right)$$

Iteration 3 (Erzeugung eines Einheitsvektors in der 3. Spalte)

Es ergibt sich:

$$\left(\begin{array}{ccc|ccc} 1 & 0 & 0 & \frac{7}{2} & -\frac{1}{4} & -1 \\ 0 & 1 & 0 & -\frac{1}{2} & \frac{3}{4} & 0 \\ 0 & 0 & 1 & -\frac{3}{2} & 0 & \frac{1}{2} \end{array}\right) .$$

Jetzt steht anstelle der ursprünglichen Matrix eine Einheitsmatrix in der linken Hälfte der erweiterten Matrix. Die rechte Matrix stellt die Inverse dar. Es gilt also:

$$\mathbf{A}^{-1} = \begin{pmatrix} \frac{7}{2} & -\frac{1}{4} & -1 \\ -\frac{1}{2} & \frac{3}{4} & 0 \\ -\frac{3}{2} & 0 & \frac{1}{2} \end{pmatrix} .$$

Das Beispiel zeigt, daß man nicht mehr Iterationen braucht als die Matrix Zeilen bzw. Spalten hat.

Ob man die Inverse richtig berechnet hat, kann man dadurch überprüfen, daß man die ursprüngliche Matrix und die Inverse miteinander multipliziert. Das Ergebnis muß eine Einheitsmatrix sein.

B 18.6.3 Für das Beispiel 18.6.2 erhält man

$$\begin{pmatrix} 3 & 1 & 6 \\ 2 & 2 & 4 \\ 9 & 3 & 20 \end{pmatrix} \begin{pmatrix} \frac{7}{2} & -\frac{1}{4} & -1 \\ -\frac{1}{2} & \frac{3}{4} & 0 \\ -\frac{3}{2} & 0 & \frac{1}{2} \end{pmatrix} = \begin{pmatrix} 1 & 0 & 0 \\ 0 & 1 & 0 \\ 0 & 0 & 1 \end{pmatrix} .$$

Das beschriebene Verfahren zur Matrizeninversion durch Anwendung von Zeilenoperationen ist so aufgebaut, daß die Umformung der Matrix spaltenweise geschieht. In der linken Hälfte der erweiterten Matrix werden die Spalten nacheinander zu Einheitsvektoren umgeformt. Dabei werden immer zuerst die eins und anschließend die Nullen erzeugt. Dieses systematische Vorgehen ist, wie das bei der vollständigen Elimination in Abschnitt 18.3 bereits gesagt wurde, nicht zwingend. Bei der Erzeugung der Einheitsmatrix in der linken Hälfte der erweiterten Matrix kann man grundsätzlich die Elemente in beliebiger Reihenfolge entsprechend umwandeln. Dieses unsystematische Vorgehen kann mitunter schneller zum Ziel führen, birgt aber die Gefahr von Fehlern in sich. Man sollte von dem systematischen Vorgehen nur abweichen, wenn man eine gewisse Übung und Sicherheit im Durchführen der Zeilenoperationen besitzt.

Das folgende Beispiel knüpft an B 17.7.3 an.

B 18.6.4 In Beispiel 17.7.3 wurde der Vektor **x** des gesamten Outputs bestimmt, also

$$\mathbf{x} = (\mathbf{E} - \mathbf{A})^{-1}\mathbf{y},$$

wobei **A** die Matrix der Input-Output-Koeffizienten darstellt und **y** der Vektor der Endnachfrage ist. Es ist

$$\mathbf{A} = \begin{pmatrix} \frac{1}{8} & \frac{1}{3} & \frac{1}{7} \\ \frac{3}{8} & \frac{1}{6} & 0 \\ \frac{1}{8} & \frac{1}{3} & \frac{1}{7} \end{pmatrix} \text{ und } (\mathbf{E}-\mathbf{A}) = \begin{pmatrix} \frac{7}{8} & -\frac{1}{3} & -\frac{1}{7} \\ -\frac{3}{8} & \frac{5}{6} & 0 \\ -\frac{1}{8} & -\frac{1}{3} & \frac{6}{7} \end{pmatrix}.$$

Bei der Bestimmung von $(\mathbf{E}-\mathbf{A})^{-1}$ erhält man folgende Zwischenergebnisse:

$$\left(\begin{array}{ccc|ccc} \frac{7}{8} & -\frac{1}{3} & -\frac{1}{7} & 1 & 0 & 0 \\ -\frac{3}{8} & \frac{5}{6} & 0 & 0 & 1 & 0 \\ -\frac{1}{8} & -\frac{1}{3} & \frac{6}{7} & 0 & 0 & 1 \end{array}\right) \quad \left(\begin{array}{ccc|ccc} 1 & -\frac{8}{21} & -\frac{8}{49} & \frac{8}{7} & 0 & 0 \\ 0 & \frac{29}{42} & -\frac{3}{49} & \frac{3}{7} & 1 & 0 \\ 0 & -\frac{8}{21} & \frac{41}{49} & \frac{1}{7} & 0 & 1 \end{array}\right)$$

$$\left(\begin{array}{ccc|ccc} 1 & 0 & -\frac{40}{203} & \frac{40}{29} & \frac{16}{29} & 0 \\ 0 & 1 & -\frac{18}{203} & \frac{18}{29} & \frac{42}{29} & 0 \\ 0 & 0 & \frac{163}{203} & \frac{11}{29} & \frac{16}{29} & 1 \end{array}\right) \quad \left(\begin{array}{ccc|ccc} 1 & 0 & 0 & \frac{240}{163} & \frac{112}{163} & \frac{40}{163} \\ 0 & 1 & 0 & \frac{108}{163} & \frac{246}{163} & \frac{18}{163} \\ 0 & 0 & 1 & \frac{77}{163} & \frac{112}{163} & \frac{203}{163} \end{array}\right).$$

Es ist also

$$(\mathbf{E}-\mathbf{A})^{-1} = \begin{pmatrix} \frac{240}{163} & \frac{112}{163} & \frac{40}{163} \\ \frac{108}{163} & \frac{246}{163} & \frac{18}{163} \\ \frac{77}{163} & \frac{112}{163} & \frac{203}{163} \end{pmatrix} = \frac{1}{163}\begin{pmatrix} 240 & 112 & 40 \\ 108 & 246 & 18 \\ 77 & 112 & 203 \end{pmatrix}.$$

Da alle Elemente der Matrix Brüche mit dem Nenner 163 sind, ist es am zweckmäßigsten, $\frac{1}{163}$ als skalaren Faktor vor die Matrix zu ziehen. Es ist

$$\mathbf{x} = \frac{1}{163}\begin{pmatrix} 240 & 112 & 40 \\ 108 & 246 & 18 \\ 77 & 112 & 203 \end{pmatrix}\begin{pmatrix} 4 \\ 2 \\ 3 \end{pmatrix} = \begin{pmatrix} 8 \\ 6 \\ 7 \end{pmatrix}.$$

Man beachte, daß nicht alle quadratischen Matrizen eine inverse Matrix besitzen. Das beschriebene Verfahren zur Bestimmung der Inversen läßt sich in einem solchen Fall nicht bis zu Ende führen, weil in einer oder mehreren Zeilen der linken Hälfte der erweiterten Matrix nur Nullen stehen.

B 18.6.5 Es ist die Inverse der Matrix

$$\begin{pmatrix} 1 & 5 & 2 & 3 \\ 4 & 9 & 1 & 7 \\ 3 & 4 & -1 & 4 \\ 0 & 11 & 7 & 5 \end{pmatrix}$$

zu bestimmen. Die erweiterte Matrix lautet

$$\left(\begin{array}{cccc|cccc} 1 & 5 & 2 & 3 & 1 & 0 & 0 & 0 \\ 4 & 9 & 1 & 7 & 0 & 1 & 0 & 0 \\ 3 & 4 & -1 & 4 & 0 & 0 & 1 & 0 \\ 0 & 11 & 7 & 5 & 0 & 0 & 0 & 1 \end{array}\right).$$

Die Erzeugung der Einheitsmatrix im linken Teil der Koeffizientenmatrix ergibt

$$\left(\begin{array}{cccc|cccc} 1 & 5 & 2 & 3 & 1 & 0 & 0 & 0 \\ 0 & -11 & -7 & -5 & -4 & 1 & 0 & 0 \\ 0 & -11 & -7 & -5 & -3 & 0 & 1 & 0 \\ 0 & 11 & 7 & 5 & 0 & 0 & 0 & 1 \end{array}\right); \left(\begin{array}{cccc|cccc} 1 & 0 & -\frac{13}{11} & \frac{8}{11} & -\frac{9}{11} & \frac{5}{11} & 0 & 0 \\ 0 & 1 & \frac{7}{11} & \frac{5}{11} & \frac{4}{11} & -\frac{1}{11} & 0 & 0 \\ 0 & 0 & 0 & 0 & 1 & -1 & 1 & 0 \\ 0 & 0 & 0 & 0 & -4 & 1 & 0 & 1 \end{array}\right).$$

In der linken Hälfte der erweiterten Matrix stehen in der 3. und 4. Zeile nur Nullen. Es ist damit unmöglich, durch Anwendung der Zeilenoperationen in der 3. und 4. Spalte Einheitsvektoren zu erzeugen.

Aufgaben

Ü 18.6.1 Bestimme die Inverse der Matrix

**

$$\mathbf{A} = \begin{pmatrix} 2 & 3 & 1 \\ 1 & 2 & -1 \\ 2 & 1 & 2 \end{pmatrix}.$$

Ü 18.6.2 Bestimme die Inverse der Matrix

**

$$\mathbf{A} = \begin{pmatrix} 2 & 8 \\ 1 & 4 \end{pmatrix}.$$

Ü 18.6.3 Bestimme zu folgenden Matrizen die Inversen:

****

a) $\mathbf{A} = \begin{pmatrix} 2 & 1 \\ 3 & 1 \end{pmatrix}$; b) $\mathbf{B} = \begin{pmatrix} 5 & 7 \\ 4 & -3 \end{pmatrix}$; c) $\mathbf{C} = \begin{pmatrix} 1 & 3 & 3 \\ 1 & 4 & 3 \\ 1 & 3 & 4 \end{pmatrix}$;

d) $\mathbf{D} = \begin{pmatrix} 1 & 0 & 1 \\ 0 & 1 & -1 \\ 0 & -1 & 2 \end{pmatrix}$; e) $\mathbf{E} = \begin{pmatrix} 4 & 5 & 9 \\ 7 & 8 & 4 \\ 1 & 2 & 14 \end{pmatrix}$.

18.7 Lösung eines inhomogenen linearen Gleichungssystems mit Hilfe der Inversen der Koeffizientenmatrix

In Matrizenschreibweise ergibt ein lineares Gleichungssystem mit n Gleichungen in n Variablen die Matrizengleichung

$$\mathbf{Ax} = \mathbf{b}.$$

Multipliziert man beide Seiten der Gleichung **von links** mit der Inversen der Koeffizientenmatrix, so ergibt sich

$$\mathbf{A}^{-1}\mathbf{Ax} = \mathbf{A}^{-1}\mathbf{b} \implies \mathbf{Ex} = \mathbf{A}^{-1}\mathbf{b} \implies \mathbf{x} = \mathbf{A}^{-1}\mathbf{b}.$$

Die Lösung eines linearen Gleichungssystems (den Lösungsvektor **x**) kann man also dadurch bestimmen, daß man den Vektor der absoluten Glieder der Gleichungen von links mit der Inversen der Koeffizientenmatrix multipliziert. Es gilt somit:

R 18.7.1 Gegeben sei ein eindeutig lösbares lineares Gleichungssystem mit n Gleichungen in n Variablen $\mathbf{Ax} = \mathbf{b}$. Dann gilt: $\mathbf{x} = \mathbf{A}^{-1}\mathbf{b}$.

B 18.7.2

$$\begin{aligned} 8x_1 + 3x_2 &= 30 \\ 5x_1 + 2x_2 &= 19 \end{aligned} \quad \text{bzw.} \quad \begin{pmatrix} 8 & 3 \\ 5 & 2 \end{pmatrix} \begin{pmatrix} x_1 \\ x_2 \end{pmatrix} = \begin{pmatrix} 30 \\ 19 \end{pmatrix}.$$

Die Berechnung der Inversen der Koeffizientenmatrix ergibt

$$\left(\begin{array}{cc|cc} 8 & 3 & 1 & 0 \\ 5 & 2 & 0 & 1 \end{array}\right); \quad \left(\begin{array}{cc|cc} 1 & \frac{3}{8} & \frac{1}{8} & 0 \\ 0 & \frac{1}{8} & -\frac{5}{8} & 1 \end{array}\right); \quad \left(\begin{array}{cc|cc} 1 & 0 & 2 & -3 \\ 0 & 1 & -5 & 8 \end{array}\right).$$

Es ist also $\mathbf{A}^{-1} = \begin{pmatrix} 2 & -3 \\ -5 & 8 \end{pmatrix}$ und für die Lösung des Gleichungssystems erhält man

$$\begin{pmatrix} x_1 \\ x_2 \end{pmatrix} = \begin{pmatrix} 2 & -3 \\ -5 & 8 \end{pmatrix} \begin{pmatrix} 30 \\ 19 \end{pmatrix} = \begin{pmatrix} 60 - 57 \\ -150 + 152 \end{pmatrix} = \begin{pmatrix} 3 \\ 2 \end{pmatrix}.$$

Aufgaben

Ü 18.7.1 Löse, sofern möglich, die folgenden Gleichungssysteme mit Hilfe der Inversen der Koeffizientenmatrix:

a)
$$\begin{aligned} 4x_1 + 5x_3 &= 19 \\ x_2 - 6x_3 &= -19 \\ 3x_1 + 4x_3 &= 15 \end{aligned}$$

b)
$$\begin{aligned} 2x_1 + 3x_2 + x_3 &= 15 \\ x_1 + 2x_2 - x_3 &= 3 \\ 2x_1 + x_2 + 2x_3 &= 13 \end{aligned}$$

c)
$$\begin{aligned} x_1 - 2x_2 - 3x_3 &= 2 \\ x_1 - 4x_2 - 13x_3 &= 14 \\ -3x_1 + 5x_2 + 4x_3 &= 0 \end{aligned}$$

d)
$$\begin{aligned} x + y &= 1 \\ x - y &= 3 \\ 2x + 2y &= 2 \end{aligned}$$

Ü 18.7.2 Für die Herstellung der Erzeugnisse A, B und C sind die Materialien R, S und T erforderlich.
Der Materialverbrauch pro Einheit der Erzeugnisse ist in der folgenden Tabelle aufgeführt:

	R	S	T
A	1	3	2
B	2	1	5
C	3	4	2

Der Betrieb verfügt über die folgenden Materialvorräte: 25 ME von R, 25 ME von S und 50 ME von T.
Das Materiallager soll geräumt werden, da der Betrieb in Zukunft neuartiges Material verwenden will. Es soll ermittelt werden, wieviele Einheiten der Erzeugnisse mit dem noch vorhandenen Material hergestellt werden können.

a) Formuliere das Problem als lineares Gleichungssystem.
b) Gib das unter a) entwickelte Gleichungssystem in Matrizenschreibweise wieder.
c) Löse das Gleichungssystem mit Hilfe der Inversen der Koeffizientenmatrix.

18.8 Linear abhängige bzw. unabhängige Gleichungen und Vektoren

Im Abschnitt 18.4 wurden nicht eindeutig lösbare Gleichungssysteme behandelt. Ist ein Gleichungssystem nur mehrdeutig lösbar, so liegt das häufig an der Tatsache, daß eine Gleichung (oder mehrere Gleichungen) aus den übrigen Gleichungen durch zulässige Operationen gewonnen werden können.

B **18.8.1** In Beispiel 18.4.1 war das nebenstehende Gleichungssystem gegeben.

$$\begin{aligned} 2x - y + 6z &= 10 \\ x + y - 2z &= 4 \\ x - 2y + 8z &= 6 \end{aligned}$$

Es ist nicht eindeutig lösbar. Der Grund ist der folgende: Jede Gleichung kann aus den beiden übrigen durch zulässige Operationen gewonnen werden. Z.B. ergibt sich die 3. Gleichung durch Addition des (-1)-fachen der 2. Gleichung zur 1. Gleichung. Die 3. Gleichung enthält zu den beiden anderen Gleichungen keine neue Information.

$$\begin{aligned} 2x - y + 6z &= 10 \\ \underline{-x - y + 2z} &= \underline{-4} \\ x - 2y + 8Z &= 6 \end{aligned}$$

Betrachtet man die erweiterte Koeffizientenmatrix, dann ist die 3. Zeile (bzw. der entsprechende Vektor) eine Linearkombination der beiden anderen Zeilen:
$(2,-1,6\,|\,10) - (1,1,-2\,|\,4) = (1,-2,8\,|\,6)$.
Für diese Gleichung kann man auch schreiben
$(2,-1,6\,|\,10) - (1,1,-2,\,|\,4) - (1,-2,8\,|\,6) = (0,0,0\,|\,0)$.

In dem Beispiel sind 3 Vektoren gegeben, für die eine Linearkombination existiert, die den Nullvektor ergibt. Die Gleichungen und die den Koeffizienten entsprechenden Vektoren sind voneinander abhängig in dem Sinne, daß (wenigstens) eine Gleichung bzw. ein Vektor aus den anderen als Linearkombination bestimmt werden kann. Es gilt:

D 18.8.2

Die n Vektoren $\mathbf{a}_1, \mathbf{a}_2, \ldots, \mathbf{a}_n$ gleicher Ordnung heißen **linear abhängig**, wenn sich der Nullvektor $\mathbf{0}$ als Linearkombination dieser Vektoren darstellen läßt:

$$\mathbf{0} = \sum_{i=1}^{n} c_i \mathbf{a}_i,$$

ohne daß alle $c_i = 0$ sind. Die n Vektoren $\mathbf{a}_i$ $(i = 1, \ldots, n)$ heißen **linear unabhängig**, wenn sich der Nullvektor nur durch eine Linearkombination darstellen läßt, bei der $c_i = 0$ für $i = 1, \ldots, n$ gilt.

B 18.8.3 a) Die Vektoren

$$\mathbf{a}_1 = \begin{pmatrix} 4 \\ 2 \\ -2 \end{pmatrix}; \quad \mathbf{a}_2 = \begin{pmatrix} 1 \\ -5 \\ 4 \end{pmatrix}; \quad \mathbf{a}_3 = \begin{pmatrix} 3 \\ -4 \\ 3 \end{pmatrix}$$

sind linear abhängig, denn es gilt

$$2\mathbf{a}_1 + 4\mathbf{a}_2 - 4\mathbf{a}_3 = 2\begin{pmatrix} 4 \\ 2 \\ -2 \end{pmatrix} + 4\begin{pmatrix} 1 \\ -5 \\ 4 \end{pmatrix} - 4\begin{pmatrix} 3 \\ -4 \\ 3 \end{pmatrix} = \begin{pmatrix} 8 \\ 4 \\ -4 \end{pmatrix} + \begin{pmatrix} 4 \\ -20 \\ 16 \end{pmatrix} - \begin{pmatrix} 12 \\ -16 \\ 12 \end{pmatrix} = \begin{pmatrix} 0 \\ 0 \\ 0 \end{pmatrix}.$$

b) Die m Einheitsvektoren m-ter Ordnung

$$\begin{pmatrix} 1 \\ 0 \\ 0 \\ \vdots \\ 0 \end{pmatrix}, \begin{pmatrix} 0 \\ 1 \\ 0 \\ \vdots \\ 0 \end{pmatrix}, \begin{pmatrix} 0 \\ 0 \\ 1 \\ \vdots \\ 0 \end{pmatrix}, \ldots, \begin{pmatrix} 0 \\ 0 \\ 0 \\ \vdots \\ 1 \end{pmatrix}$$

sind linear unabhängig, denn die Linearkombination

$$c_1\begin{pmatrix} 1 \\ 0 \\ 0 \\ \vdots \\ 0 \end{pmatrix} + c_2\begin{pmatrix} 0 \\ 1 \\ 0 \\ \vdots \\ 0 \end{pmatrix} + c_3\begin{pmatrix} 0 \\ 0 \\ 1 \\ \vdots \\ 0 \end{pmatrix} + \ldots + c_m\begin{pmatrix} 0 \\ 0 \\ 0 \\ \vdots \\ 1 \end{pmatrix} = \begin{pmatrix} c_1 \\ c_2 \\ c_3 \\ \vdots \\ c_m \end{pmatrix}$$

ergibt nur dann den Nullvektor, wenn gilt $c_1 = c_2 = \ldots = c_m = 0$.

Aus B 18.8.1, dem nachfolgenden Text und D 18.8.2 ergibt sich:

R 18.8.4

Sind die m Vektoren $\mathbf{a}_1, \mathbf{a}_2, \ldots, \mathbf{a}_m$ **linear abhängig**, dann enthält dieses System mindestens einen Vektor, der sich als Linearkombination der übrigen Vektoren darstellen läßt.

B 18.8.5 Für die Vektoren aus B 18.8.3a gilt z.B. $\mathbf{a}_3 = \frac{1}{2}\mathbf{a}_1 + \mathbf{a}_2$:

$$\frac{1}{2} \cdot \begin{pmatrix} 4 \\ 2 \\ -2 \end{pmatrix} + \begin{pmatrix} 1 \\ -5 \\ 4 \end{pmatrix} = \begin{pmatrix} 2 \\ 1 \\ -1 \end{pmatrix} + \begin{pmatrix} 1 \\ -5 \\ 4 \end{pmatrix} = \begin{pmatrix} 3 \\ -4 \\ 3 \end{pmatrix} .$$

Speziell gilt

R 18.8.6

> **Vektoren sind linear abhängig, wenn**
> - das Vektorsystem zwei gleiche Vektoren enthält;
> - in dem Vektorsystem ein Vektor einem anderen proportional ist, d.h. wenn ein Vektor sich aus einem anderen Vektor durch Multiplikation mit einer Zahl ergibt;
> - die Anzahl m der Vektoren größer ist als deren Ordnung n, d.h. $m > n$.

In dem Sinne, wie hier die lineare Abhängigkeit und Unabhängigkeit von Vektoren definiert ist, kann auch die lineare Abhängigkeit und Unabhängigkeit von Gleichungen eingeführt werden. Das wird hier nicht im einzelnen behandelt.

Ob ein gegebenes System von Vektoren (oder linearen Gleichungen) linear abhängig oder unabhängig ist, kann mit Hilfe von Zeilenoperationen überprüft werden.

R 18.8.7

> Gegeben seien m Vektoren n-ter Ordnung $\mathbf{a}'_1, \mathbf{a}'_2, \dots, \mathbf{a}'_m$ mit $m \leqq n$. Mit Hilfe von Zeilenoperationen können die Vektoren wie folgt auf lineare Abhängigkeit überprüft werden:
> (1) Fasse die Zeilenvektoren zu einer Matrix zusammen.
> (2) Erzeuge im linken quadratischen Teil der Matrix eine obere Dreiecksmatrix.
> (3) Entsteht dabei eine Zeile mit lauter Nullen oder enthält die Hauptdiagonale des quadratischen Teils Nullen, so sind die Vektoren linear abhängig, andernfalls nicht.

B 18.8.8 a) Für die Vektoren aus B 18.8.3a ergibt sich

$$\begin{pmatrix} 4 & 2 & -2 \\ 1 & -5 & 4 \\ 3 & -4 & 3 \end{pmatrix} \Rightarrow \begin{pmatrix} 4 & 2 & -2 \\ 0 & -5{,}5 & 4{,}5 \\ 0 & -5{,}5 & 4{,}5 \end{pmatrix} \Rightarrow \begin{pmatrix} 4 & 2 & -2 \\ 0 & -5{,}5 & 4{,}5 \\ 0 & 0 & 0 \end{pmatrix}$$

b) Für (3,2,-1), (6,4,0), (9,6,-2) ergibt sich

$$\begin{pmatrix} 3 & 2 & -1 \\ 6 & 4 & 0 \\ 9 & 6 & -2 \end{pmatrix} \Rightarrow \begin{pmatrix} 3 & 2 & -1 \\ 0 & 0 & 2 \\ 0 & 0 & 1 \end{pmatrix} .$$

In beiden Fällen sind die Vektoren linear abhängig.

Aufgaben

Ü 18.8.1 Untersuche auf lineare Abhängigkeit

a) $\mathbf{a} = \begin{pmatrix} 1 \\ 1 \end{pmatrix}$, $\mathbf{b} = \begin{pmatrix} -2 \\ -2 \end{pmatrix}$; b) $\mathbf{a} = \begin{pmatrix} 1 \\ 0 \\ 1 \end{pmatrix}$, $\mathbf{b} = \begin{pmatrix} 1 \\ 1 \\ 0 \end{pmatrix}$, $\mathbf{c} = \begin{pmatrix} 0 \\ 1 \\ 1 \end{pmatrix}$;

c) $\mathbf{a} = (2,0,3,4)$, $\mathbf{b} = (-1,2,-2,-3)$, $\mathbf{c} = (3,-3,2,4)$, $\mathbf{d} = (4,-1,3,5)$;

d) $\mathbf{a} = \begin{pmatrix} 1 \\ 2 \\ 1 \end{pmatrix}$, $\mathbf{b} = \begin{pmatrix} 2 \\ -1 \\ -1 \end{pmatrix}$, $\mathbf{c} = \begin{pmatrix} 1 \\ 1 \\ 0 \end{pmatrix}$, $\mathbf{d} = \begin{pmatrix} 0 \\ 0 \\ 1 \end{pmatrix}$; e) $\mathbf{a} = \begin{pmatrix} 1 \\ 0 \end{pmatrix}$, $\mathbf{b} = \begin{pmatrix} 1 \\ 1 \end{pmatrix}$.

Ü 18.8.2 Wie ist d zu wählen, damit die Vektoren **a,b,c** linear abhängig sind?

a) $\mathbf{a} = \begin{pmatrix} 1 \\ -1 \\ d \end{pmatrix}$, $\mathbf{b} = \begin{pmatrix} d \\ 0 \\ 2 \end{pmatrix}$, $\mathbf{c} = \begin{pmatrix} 1 \\ -1 \\ 1 \end{pmatrix}$; b) $\mathbf{a} = \begin{pmatrix} 1 \\ 0 \\ d \end{pmatrix}$, $\mathbf{b} = \begin{pmatrix} 0 \\ 1 \\ 0 \end{pmatrix}$, $\mathbf{c} = \begin{pmatrix} 0 \\ 0 \\ 1 \end{pmatrix}$.

18.9 Rang einer Matrix

Zu jedem System von Vektoren gibt es eine maximale Anzahl linear unabhängiger Vektoren.

D 18.9.1 Gegeben sei ein System von n Vektoren $\mathbf{a}_1, \ldots, \mathbf{a}_n$. Die maximale Anzahl der linear unabhängigen Vektoren des Vektorsystems heißt **Rang** des Vektorsystems.

Eine Matrix besteht aus Zeilen und Spalten, die als Vektoren betrachtet werden können. Der Begriff des Rangs kann deshalb auf Matrizen übertragen werden. Dazu ist zunächst folgende Regel festzuhalten:

R 18.9.2 Bei einer Matrix ist die Maximalzahl der linear unabhängigen Zeilen immer gleich der Maximalzahl der linear unabhängigen Spalten.

D 18.9.3 Die Maximalzahl linear unabhängiger Zeilen bzw. Spalten einer Matrix **A** heißt **Rang der Matrix** und wird bezeichnet mit rang(**A**).

Für den Rang einer Matrix gelten verschiedene Regeln, die ohne Herleitung bzw. Beweis angegeben werden.

R 18.9.4 a) Für eine m x n-Matrix $\mathbf{A}_{mn}$ ist der Rang höchstens gleich dem Minimum von Zeilenzahl m und Spaltenzahl n: $\text{rang}(\mathbf{A}_{mn}) \leqq \min(m,n)$.

b) Zeilenoperationen verändern den Rang nicht.
c) Für beliebige Matrizen gilt: rang(**A**) = rang(**A'**).

Zu R 18.9.4b) ist zu bemerken, daß analog zu den Zeilenoperationen auch Spaltenoperationen definiert werden können. Durch Anwendung dieser Spaltenoperationen wird der Rang ebenfalls nicht verändert.

Die Rangbestimmung einer gegebenen Matrix kann mittels Zeilenoperationen erfolgen.

R 18.9.5 Der Rang einer Matrix kann wie folgt bestimmt werden: Erzeuge in den Spalten (in beliebiger Reihenfolge) Einheitsvektoren e_i, wobei für je zwei Einheitsvektoren e_i, e_j gelten muß $i \neq j$. Die maximale Anzahl von Einheitsvektoren, die erzeugt werden können, stimmt mit dem Rang der Matrix überein.

B 18.9.6 Die Spalten, in denen jeweils Einheitsvektoren erzeugt wurden, sind gekennzeichnet.

a)

$$\mathbf{A} = \begin{pmatrix} 2 & 3 & 1 & 4 & -2 \\ 8 & 12 & 4 & 16 & -4 \\ 4 & 8 & -4 & 11 & -3 \\ 2 & 5 & -5 & 7 & -1 \end{pmatrix} \Rightarrow \begin{pmatrix} \overset{\blacktriangledown}{1} & 1{,}5 & 0{,}5 & 2 & -1 \\ 0 & 0 & 0 & 0 & 4 \\ 0 & 2 & -6 & 3 & 1 \\ \underset{\blacktriangle}{0} & 2 & -6 & 3 & 1 \end{pmatrix} \Rightarrow$$

$$\begin{pmatrix} 1 & \overset{\blacktriangledown}{0} & 5 & -0{,}25 & -1{,}75 \\ 0 & 0 & 0 & 0 & 4 \\ 0 & 1 & -3 & 1{,}5 & 0{,}5 \\ 0 & \underset{\blacktriangle}{0} & 0 & 0 & 0 \end{pmatrix} \Rightarrow \begin{pmatrix} 1 & 0 & 5 & -0{,}25 & \overset{\blacktriangledown}{0} \\ 0 & 0 & 0 & 0 & 1 \\ 0 & 1 & -3 & 1{,}5 & 0 \\ 0 & 0 & 0 & 0 & \underset{\blacktriangle}{0} \end{pmatrix}$$

Damit sind 3 Einheitsvektoren bestimmt. Mehr können nicht gefunden werden. Es gilt rang(**A**) = 3.

b)

$$\mathbf{A} = \begin{pmatrix} 1 & 5 & 2 & 3 \\ 4 & 9 & 1 & 7 \\ 3 & 4 & -1 & 4 \\ 0 & 11 & 7 & 5 \end{pmatrix} \Rightarrow \begin{pmatrix} \overset{\blacktriangledown}{1} & 5 & 2 & 3 \\ 0 & -11 & -7 & -5 \\ 0 & -11 & -7 & -5 \\ \underset{\blacktriangle}{0} & 11 & 7 & 5 \end{pmatrix} \Rightarrow \begin{pmatrix} \overset{\blacktriangledown}{1} & 0 & -\frac{13}{11} & \frac{8}{11} \\ 0 & 1 & \frac{7}{11} & \frac{5}{11} \\ 0 & 0 & 0 & 0 \\ \underset{\blacktriangle}{0} & 0 & 0 & 0 \end{pmatrix}$$

Es ist rang(**A**) = 2.

Mit Hilfe des Rangs von Matrizen können **Kriterien für die Lösbarkeit linearer Gleichungssysteme** formuliert werden. Dabei spielt für ein Gleichungssystem $\mathbf{Ax} = \mathbf{b}$ die Koeffizientenmatrix **A** und die erweiterte Koeffizientenmatrix $(\mathbf{A}|\mathbf{b})$ eine Rolle.

R 18.9.7

> Gegeben sei ein Gleichungssystem $\mathbf{Ax} = \mathbf{b}$ mit m Gleichungen in n Variablen. Für die Lösbarkeit des Gleichungssystems gilt dann:
>
> $\text{rang}(\mathbf{A}) < \text{rang}(\mathbf{A}|\mathbf{b}) \Longrightarrow \mathbf{Ax} = \mathbf{b}$ nicht lösbar
>
> $\text{rang}(\mathbf{A}) = \text{rang}(\mathbf{A}|\mathbf{b}) = r < n \Longrightarrow \mathbf{Ax} = \mathbf{b}$ mehrdeutig lösbar. n-r Variablenwerte können beliebig vorgegeben werden.
>
> $\text{rang}(\mathbf{A}) = \text{rang}(\mathbf{A}|\mathbf{b}) = n \Longrightarrow \mathbf{Ax} = \mathbf{b}$ eindeutig lösbar.

Die eindeutige Lösbarkeit setzt voraus, daß die Anzahl der Gleichungen nicht kleiner ist als die Anzahl der Variablen.

Aufgaben

Ü 18.9.1 Bestimme den Rang folgender Matrizen:

a) $\mathbf{A} = \begin{pmatrix} 4 & 5 & 6 \\ 6 & 8 & 4 \\ 1 & 2 & 10 \end{pmatrix}$; b) $\mathbf{B} = \begin{pmatrix} 1 & 2 & 3 & 4 \\ -4 & 0 & 5 & 6 \\ 5 & 2 & -2 & -2 \end{pmatrix}$;

c) $\mathbf{C} = \begin{pmatrix} 2 & 3 & -2 \\ 3 & -\frac{3}{2} & 1 \\ 3 & 2 & 3 \end{pmatrix}$.

Ü 18.9.2 Deute die Vektoren mit zwei bzw. drei Komponenten als Pfeile in einem Koordinatensystem und übertrage auf dieses Modell den Begriff der linearen Abhängigkeit.

Ü 18.9.3 Überprüfe die folgenden Gleichungssysteme hinsichtlich ihrer Lösbarkeit:

a) $\begin{aligned} x_1 + x_2 + x_3 &= 1 \\ x_1 - x_2 + x_3 &= 1 \\ x_1 + x_2 - x_3 &= 1 \end{aligned}$;

b) $\begin{aligned} 5x + 3y &= 8 \\ 5x - 3y &= 2 \\ -10x + 6y &= 4 \\ 3x + \tfrac{3}{5}y &= \tfrac{8}{5} \end{aligned}$;

c) $\begin{aligned} x_1 + x_2 - 3x_3 + 4x_4 &= 1 \\ 2x_1 - x_2 + x_3 + x_4 &= 9 \\ -2x_1 - 2x_2 + 6x_3 - 8x_4 &= -2 \\ x_1 - x_2 - 3x_3 + 4x_4 &= 1 \\ -x_1 - 3x_2 + 3x_3 - 4x_4 &= -1. \end{aligned}$

Ü 18.9.4 In der Analytischen Geometrie stellt die Gleichung $a_1x_1+a_2x_2=b$ eine Gerade im (x_1,x_2)-Koordinatensystem dar.

Interpretiere mit dieser Deutung die Begriffe "Lösung" und "Lösbarkeitskriterien" von Gleichungssystemen mit zwei Unbekannten.

19. Determinanten

19.1 Begriff der Determinanten

Eine Determinante ist eine reelle Zahl, die aus den Elementen einer **quadratischen** Matrix nach bestimmten Vorschriften berechnet wird. Da die allgemeine Definition (s.u.) sehr unanschaulich ist, werden zunächst Determinanten für quadratische Matrizen 2. und 3. Ordnung behandelt.

D 19.1.1

Gegeben seien **quadratische** Matrizen 2. und 3. Ordnung

$$\mathbf{A} = \begin{pmatrix} a_{11} & a_{12} \\ a_{21} & a_{22} \end{pmatrix} \quad \text{bzw.} \quad \mathbf{B} = \begin{pmatrix} b_{11} & b_{12} & b_{13} \\ b_{21} & b_{22} & b_{23} \\ b_{31} & b_{32} & b_{33} \end{pmatrix} .$$

Unter der **Determinante** $\det(\mathbf{A}) = |\mathbf{A}|$ bzw. $\det(\mathbf{B}) = |\mathbf{B}|$ versteht man die nach den folgenden Vorschriften berechneten Zahlen

$$\det(\mathbf{A}) = |\mathbf{A}| = \begin{vmatrix} a_{11} & a_{12} \\ a_{21} & a_{22} \end{vmatrix} = a_{11}a_{22} - a_{21}a_{12}$$

$$\det(\mathbf{B}) = |\mathbf{B}| = \begin{vmatrix} b_{11} & b_{12} & b_{13} \\ b_{21} & b_{22} & b_{23} \\ b_{31} & b_{32} & b_{33} \end{vmatrix} = \begin{array}{l} b_{11}b_{22}b_{33} - b_{11}b_{23}b_{32} \\ + b_{12}b_{23}b_{31} - b_{12}b_{21}b_{33} \\ + b_{13}b_{21}b_{32} - b_{13}b_{22}b_{31} \end{array}$$

Die Determinante der quadratischen Matrix **A** wird mit det(**A**) oder $|\mathbf{A}|$ (mit senkrechten Strichen) oder durch vollständiges Hinschreiben der Elemente der Matrix zwischen zwei senkrechte Striche bezeichnet.

B 19.1.2 a)

$$\begin{vmatrix} 3 & 1 \\ 7 & 2 \end{vmatrix} = 3 \cdot 2 - 7 \cdot 1 = -1$$

b)

$$\begin{vmatrix} 3 & -1 & 0 \\ 5 & 8 & 1 \\ -1 & 3 & 2 \end{vmatrix} = \begin{array}{l} 3 \cdot 8 \cdot 2 - 3 \cdot 1 \cdot 3 + (-1) \cdot 1 \cdot (-1) - (-1) \cdot 5 \cdot 2 \\ + 0 \cdot 5 \cdot 3 - 0 \cdot 8 \cdot (-1) \end{array}$$

$$= 48 - 9 + 1 + 10 = 50$$

D 19.1.3

Die Determinante $|\mathbf{A}|$ einer quadratischen Matrix n-ter Ordnung heißt **Determinante n-ter Ordnung.**

Für Determinanten n-ter Ordnung gilt allgemein:

D 19.1.4

Unter der **Determinante**

$$\det(\mathbf{A}) = |\mathbf{A}| = \begin{vmatrix} a_{11} & a_{12} & a_{13} & \cdots & a_{1n} \\ a_{21} & a_{22} & a_{23} & \cdots & a_{2n} \\ a_{31} & a_{32} & a_{33} & \cdots & a_{3n} \\ \cdot & \cdot & \cdot & \cdots & \cdot \\ a_{n1} & a_{n2} & a_{n3} & \cdots & a_{nn} \end{vmatrix}$$

der quadratischen Matrix **A** versteht man die folgende Funktion der Elemente der Matrix

$$|\mathbf{A}| = \sum_{R} (-1)^{\zeta} a_{1j_1} \; a_{2j_2} \; a_{3j_3} \cdots a_{nj_n} \; .$$

$j_1, j_2, \ldots, j_n$ durchläuft dabei alle Permutationen der Zahlen von 1 bis n, d.h. es wird über die Menge R dieser Permutationen summiert. ζ gibt die Anzahl der Inversionen (paarweise Vertauschung von Elementen) der jeweiligen Permutation an.

Die Determinante ist also eine reelle Zahl, die aus den Elementen der Matrix nach der angegebenen Vorschrift berechnet wird. Da für $(j_1, j_2, \ldots, j_n)$ alle Permutationen stehen (in jedem Summanden eine andere), enthält die Summe n! Summanden. (Vgl. dazu Abschnitt 5.3 in Band 1.)

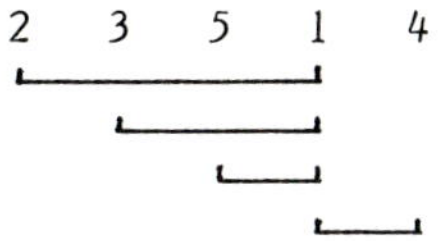

F 19.1.5

Jede paarweise Vertauschung von Zahlen bei einer Permutation heißt **Inversion.** Die Permutation 2,3,5,1,4 der Zahlen 1,2,3,4 und 5 enthält 4 Inversionen, da man 4 Vertauschungen von Zahlenpaaren vornehmen muß, um die natürliche Reihenfolge der Zahlen wieder herzustellen. Die Schritte sind in F 19.1.5 gekennzeichnet.

Die Berechnung von Determinanten unmittelbar durch die angegebene Definition ist sehr aufwendig. In diesem Abschnitt werden daher zusammen mit einigen grundlegenden Begriffen einige Regeln behandelt, die das Berechnen einer Determinante erleichtern.

D 19.1.6

Streicht man in einer Determinante n-ter Ordnung $|\mathbf{A}|$ die i-te Zeile und die j-te Spalte, so erhält man eine Determinante (n-1)-ter Ordnung. Man nennt diese Determinante die **Unterdeterminante** oder auch **Minor** des Elementes a_{ij} und bezeichnet sie mit $|\mathbf{A}|_{ij}$. Zu einer Determinante n-ter Ordnung gibt es n^2 Unterdeterminanten.

B 19.1.7 a) Bei der Determinante 4. Ordnung

$$\begin{vmatrix} a_{11} & a_{12} & a_{13} & a_{14} \\ a_{21} & a_{22} & a_{23} & a_{24} \\ a_{31} & a_{32} & a_{33} & a_{34} \\ a_{41} & a_{42} & a_{43} & a_{44} \end{vmatrix}$$

hat a_{23} die nebenstehende Unterdeterminante

$$\begin{vmatrix} a_{11} & a_{12} & a_{14} \\ a_{31} & a_{32} & a_{34} \\ a_{41} & a_{42} & a_{44} \end{vmatrix} .$$

b) Die Determinante dritter Ordnung

$$|\mathbf{A}| = \begin{vmatrix} a_{11} & a_{12} & a_{13} \\ a_{21} & a_{22} & a_{23} \\ a_{31} & a_{32} & a_{33} \end{vmatrix}$$

hat die neun Unterdeterminanten

$$|\mathbf{A}|_{11} = \begin{vmatrix} a_{22} & a_{23} \\ a_{32} & a_{33} \end{vmatrix} ; \quad |\mathbf{A}|_{12} = \begin{vmatrix} a_{21} & a_{23} \\ a_{31} & a_{33} \end{vmatrix} ; \quad |\mathbf{A}|_{13} = \begin{vmatrix} a_{21} & a_{22} \\ a_{31} & a_{32} \end{vmatrix} ;$$

$$|\mathbf{A}|_{21} = \begin{vmatrix} a_{12} & a_{13} \\ a_{32} & a_{33} \end{vmatrix} ; \quad |\mathbf{A}|_{22} = \begin{vmatrix} a_{11} & a_{13} \\ a_{31} & a_{33} \end{vmatrix} ; \quad |\mathbf{A}|_{23} = \begin{vmatrix} a_{11} & a_{12} \\ a_{31} & a_{32} \end{vmatrix} ;$$

$$|\mathbf{A}|_{31} = \begin{vmatrix} a_{12} & a_{13} \\ a_{22} & a_{23} \end{vmatrix} ; \quad |\mathbf{A}|_{32} = \begin{vmatrix} a_{11} & a_{13} \\ a_{21} & a_{23} \end{vmatrix} ; \quad |\mathbf{A}|_{33} = \begin{vmatrix} a_{11} & a_{12} \\ a_{21} & a_{22} \end{vmatrix} .$$

D 19.1.8

> Multipliziert man die Unterdeterminante $|\mathbf{A}|_{ij}$ mit $(-1)^{i+j}$, so erhält man die **Adjunkte** oder den **Kofaktor** $\alpha_{ij} = (-1)^{i+j} \; |\mathbf{A}|_{ij}$ des Elementes a_{ij}.

Ist die Summe i+j von Zeilenindex und Spaltenindex gerade, so ist das Vorzeichen "+", ergibt i+j eine ungerade Summe, ist das Vorzeichen "-". Die Zuordnung der Vorzeichen kann man sich an der folgenden Darstellung einprägen, in der an der Stelle der Elemente die Vorzeichen der zugehörigen Adjunkten stehen.

$$\begin{vmatrix} + & - & + & - & + & - & \cdots \\ - & + & - & + & - & + & \cdots \\ + & - & + & - & + & - & \cdots \\ - & + & - & + & - & + & \cdots \\ + & - & + & - & + & - & \cdots \\ . & . & . & . & . & . & \cdots \end{vmatrix}$$

B 19.1.9 Zu der Determinante $\begin{vmatrix} 3 & 2 & 4 \\ 1 & 0 & 2 \\ 3 & 7 & 5 \end{vmatrix}$

gehören die Unterdeterminanten und Adjunkten

$|\mathbf{A}|_{11} = \begin{vmatrix} 0 & 2 \\ 7 & 5 \end{vmatrix} = -14;\quad |\mathbf{A}|_{12} = \begin{vmatrix} 1 & 2 \\ 3 & 5 \end{vmatrix} = -1;\quad |\mathbf{A}|_{13} = \begin{vmatrix} 1 & 0 \\ 3 & 7 \end{vmatrix} = 7;$

$|\mathbf{A}|_{21} = \begin{vmatrix} 2 & 4 \\ 7 & 5 \end{vmatrix} = -18;\quad |\mathbf{A}|_{22} = \begin{vmatrix} 3 & 4 \\ 3 & 5 \end{vmatrix} = 3;\quad |\mathbf{A}|_{23} = \begin{vmatrix} 3 & 2 \\ 3 & 7 \end{vmatrix} = 15;$

$|\mathbf{A}|_{31} = \begin{vmatrix} 2 & 4 \\ 0 & 2 \end{vmatrix} = 4;\quad |\mathbf{A}|_{32} = \begin{vmatrix} 3 & 4 \\ 1 & 2 \end{vmatrix} = 2;\quad |\mathbf{A}|_{33} = \begin{vmatrix} 3 & 2 \\ 1 & 0 \end{vmatrix} = -2.$

$\alpha_{11} = (-1)^2 |\mathbf{A}|_{11} = -14;\ \alpha_{12} = (-1)^3 |\mathbf{A}|_{12} = 1;\ \alpha_{13} = (-1)^4 |\mathbf{A}|_{13} = 7;$

$\alpha_{21} = (-1)^3 |\mathbf{A}|_{21} = 18;\ \alpha_{22} = (-1)^4 |\mathbf{A}|_{22} = 3;\ \alpha_{23} = (-1)^5 |\mathbf{A}|_{23} = -15;$

$\alpha_{31} = (-1)^4 |\mathbf{A}|_{31} = 4;\ \alpha_{32} = (-1)^5 |\mathbf{A}|_{32} = -2;\ \alpha_{33} = (-1)^6 |\mathbf{A}|_{33} = -2.$

Es liegt nahe, die Adjunkten einer Determinante in einer Matrix zusammenzufassen, indem man an die Stelle des Elementes a_{ij} der Matrix die Adjunkte α_{ij} dieses Elementes setzt:

$$\begin{pmatrix} \alpha_{11} & \alpha_{12} & \cdots & \alpha_{1n} \\ \alpha_{21} & \alpha_{22} & \cdots & \alpha_{2n} \\ \cdot & \cdot & \cdots & \cdot \\ \alpha_{n1} & \alpha_{n2} & \cdots & \alpha_{nn} \end{pmatrix}.$$

Das ist die **Matrix der Adjunkten** der Determinante bzw. der ursprünglichen Matrix.

D 19.1.10

Gegeben sei eine Matrix $\mathbf{A} = (a_{ij})$ und die zugehörige Matrix der Adjunkten (α_{ij}).

Die Transponierte der Matrix der Adjunkten heißt **adjungierte Matrix** und wird mit $\mathbf{A}_{ad}$ bezeichnet.

$$\mathbf{A}_{ad} = (\alpha_{ij})' = \begin{pmatrix} \alpha_{11} & \alpha_{21} & \cdots & \alpha_{n1} \\ \alpha_{12} & \alpha_{22} & \cdots & \alpha_{n2} \\ \cdot & \cdot & \cdots & \cdot \\ \alpha_{1n} & \alpha_{2n} & \cdots & \alpha_{nn} \end{pmatrix}$$

B 19.1.11 Zu dem Beispiel 19.1.9 lautet die Matrix der Adjunkten und die daraus durch Transponieren bestimmte adjungierte Matrix

$$(\alpha_{ij}) = \begin{pmatrix} -14 & 1 & 7 \\ 18 & 3 & -15 \\ 4 & -2 & -2 \end{pmatrix}, \quad \mathbf{A}_{ad} = \begin{pmatrix} -14 & 18 & 4 \\ 1 & 3 & -2 \\ 7 & -15 & -2 \end{pmatrix}.$$

D 19.1.12

> Eine Matrix, deren Determinante verschwindet, heißt **singulär**. Ist die Determinante von Null verschieden, so heißt die Matrix **nichtsingulär** oder **regulär.**

B 19.1.13 a) Die Matrizen der Determinanten in B 19.1.2 sind regulär.

b) Die Matrix $\begin{pmatrix} 5 & 3 \\ -15 & -9 \end{pmatrix}$ ist wegen $\begin{vmatrix} 5 & 3 \\ -15 & -9 \end{vmatrix} = -45+45 = 0$ singulär.

Aufgaben

Ü 19.1.1 Berechne die Determinanten der Matrizen

a) $\mathbf{A} = \begin{pmatrix} 2 & 1 \\ -5 & 3 \end{pmatrix}$; b) $\mathbf{B} = \begin{pmatrix} 0 & 1 \\ -1 & 0 \end{pmatrix}$; c) $\mathbf{C} = \begin{pmatrix} 2 & -5 \\ -4 & 10 \end{pmatrix}$; d) $\mathbf{D} = \begin{pmatrix} 3 & 1 \\ -5 & 2 \\ 4 & 7 \end{pmatrix}$.

Ü 19.1.2 Wann verschwindet die Determinante $\begin{vmatrix} a_{11} & a_{12} \\ a_{21} & a_{22} \end{vmatrix}$?

Ü 19.1.3 Bestimme zu den Matrizen die adjungierten Matrizen:

$$\mathbf{A} = \begin{pmatrix} 3 & -2 \\ 1 & 4 \end{pmatrix} \; ; \quad \mathbf{B} = \begin{pmatrix} 3 & 1 & 2 \\ 0 & 2 & 1 \\ 2 & 0 & 0 \end{pmatrix}.$$

19.2 Berechnung von Determinanten

Die Berechnung von Determinanten 2. und 3. Ordnung ergibt sich unmittelbar aus D 19.1.1. Für die Determinante 3. Ordnung gibt es eine Regel zur übersichtlichen Berechnung. Dafür werden die beiden folgenden Begriffe benötigt.

D 19.2.1

> Gegeben sei eine mxn Matrix. Die Elemente
>
> $a_{1+r;1}, \; a_{2+r;2}, \; \ldots, \; a_{n+r;n}; \quad r=0,\ldots, m-n$; falls $m > n$
>
> bzw.
>
> $a_{1;1+r}, \; a_{2;2+r}, \; \ldots \; a_{m;m+r}; \quad r=0,\ldots, n-m$; falls $n > m$
>
> ergeben die m-n+1 bzw. n-m+1 **Hauptdiagonalen** der Matrix.
>
> Die Elemente

$a_{n+r;1}$, $a_{n-1+r;2}$, ..., $a_{1+r;n}$; $r=0,\ldots, m-n$; falls $m > n$ bzw.

$a_{m;1+r}$, $a_{m-1;2+r}$, ..., $a_{1;m+r}$; $r=0,\ldots, n-m$; falls $n > m$ ergeben die $m-n+1$ bzw. $n-m+1$ **Nebendiagonalen** der Matrix.

Das folgende Beispiel veranschaulicht die beiden Begriffe.

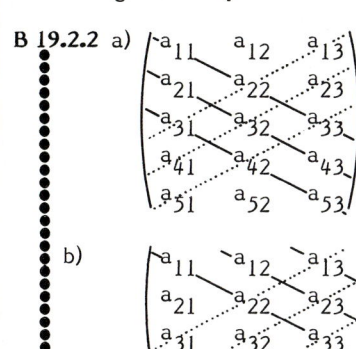

B 19.2.2 a)

$$\begin{pmatrix} a_{11} & a_{12} & a_{13} \\ a_{21} & a_{22} & a_{23} \\ a_{31} & a_{32} & a_{33} \\ a_{41} & a_{42} & a_{43} \\ a_{51} & a_{52} & a_{53} \end{pmatrix}$$

Die Hauptdiagonalen entsprechen den ausgezogenen Linien, die Nebendiagonalen den punktierten Linien.

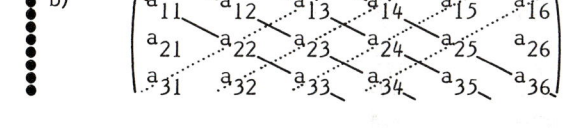

b)

$$\begin{pmatrix} a_{11} & a_{12} & a_{13} & a_{14} & a_{15} & a_{16} \\ a_{21} & a_{22} & a_{23} & a_{24} & a_{25} & a_{26} \\ a_{31} & a_{32} & a_{33} & a_{34} & a_{35} & a_{36} \end{pmatrix}$$

R 19.2.3

SARRUSsche Regel zur Berechnung einer Determinante 3. Ordnung

(1) Erweitere die 3x3-Matrix zu einer 3x5-Matrix, indem die 1. und 2. Spalte als 4. und 5. Spalte ergänzt werden:

$$\begin{pmatrix} a_{11} & a_{12} & a_{13} & a_{11} & a_{12} \\ a_{21} & a_{22} & a_{23} & a_{21} & a_{22} \\ a_{31} & a_{32} & a_{33} & a_{31} & a_{32} \end{pmatrix}$$

(2) Bestimme für die drei Hauptdiagonalen und für die drei Nebendiagonalen das Produkt der jeweiligen Elemente:

$$a_{11}a_{22}a_{33};\ a_{12}a_{23}a_{31};\ a_{13}a_{21}a_{32}$$
$$a_{31}a_{22}a_{13};\ a_{32}a_{23}a_{11};\ a_{33}a_{21}a_{12}$$

(3) Multipliziere die Produkte der Elemente der Nebendiagonalen mit -1 und addiere dann alle Produkte.

Die Summe ergibt die gesuchte Determinante.

$$\begin{pmatrix} a_{11} & a_{12} & a_{13} & a_{11} & a_{12} \\ a_{21} & a_{22} & a_{23} & a_{21} & a_{22} \\ a_{31} & a_{32} & a_{33} & a_{31} & a_{32} \end{pmatrix}$$

Zur Veranschaulichung der SARRUSschen Regel kann die nebenstehende Matrix herangezogen werden.

Man bestimmt zunächst die Produkte der Elemente auf den Hauptdiagonalen (ausgezogene Linien). Diese bekommen ein positives Vorzeichen. Dann berechnet man die Produkte der Elemente auf den Nebendiagonalen (punktierte Linien), die ein negatives Vorzeichen bekommen. Die Summe der Produkte ergibt den Wert der Determinante.

B 19.2.4 Es ist $\begin{vmatrix} 3 & 9 & 7 \\ 6 & -1 & 8 \\ 2 & 5 & 2 \end{vmatrix}$ zu bestimmen. $\begin{pmatrix} 3 & 9 & 7 & 3 & 9 \\ 6 & -1 & 8 & 6 & -1 \\ 2 & 5 & 2 & 2 & 5 \end{pmatrix}$

Nach der Sarrus'schen Regel ergibt sich:
$= 3\cdot(-1)\cdot 2 + 9\cdot 8\cdot 2 + 7\cdot 6\cdot 5 - 2\cdot(-1)\cdot 7 - 5\cdot 8\cdot 3 - 2\cdot 6\cdot 9$
$= -6+144+210+14-120-108 = 134$

b) Es ist $\begin{vmatrix} -4 & 15 & 8 \\ 6 & 1 & -7 \\ 4 & -1 & 3 \end{vmatrix}$ zu bestimmen. $\begin{pmatrix} -4 & 15 & 8 & -4 & 15 \\ 6 & 1 & -7 & 6 & 1 \\ 4 & -1 & 3 & 4 & -1 \end{pmatrix}$

Nach der Sarrus'schen Regel ergibt sich:
$= (-4)\cdot 1\cdot 3 + 15\cdot(-7)\cdot 4 + 8\cdot 6\cdot(-1) - 4\cdot 1\cdot 8 - (-1)\cdot(-7)\cdot(-4) - 3\cdot 6\cdot 15$
$= -12-420-48-32+28-270 = -754.$

Die SARRUSsche Regel kann auch so abgewandelt werden, daß die Matrix zu einer (5 x 3)-Matrix durch Hinzufügen der 1. und 2. Zeile als 4. und 5. Zeile erweitert wird. Es wird dann entsprechend verfahren.

Zu beachten ist folgendes:
Die SARRUSsche Regel ist nur auf die Berechnung von Determinanten dritter Ordnung anwendbar.

Für die praktische Berechnung von Determinanten vierter und höherer Ordnung spielt der **LAPLACEsche Entwicklungssatz** für Determinanten in der nachstehend angegebenen speziellen Formulierung eine wichtige Rolle.

Es gilt:

R 19.2.5

Multipliziert man jedes Element a_{ij} einer beliebigen Zeile oder Spalte einer Determinante n-ter Ordnung

$$|A| = \begin{vmatrix} a_{11} & a_{12} & \cdots & a_{1n} \\ a_{21} & a_{22} & \cdots & a_{2n} \\ \cdot & \cdot & \cdots & \cdot \\ a_{n1} & a_{n2} & \cdots & a_{nn} \end{vmatrix}$$

> mit seiner zugehörigen Adjunkte α_{ij}, so ergibt die Summe dieser n Produkte den Wert der Determinante. Man spricht dann von der **Entwicklung der Determinante** nach der i-ten Zeile bzw. nach der j-ten Spalte.

Bei Entwicklung der Determinante nach der i-ten Zeile ergibt sich ihr Wert als

$$|\mathbf{A}| = a_{i1}\alpha_{i1} + a_{i2}\alpha_{i2} + \dots + a_{in}\alpha_{in} = \sum_{j=1}^{n} a_{ij}\alpha_{ij}.$$

Durch Entwicklung nach der j-ten Spalte ergibt sich der Wert der Determinante als

$$|\mathbf{A}| = a_{1j}\alpha_{1j} + a_{2j}\alpha_{2j} + \dots + a_{nj}\alpha_{nj} = \sum_{i=1}^{n} a_{ij}\alpha_{ij}.$$

B 19.2.6 a) $\begin{vmatrix} 3 & 4 & 7 & 1 \\ 0 & 2 & 1 & -1 \\ 4 & 5 & -2 & 0 \\ 1 & 2 & 1 & 3 \end{vmatrix}$ ist nach der zweiten Zeile zu entwickeln.

Man erhält

$$-0\cdot\begin{vmatrix} 4 & 7 & 1 \\ 5 & -2 & 0 \\ 2 & 1 & 3 \end{vmatrix} + 2\cdot\begin{vmatrix} 3 & 7 & 1 \\ 4 & -2 & 0 \\ 1 & 1 & 3 \end{vmatrix} - 1\cdot\begin{vmatrix} 3 & 4 & 1 \\ 4 & 5 & 0 \\ 1 & 2 & 3 \end{vmatrix} - 1\cdot\begin{vmatrix} 3 & 4 & 7 \\ 4 & 5 & -2 \\ 1 & 2 & 1 \end{vmatrix}$$

Nach der Ausrechnung der Determinanten dritter Ordnung mit Hilfe der SARRUSschen Regel ergibt sich

$$-0\cdot(-120) + 2\cdot(-96) - 1\cdot 0 - 1\cdot 24 = -216.$$

b) $\begin{vmatrix} 3 & 1 & 9 \\ 2 & 0 & 4 \\ 5 & 1 & 6 \end{vmatrix}$ ist nach der dritten Spalte zu entwickeln.

Man erhält

$$9\cdot\begin{vmatrix} 2 & 0 \\ 5 & 1 \end{vmatrix} - 4\cdot\begin{vmatrix} 3 & 1 \\ 5 & 1 \end{vmatrix} + 6\cdot\begin{vmatrix} 3 & 1 \\ 2 & 0 \end{vmatrix} .$$

Nach Ausrechnung der Determinanten zweiter Ordnung ergibt sich dann

$$9\cdot 2 - 4\cdot(-2) + 6\cdot(-2) = 18+8-12 = 14.$$

Die Bedeutung des LAPLACEschen Entwicklungssatzes für die praktische Berechnung von Determinanten liegt vor allem darin, daß man bei Entwicklung einer Determinante n-ter Ordnung nach einer Zeile oder einer Spalte bei den Adjunkten Determinanten (n-1)-ter Ordnung erhält. Diese Determinanten lassen sich wieder nach einer Zeile oder Spalte entwickeln. Auf diese Weise kann man eine Determinante stufenweise soweit entwickeln, daß man schließlich nur noch Determinanten dritter (oder zweiter) Ordnung zu berechnen braucht. Das bereitet aber, wie

B 19.3.10 $\begin{vmatrix} 3 & 1 & 4 \\ 2 & 0 & 1 \\ 3 & 2 & -1 \end{vmatrix} = 15$ werden 2. und 3. Spalte vertauscht, ergibt sich: $\begin{vmatrix} 3 & 4 & 1 \\ 2 & 1 & 0 \\ 3 & -1 & 2 \end{vmatrix} = -15$.

R 19.3.11

> Addiert man zu einer Zeile bzw. einer Spalte ein Vielfaches einer anderen Zeile bzw. Spalte, so ändert sich der Wert der Determinante nicht.

B 19.3.12

$$\begin{vmatrix} 3 & 1 & 4 \\ 2 & 0 & 1 \\ 3 & 2 & -1 \end{vmatrix} = 3\cdot 0\cdot(-1) + 1\cdot 1\cdot 3 + 4\cdot 2\cdot 2 - 3\cdot 0\cdot 4 - 2\cdot 1\cdot 3 - (-1)\cdot 2\cdot 1 = 15.$$

Addiert man das 3-fache der dritten Zeile zur ersten Zeile, so erhält man

$$\begin{vmatrix} 12 & 7 & 1 \\ 2 & 0 & 1 \\ 3 & 2 & -1 \end{vmatrix} = 12\cdot 0\cdot(-1) + 7\cdot 1\cdot 3 + 1\cdot 2\cdot 2 - 3\cdot 0\cdot 1 - 2\cdot 1\cdot 12 - (-1)\cdot 2\cdot 7 = 15.$$

Addiert man das (-2)-fache der zweiten Spalte zur dritten Spalte, so ergibt sich

$$\begin{vmatrix} 3 & 1 & 2 \\ 2 & 0 & 1 \\ 3 & 2 & -5 \end{vmatrix} = 3\cdot 0\cdot(-5) + 1\cdot 1\cdot 3 + 2\cdot 2\cdot 2 - 3\cdot 0\cdot 2 - 2\cdot 1\cdot 3 - (-5)\cdot 2\cdot 1 = 15.$$

Aus R 19.3.11 und R 19.3.4 ergibt sich unmittelbar:

R 19.3.13

> Eine Determinante hat den Wert Null, wenn zwei Zeilen oder zwei Spalten übereinstimmen, oder wenn eine Zeile bzw. eine Spalte ein Vielfaches einer anderen Zeile bzw. Spalte ist.

B 19.3.14 a)

$$\begin{vmatrix} 3 & 2 & 2 & 3 & 1 \\ 4 & 6 & 5 & 4 & -2 \\ 7 & 8 & 6 & 7 & 0 \\ -1 & 4 & 9 & -1 & 9 \\ 0 & 1 & 12 & 0 & 4 \end{vmatrix} = 0,$$ da 1. und 4. Spalte übereinstimmen.

b)

$$\begin{vmatrix} 1 & 2 & 5 & 4 \\ 3 & 2 & 0 & 1 \\ 4 & 8 & 20 & 16 \\ 25 & 9 & 1 & 12 \end{vmatrix} = 0,$$ da die dritte Zeile gleich dem 4-fachen der 1. Zeile ist.

Durch wiederholte Anwendung des LAPLACEschen Entwicklungssatzes (R 19.2.5) auf die Determinante einer oberen bzw. unteren Dreiecksmatrix ergibt sich

R 19.3.15

> Die **Determinante einer Dreiecksmatrix** ergibt sich als Produkt der Elemente auf der Hauptdiagonalen.
>
> $$\begin{vmatrix} a_{11} & a_{12} & a_{13} & \dots & a_{1n} \\ 0 & a_{22} & a_{23} & \dots & a_{2n} \\ 0 & 0 & a_{33} & \dots & a_{3n} \\ \cdot & \cdot & \cdot & \dots & \cdot \\ 0 & 0 & 0 & \dots & a_{nn} \end{vmatrix} = \begin{vmatrix} a_{11} & 0 & 0 & \dots & 0 \\ a_{21} & a_{22} & 0 & \dots & 0 \\ a_{31} & a_{32} & a_{33} & \dots & 0 \\ \cdot & \cdot & \cdot & \dots & \cdot \\ a_{n1} & a_{n2} & a_{n3} & \dots & a_{nn} \end{vmatrix} = a_{11}a_{22}a_{33} \dots a_{nn}$$

Die Regel ergibt sich, wenn immer wieder nach der ersten Spalte (bei einer oberen Dreiecksmatrix) bzw. nach der ersten Zeile (bei einer unteren Dreiecksmatrix) entwickelt wird.

Zur Berechnung einer Determinante kann man nun die entsprechende Matrix durch Anwendung von Zeilenoperationen gemäß R 19.3.11 in eine Dreiecksmatrix umwandeln und dann nach R 19.3.15 einfach die Determinante berechnen.

B 19.3.16

$$\begin{pmatrix} 3 & 6 & 3 & 9 \\ 2 & 6 & 1 & 5 \\ 3 & 8 & 1 & 2 \\ 6 & 6 & 2 & 5 \end{pmatrix} \Rightarrow \begin{pmatrix} 3 & 6 & 3 & 9 \\ 0 & 2 & -1 & -1 \\ 0 & 2 & -2 & -7 \\ 0 & -6 & -4 & -13 \end{pmatrix} \Rightarrow \begin{pmatrix} 3 & 6 & 3 & 9 \\ 0 & 2 & -1 & -1 \\ 0 & 0 & -1 & -6 \\ 0 & 0 & -7 & -16 \end{pmatrix} \Rightarrow \begin{pmatrix} 3 & 6 & 3 & 9 \\ 0 & 2 & -1 & -1 \\ 0 & 0 & -1 & -6 \\ 0 & 0 & 0 & 26 \end{pmatrix}$$

Für die Determinante erhält man dann gemäß R 19.3.11 und R 19.3.15

$$\begin{vmatrix} 3 & 6 & 3 & 9 \\ 2 & 6 & 1 & 5 \\ 3 & 8 & 1 & 2 \\ 6 & 6 & 2 & 5 \end{vmatrix} = \begin{vmatrix} 3 & 6 & 3 & 9 \\ 0 & 2 & -1 & -1 \\ 0 & 0 & -1 & -6 \\ 0 & 0 & 0 & 26 \end{vmatrix} = 3 \cdot 2 \cdot (-1) \cdot 26 = -156$$

Aufgaben

Ü 19.3.1 Berechne die Determinanten folgender Matrizen:

a) $\mathbf{A} = \begin{pmatrix} 1 & 2 & 4 \\ 2 & 3 & 5 \\ 10 & 9 & 11 \end{pmatrix}$; b) $\mathbf{B} = \begin{pmatrix} 2 & 4 & 8 \\ 2 & 3 & 5 \\ 10 & 9 & 11 \end{pmatrix}$; c) $\mathbf{C} = \begin{pmatrix} 1 & 4 & 2 \\ 2 & 5 & 3 \\ 10 & 11 & 9 \end{pmatrix}$;

d) $\mathbf{D} = \begin{pmatrix} 3 & 5 & 9 \\ 2 & 3 & 5 \\ 10 & 9 & 11 \end{pmatrix}$; e) $\mathbf{E} = \begin{pmatrix} 3 & 6 & 12 \\ 6 & 9 & 15 \\ 30 & 27 & 33 \end{pmatrix}$; f) $\mathbf{F} = \begin{pmatrix} 1 & 2 & 4 \\ 2 & 4 & 8 \\ 10 & 9 & 11 \end{pmatrix}$;

Hinweis: Die Lösung dieser Aufgabe vereinfacht sich, wenn man die Eigenschaften der Determinanten beachtet.

Ü 19.3.2 Von einer Matrix **A** ist bekannt, daß die Determinante ihrer r-ten Potenz verschwindet.

Es gilt also: $|\mathbf{A}^r| = 0, \; r \in \mathbb{N}$.

Zeige, daß **A** singulär ist.

19.4 Lösung eines inhomogenen linearen Gleichungssystems mit Hilfe von Determinanten (CRAMERsche Regel)

Determinanten können auch zur Lösung inhomogener linearer Gleichungssysteme mit n Gleichungen in n Variablen, also mit einer quadratischen Koeffizientenmatrix, verwendet werden. Das Verfahren ist nur anwendbar, wenn das Gleichungssystem eindeutig lösbar ist.

Zunächst wird folgende Regel festgehalten:

R 19.4.1

> Die **Determinante der Koeffizientenmatrix eines eindeutig lösbaren** inhomogenen linearen **Gleichungssystems** mit n Gleichungen in n Variablen ist **regulär**, die eines **nicht eindeutig lösbaren** Gleichungssystems ist **singulär**.

Für Gleichungssysteme $\mathbf{Ax} = \mathbf{b}$ mit n Gleichungen in n Variablen liefert R 19.4.1 eine Möglichkeit zur Überprüfung der eindeutigen Lösbarkeit: Gilt $|\mathbf{A}| \neq 0$ ist das Gleichungssystem eindeutig lösbar, bei $|\mathbf{A}| = 0$ nicht.

B 19.4.2 a) Für das Gleichungssystem aus B 18.3.1 gilt

$$\begin{vmatrix} 2 & 1 & 0 \\ 5 & 2 & 4 \\ 5 & 2 & 6 \end{vmatrix} = -2,$$ das Gleichungssystem ist eindeutig lösbar.

b) Für das Gleichungssystem aus B 18.4.8 gilt

$$\begin{vmatrix} 2 & 3 & -1 \\ 4 & -3 & 7 \\ 6 & 9 & -3 \end{vmatrix} = 0,$$ es ist nicht eindeutig lösbar.

R 19.4.3

> **CRAMERsche Regel**
>
> Gegeben sei ein inhomogenes lineares Gleichungssystem mit n Gleichungen in n Variablen $\mathbf{Ax} = \mathbf{b}$. Die Lösung kann wie folgt bestimmt werden.
>
> (1) Bestimme $|A|$. Gilt $|A| = 0$, so ist $\mathbf{Ax} = \mathbf{b}$ nicht eindeutig lösbar und das Verfahren ist beendet.
>
> (2) Berechne die n Determinanten $|\mathbf{A}_j|$ $(j=1,\ldots,n)$ der Matrizen $\mathbf{A}_j$, die man aus der Koeffizientenmatrix $\mathbf{A}$ dadurch erhält, daß man die j-te Spalte durch den Vektor $\mathbf{b}$ der absoluten Glieder ersetzt, also
>
> $$\mathbf{A}_1 = \begin{vmatrix} b_1 & a_{12} & a_{13} & \cdots & a_{1n} \\ b_2 & a_{22} & a_{23} & \cdots & a_{2n} \\ \cdot & \cdot & \cdot & \cdots & \cdot \\ b_n & a_{n2} & a_{n3} & \ldots & a_{nn} \end{vmatrix}; \quad \mathbf{A}_2 = \begin{vmatrix} a_{11} & b_1 & a_{13} & \cdots & a_{1n} \\ a_{21} & b_2 & a_{23} & \cdots & a_{2n} \\ \cdot & \cdot & \cdot & \cdots & \cdot \\ a_{n1} & b_n & a_{n3} & \ldots & a_{nn} \end{vmatrix};$$
>
> usw.

(3) Bestimme $x_j = \frac{|A_j|}{|A|}$, j=1,...,n.
Damit sind die Lösungen bestimmt.

Man sieht an der CRAMERschen Regel, daß für die eindeutige Lösbarkeit $|\mathbf{A}| \neq 0$ sein muß, da sonst die Quotienten $\frac{|\mathbf{A}_j|}{|\mathbf{A}|}$ nicht existieren.

B 19.4.4 $\begin{matrix} 8x_1+3x_2 = 30 \\ 5x_1+2x_2 = 19 \end{matrix}$; $|\mathbf{A}| = \begin{vmatrix} 8 & 3 \\ 5 & 2 \end{vmatrix} = 16-15 = 1;$

$$|\mathbf{A}_1| = \begin{vmatrix} 30 & 3 \\ 19 & 2 \end{vmatrix} = 60-57 = 3; \quad |\mathbf{A}_2| = \begin{vmatrix} 8 & 30 \\ 5 & 19 \end{vmatrix} = 152-150 = 2$$

$$x_1 = \frac{|\mathbf{A}_1|}{|\mathbf{A}|} = \frac{3}{1} = 3; \quad x_2 = \frac{|\mathbf{A}_2|}{|\mathbf{A}|} = \frac{2}{1} = 2.$$

b) $\begin{matrix} 2x_1+2x_2+2x_3 = 18 \\ x_1 \quad -3x_3 = -5 \\ 2x_1-2x_2+5x_3 = 19 \end{matrix}$; $|\mathbf{A}| = \begin{vmatrix} 2 & 2 & 2 \\ 1 & 0 & -3 \\ 2 & -2 & 5 \end{vmatrix} = -38;$

$$|\mathbf{A}_1| = \begin{vmatrix} 18 & 2 & 2 \\ -5 & 0 & -3 \\ 19 & -2 & 5 \end{vmatrix} = -152; |\mathbf{A}_2| = \begin{vmatrix} 2 & 18 & 2 \\ 1 & -5 & -3 \\ 2 & 19 & 5 \end{vmatrix} = -76; |\mathbf{A}_3| = \begin{vmatrix} 2 & 2 & 18 \\ 1 & 0 & -5 \\ 2 & -2 & 19 \end{vmatrix} = -114.$$

Es ist $x_1 = \frac{|\mathbf{A}_1|}{|\mathbf{A}|} = \frac{-152}{-38} = 4; \quad x_2 = \frac{|\mathbf{A}_2|}{|\mathbf{A}|} = \frac{-76}{-38} = 2; \quad x_3 = \frac{|\mathbf{A}_3|}{|\mathbf{A}|} = \frac{-114}{-38} = 3.$

Aufgaben

Ü 19.4.1 Löse die folgenden Gleichungssysteme mit Hilfe der CRAMERschen Regel:

a) $\begin{matrix} 2x_1+7x_2 = 13 \\ -2x_1+4x_2 = -2; \end{matrix}$ b) $\begin{matrix} -3x_1+6x_2+4x_3 = -10 \\ 2x_1-6x_2-2x_3 = 12 \\ -x_1+x_2+2x_3 = -1. \end{matrix}$

Ü 19.4.2 Löse das Gleichungssystem $\begin{matrix} 4x+2y = 10 \\ 2x+3y = 3 \end{matrix}$

a) mit Hilfe der CRAMERschen Regel;

b) durch vollständige Elimination.

Ü 19.4.3 Die Quersumme einer dreistelligen Zahl ist 18. Die Summe aus der Hunderter- und Einerstelle ergibt die Zehnerstelle. Wenn Hunderter- und Einerstelle vertauscht werden, verringert sich der Wert der Zahl um 99. Finde diese Zahl durch folgendes Vorgehen.

* a) Formuliere das Problem als lineares Gleichungssystem.
* b) Gib das unter a) entwickelte Gleichungssystem in Matrizenschreibweise wieder.
* c) Löse das Problem mit Hilfe der CRAMERschen Regel.

19.5 Bestimmung der Inversen einer Matrix mit Hilfe der adjungierten Matrix

Determinanten können auch zur Berechnung der Inversen einer Matrix herangezogen werden. Diesem Ansatz liegt die Bestimmung der Inversen als simultanes Auflösen mehrerer Gleichungssysteme (Abschnitt 18.6) und die CRAMERsche Regel (Abschnitt 19.4) zugrunde.

R 19.5.1 Gegeben sei eine Matrix $\mathbf{A} = (a_{ij})$, deren Inverse existiert, und die adjungierte Matrix $\mathbf{A}_{ad} = (\alpha_{ij})'$.
Dann gilt:

$$\mathbf{A}^{-1} = \frac{1}{|\mathbf{A}|}\,\mathbf{A}_{ad} = \begin{pmatrix} \frac{\alpha_{11}}{|\mathbf{A}|} & \frac{\alpha_{21}}{|\mathbf{A}|} & \cdots & \frac{\alpha_{n1}}{|\mathbf{A}|} \\ \frac{\alpha_{12}}{|\mathbf{A}|} & \frac{\alpha_{22}}{|\mathbf{A}|} & \cdots & \frac{\alpha_{n2}}{|\mathbf{A}|} \\ \cdot & \cdot & \cdots & \cdot \\ \frac{\alpha_{1n}}{|\mathbf{A}|} & \frac{\alpha_{2n}}{|\mathbf{A}|} & \cdots & \frac{\alpha_{nn}}{|\mathbf{A}|} \end{pmatrix}$$

B 19.5.2 Für die in B 18.6.2 invertierte Matrix

$$\mathbf{A} = \begin{pmatrix} 3 & 1 & 6 \\ 2 & 2 & 4 \\ 9 & 3 & 20 \end{pmatrix} \quad \text{mit} \quad |\mathbf{A}| = \begin{vmatrix} 3 & 1 & 6 \\ 2 & 2 & 4 \\ 9 & 3 & 20 \end{vmatrix} = 8$$

erhält man folgende Unterdeterminanten

$$|\mathbf{A}|_{11} = \begin{vmatrix} 2 & 4 \\ 3 & 20 \end{vmatrix} = 28; \quad |\mathbf{A}|_{12} = \begin{vmatrix} 2 & 4 \\ 9 & 20 \end{vmatrix} = 4; \quad |\mathbf{A}|_{13} = \begin{vmatrix} 2 & 2 \\ 9 & 3 \end{vmatrix} = -12;$$

$$|\mathbf{A}|_{21} = \begin{vmatrix} 1 & 6 \\ 3 & 20 \end{vmatrix} = 2; \quad |\mathbf{A}|_{22} = \begin{vmatrix} 3 & 6 \\ 9 & 20 \end{vmatrix} = 6; \quad |\mathbf{A}|_{23} = \begin{vmatrix} 3 & 1 \\ 9 & 3 \end{vmatrix} = 0;$$

$$|\mathbf{A}|_{31} = \begin{vmatrix} 1 & 6 \\ 2 & 4 \end{vmatrix} = -8; \quad |\mathbf{A}|_{32} = \begin{vmatrix} 3 & 6 \\ 2 & 4 \end{vmatrix} = 0; \quad |\mathbf{A}|_{33} = \begin{vmatrix} 3 & 1 \\ 2 & 2 \end{vmatrix} = 4.$$

Die adjungierte Matrix lautet dann

$$\mathbf{A}^{-1} = \frac{1}{8}\begin{pmatrix} 28 & -2 & -8 \\ -4 & 6 & 0 \\ -12 & 0 & 4 \end{pmatrix} = \begin{pmatrix} \frac{7}{2} & -\frac{1}{4} & -1 \\ -\frac{1}{2} & \frac{3}{4} & 0 \\ -\frac{3}{2} & 0 & \frac{1}{2} \end{pmatrix}.$$

Nach R 19.5.1 läßt sich die Inverse einer Matrix nur berechnen, wenn $|\mathbf{A}| \neq 0$, d.h. wenn die Matrix **A** nichtsingulär bzw. regulär ist. (Anderenfalls ergibt sich nämlich eine Division durch Null, und die Inverse existiert nicht.)

Es gilt:

R 19.5.3 Die **Inverse** einer quadratischen Matrix existiert genau dann, wenn $|\mathbf{A}| \neq 0$, d.h. wenn die **Matrix regulär** ist.

Wegen R 19.5.3 sollte man bei der Berechnung der Inversen einer Matrix **A** mittels der adjungierten Matrix gemäß R 19.5.1 immer zunächst die Determinante von **A** berechnen. Verschwindet diese Determinante, dann existiert $\mathbf{A}^{-1}$ nicht, und man kann sich die Berechnung der adjungierten Matrix ersparen.

B 19.5.4 In Beispiel 18.6.5 war die Matrix $\begin{pmatrix} 1 & 5 & 2 & 3 \\ 4 & 9 & 1 & 7 \\ 3 & 4 & -1 & 4 \\ 0 & 11 & 7 & 5 \end{pmatrix}$ gegeben.

Es ist

$$\begin{vmatrix} 1 & 5 & 2 & 3 \\ 4 & 9 & 1 & 7 \\ 3 & 4 & -1 & 4 \\ 0 & 11 & 7 & 5 \end{vmatrix} = 1\begin{vmatrix} 9 & 1 & 7 \\ 4 & -1 & 4 \\ 11 & 7 & 5 \end{vmatrix} - 4\begin{vmatrix} 5 & 2 & 3 \\ 4 & -1 & 4 \\ 11 & 7 & 5 \end{vmatrix} + 3\begin{vmatrix} 5 & 2 & 3 \\ 9 & 1 & 7 \\ 11 & 7 & 5 \end{vmatrix}$$

$$= 1 \cdot 0 - 4 \cdot 0 + 3 \cdot 0 = 0 .$$

Die Inverse existiert nicht. Das wurde in Beispiel 18.6.5 bereits auf andere Art festgestellt.

B 19.5.5 Für Beispiel 18.6.4 gilt (vgl. auch Beispiel 17.7.3):

$$(\mathbf{E} - \mathbf{A}) = \begin{pmatrix} \frac{7}{8} & -\frac{1}{3} & -\frac{1}{7} \\ -\frac{3}{8} & \frac{5}{6} & 0 \\ -\frac{1}{8} & -\frac{1}{3} & \frac{6}{7} \end{pmatrix} \quad \text{und} \quad |\mathbf{E} - \mathbf{A}| = \frac{163}{336}$$

Für die Adjunkten und die adjungierte Matrix erhält man

$$\begin{vmatrix} \frac{5}{6} & 0 \\ -\frac{1}{3} & \frac{6}{7} \end{vmatrix} = \frac{5}{7}; \quad \begin{vmatrix} -\frac{3}{8} & 0 \\ -\frac{1}{8} & \frac{6}{7} \end{vmatrix} = -\frac{9}{28}; \quad \begin{vmatrix} -\frac{3}{8} & \frac{5}{6} \\ -\frac{1}{8} & -\frac{1}{3} \end{vmatrix} = \frac{11}{48};$$

$$\begin{vmatrix} -\frac{1}{3} & -\frac{1}{7} \\ -\frac{1}{3} & \frac{6}{7} \end{vmatrix} = -\frac{1}{3}; \quad \begin{vmatrix} \frac{7}{8} & -\frac{1}{7} \\ -\frac{1}{8} & \frac{6}{7} \end{vmatrix} = \frac{41}{56}; \quad \begin{vmatrix} \frac{7}{8} & -\frac{1}{3} \\ -\frac{1}{8} & -\frac{1}{3} \end{vmatrix} = -\frac{1}{3};$$

$$\begin{vmatrix} -\frac{1}{3} & -\frac{1}{7} \\ \frac{5}{6} & 0 \end{vmatrix} = \frac{5}{42}; \quad \begin{vmatrix} \frac{7}{8} & -\frac{1}{7} \\ -\frac{3}{8} & 0 \end{vmatrix} = -\frac{3}{56}; \quad \begin{vmatrix} \frac{7}{8} & -\frac{1}{3} \\ -\frac{3}{8} & \frac{5}{6} \end{vmatrix} = \frac{29}{48}.$$

$$(\mathbf{E}-\mathbf{A})_{ad} = \begin{pmatrix} \frac{5}{7} & \frac{1}{3} & \frac{5}{42} \\ \frac{9}{28} & \frac{41}{56} & \frac{3}{56} \\ \frac{11}{48} & \frac{1}{3} & \frac{29}{48} \end{pmatrix}$$

Für die Inverse ergibt sich damit

$$(\mathbf{E}-\mathbf{A})^{-1} = \frac{336}{163} \begin{pmatrix} \frac{5}{7} & \frac{1}{3} & \frac{5}{42} \\ \frac{9}{28} & \frac{41}{56} & \frac{3}{56} \\ \frac{11}{48} & \frac{1}{3} & \frac{29}{48} \end{pmatrix} = \frac{1}{163} \begin{pmatrix} 240 & 112 & 40 \\ 108 & 246 & 18 \\ 77 & 112 & 203 \end{pmatrix}.$$

Aufgaben

Ü 19.5.1 Bestimme die Inverse folgender Matrizen mit Hilfe der adjungierten Matrix:

a) $\mathbf{A} = \begin{pmatrix} 1 & 3 & 3 \\ 1 & 4 & 3 \\ 1 & 3 & 4 \end{pmatrix}$; b) $\mathbf{B} = \begin{pmatrix} 2 & 0 & 1 \\ 0 & 1 & -1 \\ 0 & -1 & 2 \end{pmatrix}$.

Ü 19.5.2 In der Matrizengleichung $\mathbf{A} = \mathbf{BC}$ sind $\mathbf{A}$ und $\mathbf{C}$ bekannt.

$\mathbf{A} = \begin{pmatrix} 1 & -1 & 5 \\ -3 & 2 & 1 \\ 1 & 1 & 1 \end{pmatrix}$; $\mathbf{C} = \begin{pmatrix} 2 & 1 & 3 \\ 4 & -1 & 1 \\ 0 & 1 & 2 \end{pmatrix}$.

Bestimme **B**.

20. Grundzüge der linearen Optimierung

20.1 Vorbemerkung

Ein wichtiges Teilgebiet der Wirtschaftswissenschaften ist die Unternehmensforschung (Operations Research). Darunter versteht man die Anwendung mathematischer Methoden auf die Lösung wirtschaftlicher Entscheidungsprobleme. Viele der in den vorhergehenden Abschnitten behandelten Aufgabenstellungen und Verfahren werden innerhalb des Operations Research ausführlich behandelt.

Zur Behandlung wirtschaftlicher Entscheidungsaufgaben wurden auch spezielle mathematische Verfahren entwickelt. Das bekannteste ist die **lineare Optimierung,** häufig auch **lineare Programmierung** genannt. Sie wird auf die Lösung von Problemen angewendet, bei denen Extremwerte einer linearen Funktion gesucht werden, unter Beachtung von Beschränkungen oder Nebenbedingungen in Form linearer Ungleichungen oder Gleichungen.

In diesem und dem nächsten Kapitel werden die Grundzüge der linearen Optimierung behandelt. Da dazu lineare Ungleichungen in mehreren Variablen und die graphische Darstellung von Ungleichungen in zwei Variablen benötigt werden, wird darauf zunächst eingegangen.

20.2 Lineare Ungleichungen mit mehreren Variablen

Im Kapitel 10 der "Elementaren Grundlagen" wurden Ungleichungen mit einer Variablen behandelt. Ebenso wie es lineare Gleichungen mit mehreren Variablen gibt, gibt es auch lineare Ungleichungen mit mehreren Variablen. Dabei treten, wie bei linearen Gleichungen, die Variablen nur in der ersten Potenz auf, und es kommen keine Produkte der Variablen vor.

D 20.2.1

Eine Beziehung der Form

$$a_1x_1 + a_2x_2 + \ldots + a_nx_n \leqq b \text{ bzw. } \sum_{i=1}^{n} a_ix_i \leqq b$$

oder

$$a_1x_1 + a_2x_2 + \ldots + a_nx_n \geqq b \text{ bzw. } \sum_{i=1}^{n} a_ix_i \geqq b$$

heißt **lineare Ungleichung.**

Unter Verwendung der Vektoren $\mathbf{a}' = (a_1, a_2, \ldots, a_n)$ und $\mathbf{x}' = (x_1, \ldots, x_n)$ kann man auch schreiben: $\mathbf{a}'\mathbf{x} \leqq b$ oder $\mathbf{a}'\mathbf{x} \geqq b$.

Anstelle von $\leqq$ bzw. $\geqq$ kann auch < oder > gelten.

Das folgende Beispiel zeigt eine wirtschaftliche Anwendung von linearen Ungleichungen mit mehreren Variablen, wie sie auch bei der linearen Optimierung vorkommt.

B 20.2.2 Eine Unternehmung habe eine Maschine, die bei normaler Arbeitszeit 2400 Minuten in der Woche für die Produktion zur Verfügung steht. Die Unternehmung produziert mit Hilfe der Maschine zwei Güter G_1 und G_2. Die Bearbeitung einer Einheit des Gutes G_1 auf der Maschine dauert 6 Minuten und die Bearbeitung einer Einheit des Gutes G_2 10 Minuten. Die wöchentlichen Produktionsmengen der beiden Güter seien mit x_1 und x_2 bezeichnet.

Produziert die Unternehmung nur das Gut G_1, so können offensichtlich in einer Woche maximal 400 Stück (2400:6) hergestellt werden. Es gilt dann $0 \leqq x_1 \leqq 400$. Der Bereich der möglichen Produktionsmengen wird also durch eine doppelte Ungleichung angegeben. Wird nur das zweite Gut hergestellt, so folgt $0 \leqq x_2 \leqq 240$.

Werden beide Güter produziert, so wird die Maschine $6x_1$ Minuten in der Woche für die Produktion des ersten Gutes und $10x_2$ Minuten in der Woche für die Produktion des zweiten Gutes beansprucht.
Insgesamt wird also die Maschine in $6x_1+10x_2$ Minuten für die Produktion genutzt. Diese produktive Zeit kann höchstens 2400 Minuten betragen, d.h. es gilt $6x_1+10x_2 \leqq 2400$.

Lösungen dieser Ungleichung sind alle Wertepaare (x_1,x_2), für die die Ungleichung erfüllt ist. Also beispielsweise $x_1 = 10$, $x_2 = 200$, da $6 \cdot 10+10 \cdot 200 \leqq 2400$ ist.
In dieser einfachen Ungleichung in zwei Variablen, nämlich x_1 und x_2, kommt die Beschränkung der Produktionsmengen zum Ausdruck, die durch die begrenzte Maschinenzeit entsteht. Man spricht hier von einer sogenannten Kapazitätsbedingung oder -beschränkung.
Sollen alle zulässigen bzw. möglichen Mengenkombinationen beschrieben werden, dann sind dazu noch die beiden Ungleichungen $x_1 \geqq 0$ und $x_2 \geqq 0$ erforderlich. Diese Ungleichungen, die angeben, daß beide Variablen nicht negativ werden können, bezeichnet man als **Nichtnegativitätsbedingungen.** Alle Kombinationen von Produktionsmengen (x_1,x_2), die die Ungleichungen $6x_1+10x_2 \leqq 2400$, $x_1 \geqq 0$ und $x_2 \geqq 0$ erfüllen, können von der Unternehmung in einer Woche produziert werden.

Ungleichungen mit zwei Variablen können graphisch veranschaulicht werden. Während sich bei einer Ungleichung mit einer Variablen ein Intervall auf der Zahlengeraden ergibt (vgl. "Elementare Grundlagen" F 10.5.2 und

F 10.5.3), beschreiben lineare Ungleichungen mit zwei Variablen einen durch eine Gerade begrenzten Teil der Ebene.

R 20.2.3

> Die Lösungsmenge der Ungleichung $a_1x_1+a_2x_2 \leqq b$ ist graphisch in einem rechtwinkligen (x_1,x_2)-Koordinatensystem ein durch die Gerade $a_1x_1+a_2x_2 = b$ begrenzter Teil der Ebene.

Man spricht in diesem Zusammenhang auch von einer sogenannten **Halbebene.** Durch eine Gerade wird die Ebene in zwei Halbebenen geteilt.

Um festzustellen, welches Zeichen (< oder >) in einer durch die (Begrenzungs-) Gerade erhaltenen Halbebene gilt, wähle man einen beliebigen Punkt aus der Halbebene und prüfe, welches Zeichen für diesen Punkt gilt. Für alle anderen Punkte dieser Halbebene gilt dann dasselbe Zeichen.

B 20.2.4 Um die möglichen Produktionsmengen aus B 20.2.2 zu zeichnen, ist zunächst die zu $6x_1+10x_2 = 2400$ gehörige Gerade darzustellen. Das geschieht am einfachsten dadurch, daß man die Achsenschnittpunkte bestimmt, diese verbindet und die Verbindungslinie verlängert. Für $x_1 = 0$ ergibt sich $x_2 = 240$ und für $x_2 = 0$ erhält man $x_1 = 400$ (vgl. Figur 20.2.5a). Der schraffierte Bereich ist dann der, der durch die Ungleichung $6x_1+10x_2 \leqq 2400$ beschrieben wird.

Um nun alle zulässigen Kombinationen der Produktionsmengen graphisch darzustellen, müssen noch die beiden Nichtnegativitätsbedingungen $x_1 \geqq 0$ und $x_2 \geqq 0$ berücksichtigt werden. Zu $x_1 \geqq 0$ gehört die x_2-Achse und die Fläche rechts davon und zu $x_2 \geqq 0$ die x_1-Achse und die Fläche darüber. Für die möglichen Produktmengenkombinationen ergibt sich dann die in F 20.2.5b schraffierte Fläche.

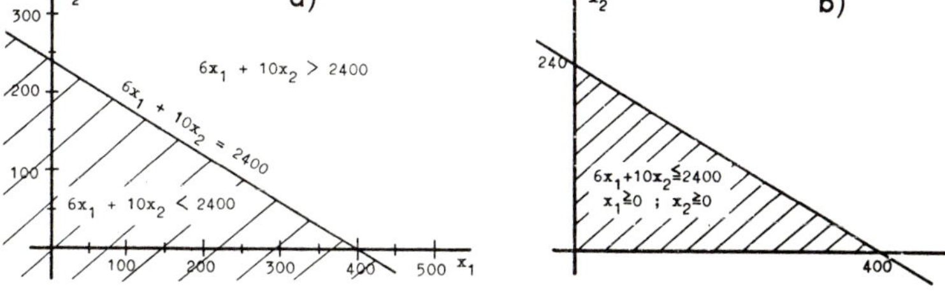

F 20.2.5

Aufgaben

Ü 20.2.1 Eine Unternehmung produziert zwei Güter in den Mengen x_1 und x_2. Die Herstellung erfolgt so, daß jedes Stück auf den beiden Maschinen A und B bearbeitet wird. Für die Bearbeitungszeiten je Stück ergeben sich folgende Werte:

		1. Gut	2. Gut
Bearbeitungszeit	A	2 Minuten	5 Minuten
auf der Maschine	B	6 Minuten	3 Minuten

Die wöchentliche Arbeitszeit beträgt 40 Stunden oder 2400 Minuten. Beschreibe die in einer Woche produzierbaren Mengen durch Ungleichungen. Stelle die produzierbaren Mengen graphisch dar.

Ü 20.2.2 Gegeben ist folgendes System von Ungleichungen in zwei Unbekannten:
(I) $x_1+x_2 \geqq 9$; (II) $-x_1+x_2 \leqq 3$; (III) $-2x_1+x_2 \geqq -8$; (IV) $2x_1+x_2 \leqq 20$.
Stelle die Menge der Kombinationen von x_1 und x_2, die das System der Ungleichungen erfüllen, graphisch dar.

Ü 20.2.3 Ein Geflügelfarmer verfüttert zwei Sorten von Futter. Jedes kg der ersten Sorte A enthält 0,1 kg Eiweiß, 0,2 kg Fett und 0,1 kg Kohlehydrate. In der zweiten Sorte B sind 0,2 kg Eiweiß, 0,1 kg Fett und 0,6 kg Kohlehydrate enthalten. Der Rest jeder Sorte besteht aus unverdaulichen Stoffen. Der Farmer möchte nun aus den Futterstoffen A und B eine Mischung C herstellen, die **insgesamt mindestens** 1 kg Eiweiß, 0,8 kg Fett und 1,8 kg Kohlehydrate enthält.
Beschreibe die zur Mischung eines Futters mit den verlangten Mindestmengen an Eiweiß, Fett und Kohlehydraten zulässigen Mengen der Futtermittel A und B durch ein System von Ungleichungen.
Stelle die zulässigen Mengenkombinationen der beiden Futtermittel graphisch dar.

Ü 20.2.4 In einer Möbelfabrik werden in einem gegebenen Zeitraum Tische und Stühle in den Mengen x_1 und x_2 hergestellt. Beide Produkte werden auf Sägemaschinen, Hobelmaschinen und anschließend in der Lackiererei bearbeitet. Die Kapazitäten der Maschinen und der Lackiererei werden durch die Zeit, in der sie während des betrachteten Zeitraumes zur Verfügung stehen, angegeben. Die verfügbaren Kapazitäten sowie die Bearbeitungszeiten je Stuhl bzw. Tisch auf den beiden Maschinen und in der Lackiererei sind in der folgenden Tabelle zusammengestellt:

	Bearbeitungszeit für		verfügbare
	1 Stuhl	1 Tisch	Kapazität
Sägemaschinen	2 Std.	5 Std.	1000 Std.
Hobelmaschinen	5 Std.	4 Std.	1000 Std.
Lackiererei	2 Std.	1 Std.	320 Std.

a) Beschreibe alle Mengenkombinationen von Tischen und Stühlen, die von der Möbelfabrik innerhalb des Zeitraumes hergestellt werden können, durch ein System von Ungleichungen.
b) Stelle den Bereich der realisierbaren Mengenkombinationen graphisch dar.
c) Gibt es eine (oder mehrere) Mengenkombination(en), bei der alle Kapazitäten voll ausgelastet sind?
d) Wie kann man, für den Fall, daß es nicht möglich ist, alle Kapazitäten zur gleichen Zeit voll auszulasten, eine Vollauslastung aller Kapazitäten herbeiführen?

20.3 Graphische Einführung in die lineare Optimierung an einem Beispiel

Es wird ein Betrieb betrachtet, in dem die Produkte X_1 und X_2 zur Fertigung die Maschinentypen A, B und C passieren müssen. Die wöchentliche Arbeitszeit des Betriebes beträgt 40 Stunden. Für die Bearbeitung einer Produkteinheit auf den Maschinen ergeben sich die in der folgenden Tabelle zusammengestellten Werte, aus der auch die Anzahl der vorhandenen Maschinen jedes Typs zu entnehmen ist:

		Produkt		Anzahl der vorhandenen Maschinen	Maschinenkapazität
		X_1	X_2		
Maschinentyp	A	2 h/Stück	1 h/Stück	5	200 h/Woche
	B	1 h/Stück	1 h/Stück	3	120 h/Woche
	C	1 h/Stück	3 h/Stück	6	240 h/Woche

Den Angaben der Tabelle ist zu entnehmen, daß bei Vollauslastung der Maschinen A, B bzw. C in einer Woche auf den einzelnen Maschinen z.B. die folgenden Mengenkombinationen hergestellt werden können:

auf A		auf B		auf C	
Stück X_1	Stück X_2	Stück X_1	Stück X_2	Stück X_1	Stück X_2
100	0	120	0	240	0
80	40	100	20	180	20
50	100	60	60	120	40
20	160	20	100	60	60
0	200	0	120	0	80

Natürlich ist es auch möglich, solche Mengenkombinationen zu bearbeiten, die unterhalb der Kapazitätsgrenze liegen.

Die Angaben in den Tabellen gelten für die isolierte Betrachtung eines Maschinentyps. Für den Gesamtbetrieb kommen jedoch nur solche

Mengenkombinationen in Frage, die gleichzeitig auf allen drei Maschinen durchgeführt werden können. Dabei wird unterstellt, daß halbfertige Fabrikate nicht zwischengelagert werden können bzw. daß alle Produkte auf allen 3 Maschinen vollständig bearbeitet werden.

Um einen Überblick über die in einer Woche gleichzeitig realisierbaren Mengenkombinationen zu erhalten, sollen die Möglichkeiten graphisch aufgezeigt werden. Dazu werden die wöchentlichen Stückzahlen von X_1 mit x_1 bezeichnet und die von X_2 mit x_2.

Für die Bearbeitung einer Einheit von X_1 benötigt die Maschine A 2 Stunden. Sie wird also insgesamt $2x_1$ Std. für die Herstellung des ersten Produktes eingesetzt. Für die Bearbeitung des zweiten Produktes läuft sie entsprechend x_2 Std. Insgesamt wird sie dann $2x_1+x_2$ Stunden in Anspruch genommen. Die bei Vollauslastung auf Maschine A möglichen Produktionsmengenkombinationen werden dann durch die folgende Gleichung gegeben:

G 20.3.1 $$2x_1 + x_2 = 200.$$

Dabei sind nur solche Werte für x_1 und x_2 zugelassen, die größer als 0 sind, d.h. es muß gelten $x_1 \geqq 0$ und $x_2 \geqq 0$.

Die Maschine A muß nun aber nicht voll ausgelastet sein, sondern es sind auch Produktionsmengenkombinationen (x_1,x_2) zulässig, deren benötigte Maschinenzeit unter der verfügbaren Zeit von 200 Stunden liegt. Man erhält somit alle zulässigen Kombinationen (x_1,x_2) für A durch die Ungleichung

G 20.3.2 $$2x_1 + x_2 \leqq 200 \qquad \text{(Maschine A)}$$

mit $x_1 \geqq 0$ und $x_2 \geqq 0$.

Die graphische Interpretation findet man in der Figur 20.3.3.

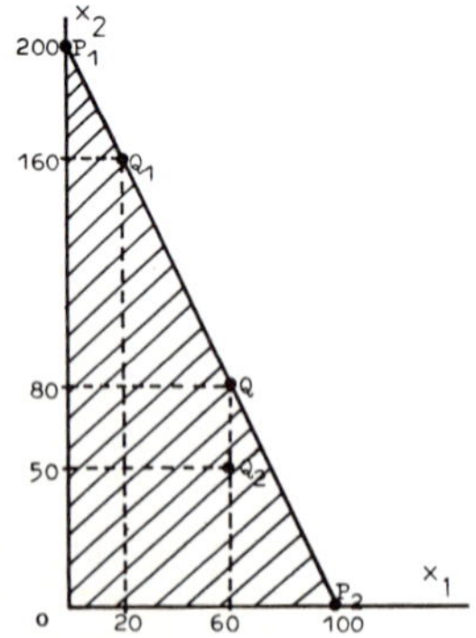

F 20.3.3

In einem (x_1,x_2)-Koordinatensystem können die zulässigen Mengenkombinationen über die graphische Darstellung von Ungleichungen dargestellt werden. Die maximalen auf A in einer Woche herstellbaren Mengen liegen auf der Strecke $\overline{P_1P_2}$, die der Gleichung 20.3.1 entspricht. So bedeutet z.B. der Punkt Q_1 auf dieser Strecke mit den Koordinaten x_1=20, x_2=160 die Bearbeitung von 20 Stück des Produktes X_1 und 160 Stück des Produktes X_2.

Da auch eine Nicht-Vollausnutzung der Maschine möglich ist, sind alle auf Maschine A realisierbaren Kombinationen durch die Punkte des schraffierten Dreiecks OP_1P_2 dargestellt. Dabei sind die beiden Nichtnegativitätsbedingungen $x_1 \geqq 0$ und $x_2 \geqq 0$ bereits berücksichtigt (Beschränkung auf den ersten Quadranten). Der Punkt Q_2 entspricht der Kombination $x_1 = 60$, $x_2 = 50$; sie ist auf A durchführbar, es entstehen dabei aber Leerzeiten, denn bei $x_1 = 60$ Stück je Woche könnte man bis zu $x_2 = 80$ Stück bearbeiten. Die Leerzeit beträgt $200-2 \cdot 60-50 = 30$ Stunden.

Durch entsprechende Überlegungen erhält man zu den Maschinen B und C als Bedingungen für die Vollauslastung die Gleichungen:

G 20.3.4 $$x_1 + x_2 = 120$$

G 20.3.5 $$x_1 + 3x_2 = 240.$$

In F 20.3.9 entsprechen diese Gleichungen den Strecken $\overline{P_3P_4}$ und $\overline{P_5P_6}$, wenn man noch $x_1 \geqq 0$, $x_2 \geqq 0$ berücksichtigt. Die mit der Maschine B bzw. C realisierbaren Kombinationen (x_1,x_2) entsprechen den Punkten des Dreiecks OP_2P_4 bzw. des Dreiecks OP_5P_6. Diese Dreiecke gehören zu den Ungleichungen

G 20.3.6 $$x_1 + x_2 \leqq 120$$ (Maschine B) und

G 20.3.7 $$x_1 + 3x_2 \leqq 240$$ (Maschine C),

jeweils mit den Bedingungen

G 20.3.8 $$x_1 \geqq 0, x_2 \geqq 0.$$

Da jedoch der Betrieb nur ein Produktionsprogramm verwirklichen kann, dessen Mengenkombination auf allen drei Maschinen gleichzeitig bearbeitbar ist, so ist seine realisierbare Produktion auf jene Punkte im (x_1,x_2)-Koordinatensystem beschränkt, die sowohl im Dreieck OP_1P_2 als auch in den Dreiecken OP_3P_4 und OP_5P_6 liegen. Die allen Dreiecken gemeinsame Fläche wird durch das in Figur 20.3.9 schraffierte Fünfeck $OP_5P_7P_8P_2$ gebildet. Analytisch wird dieses Fünfeck durch die Ungleichungen 20.3.2, 20.3.6, 20.3.7 und 20.3.8 beschrieben.

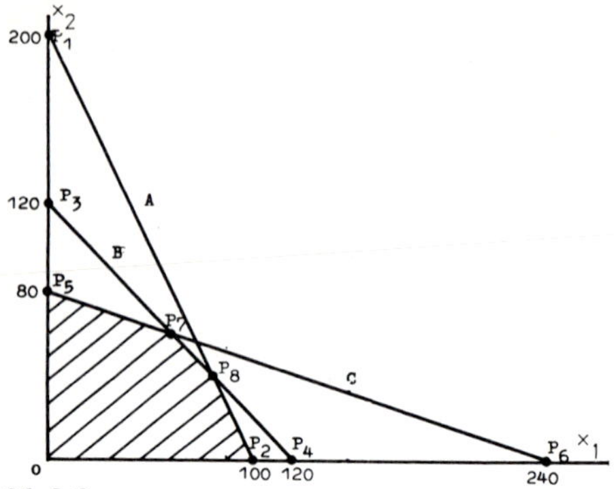

F 20.3.9

Die technischen Möglichkeiten des betrachteten Betriebes sind damit graphisch und analytisch dargestellt. Der Inhaber dieses Betriebes steht jedoch vor der Frage, für welche der zahlreichen technischen Möglichkeiten er sich bei seinem Produktionsprogramm entscheiden soll. Unterstellt man als Ziel der Unternehmung die Erzielung eines maximalen Gewinns, so müssen die "Stückgewinne" g_1 und g_2 (worunter hier die Differenz zwischen gegebenen Absatzpreisen und Materialkosten je Stück verstanden wird und wobei die übrigen Kosten als konstant unterstellt werden) bekannt sein. Ist etwa $g_1 = 2$ DM und $g_2 = 3$ DM, dann ergibt sich der Wochengewinn zu

G 20.3.10 $$G = 2x_1 + 3x_2.$$

Alle Mengenkombinationen (x_1,x_2), die zu einem bestimmten Gewinn G_0 führen, entsprechen einer Geraden im (x_1,x_2)-Koordinatensystem: Der Anstieg dieser Geraden ist durch das Verhältnis der Stückgewinne g_1 und g_2 festgelegt. Einen Gewinn von 150 kann man z.B. mit den folgenden Mengenkombinationen erzielen:

Gewinn: G = 150

x_1 Stück von X_1	x_2 Stück von X_2
0	50
15	40
30	30
45	20
60	10
75	0

Alle genannten Mengenkombinationen liegen auf einer Geraden der Form

$$2x_1 + 3x_2 = 150.$$

Allgemein liegen alle Mengenkombinationen der beiden Produkte, die zu einem Gewinn in Höhe von G_0 führen, auf einer Geraden der Form

$$2x_1 + 3x_2 = G_0.$$

Diese Geraden gleichen Gewinns, die man auch als **Isogewinngeraden**

bezeichnet, sind sämtlich parallel zueinander. Je weiter eine Isogewinngerade vom Nullpunkt des Koordinatensystems entfernt liegt, desto höher ist der Gewinn, der dazu gehört. Vgl. hierzu auch die Ausführungen über die Darstellung einer linearen Funktion mit zwei unabhängigen Variablen in Band I, Abschnitt 7.2.
In der Figur 20.3.11 sind neben dem Fünfeck der technisch möglichen Kombinationen vier Isogewinnlinien eingezeichnet, und zwar für G_1 = 100 DM, G_2 = 200 DM, G_3 = 300 DM und G_4 = 400 DM.

Zur Ermittlung des Produktionsprogramms, das zum größtmöglichen Gewinn führt, ist der Punkt in dem Fünfeck der zulässigen Mengenkombinationen zu bestimmen, zu dem der größte Gewinn gehört. Dieser liegt auf einer möglichst weit vom Koordinatenursprung entfernten Isogewinngeraden.

Wie die Figur 20.3.11 erkennen läßt, gibt es unter den geschilderten Voraussetzungen eine und nur eine gewinnmaximale Kombination, dargestellt durch den Punkt P_7 mit den Koordinaten $x_1 = 60$, $x_2 = 60$. Im Punkt P_7 ist

$$G = 2 \cdot 60 + 3 \cdot 60 = 300.$$

Das gewinnmaximale Produktionsprogramm kann man graphisch allgemein dadurch finden, daß eine durch den Bereich der zulässigen Mengenkombinationen gehende Isogewinngerade solange parallel verschoben wird, bis der zulässige Bereich verlassen wird. An der "Grenze" (in F 20.3.11 Punkt P_7) liegt die Lösung.

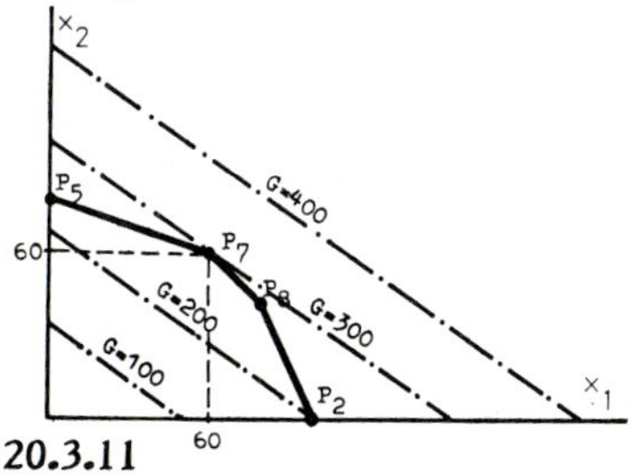

F 20.3.11

Bei anderen Proportionen der "Stückgewinne" ergeben sich andere Gewinnmaxima. Ist etwa g_1 = 3 DM, g_2 = 2 DM, dann ergeben sich Isogewinngeraden wie in Figur 20.3.12. Es gilt bei diesen Werten für g_1 und g_2

$$G = 3x_1 + 2x_2.$$

Das Gewinnmaximum liegt hier im Punkt P_8 mit den Koordinaten $x_1 = 80$, $x_2 = 40$ und $G = 3 \cdot 80 + 2 \cdot 40 = 320$.
Für g_1 = 2 DM, g_2 = 8 DM ist das Gewinnmaximum im Punkt P_5, also $x_1 = 0$, $x_2 = 80$, $G = 640$. Den Punkt P_2 erhält man als Lösung beispielsweise bei g_1 = 8 DM und g_2 = 2 DM.

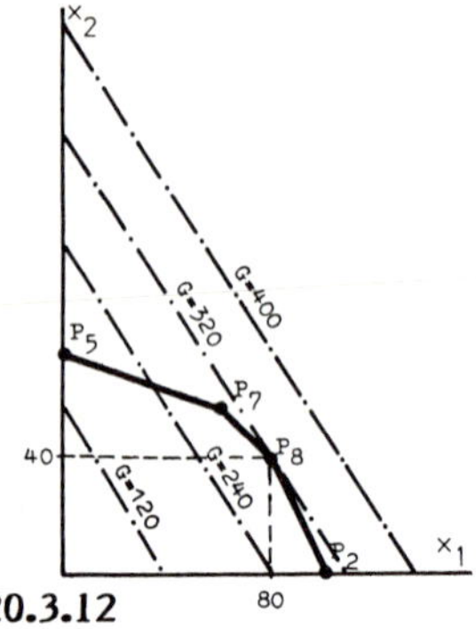

F 20.3.12

Bei den soeben angenommenen vier Wertepaaren (g_1, g_2) der Stückgewinne wurden die Gewinnmaxima jeweils in einem Eckpunkt des Fünfecks $OP_5P_7P_8P_2$ angenommen, das Maximierungsproblem hatte eine eindeutige Lösung. Man beachte dabei, daß die Lage des Gewinnmaximums bei gegebenen Beschränkungen nicht von den absoluten Werten, sondern nur vom Verhältnis der Stückgewinne abhängt. Das sieht man sofort, wenn man die Gewinnfunktion

$G = g_1x_1 + g_2x_2$ in der Form $x_2 = -\frac{g_1}{g_2}x_1 + \frac{G}{g_2}$ schreibt, wobei $-\frac{g_1}{g_2}$

die Steigung der Gewinngeraden angibt. Hat man für gegebene Stückgewinne ein bestimmtes Gewinnmaximum erreicht, dann kann man das Verhältnis der Stückgewinne in bestimmten Grenzen variieren, ohne die Lage des Optimums zu verändern. Überschreitet man diese Grenze, so verschiebt sich das Optimum zu einem anderen Punkt. Da man bei der Behandlung derartiger Fragestellungen einen Parameter des Problems (hier das Gewinnverhältnis) variiert, spricht man in diesem Zusammenhang von **parametrischer linearer Optimierung.**

Es gibt jedoch auch Fälle mit mehreren gewinnmaximalen Produktionsverfahren. Sei etwa $g_1 = g_2 = 2$ DM, dann verlaufen die Isogewinngeraden parallel zur Strecke $\overline{P_7P_8}$ (vgl. F 20.3.13) und die Isogewinngerade mit $G_3 = 240$ fällt mit der durch P_7 und P_8 gehenden Geraden zusammen.

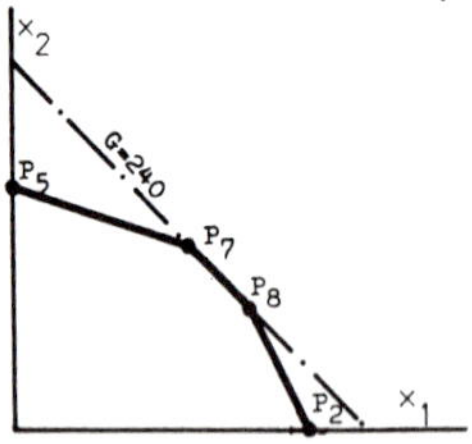

F 20.3.13

Alle Punkte der Strecke $\overline{P_7P_8}$ führen also zu demselben Gewinn, und zwar zum Maximalgewinn von G = 240. Bei den "Stückgewinnen" $g_1 = 2$ DM, $g_2 = 6$ DM bzw. $g_1 = 4$ DM, $g_2 = 2$ DM liegen die Gewinnmaxima auf den Strecken $\overline{P_5P_7}$ bzw. $\overline{P_8P_2}$.

Wenn wie hier mehrere Mengenkombinationen zu dem gleichen maximalen Gewinn führen, spricht man von einer **mehrdeutigen Lösung.**

In keinem der Fälle werden im Gewinnmaximum alle drei Maschinen A, B, C voll ausgenutzt. Beispielsweise ergeben sich im ersten Fall bei $g_1 = 2$ DM, $g_2 = 3$ DM Leerzeiten der Maschine A. Wie oben gezeigt wurde, ist unter diesen Umständen das Gewinnmaximum im Punkt P_7 gegeben; P_7 liegt auf den Strecken $\overline{P_3P_4}$ und $\overline{P_5P_6}$. Sie stellen laut Figur

20.3.9 Kombinationen voller Ausnutzung der Maschinen B bzw. C dar, aber P_7 liegt im Innern des Dreiecks OP_1P_2, dessen Seite $\overline{P_1P_2}$ der Vollauslastung der Maschine A entspricht.
Erhöht man die Kapazität der Maschine B auf 128 Stunden, dann schneiden sich alle 3 Beschränkungsgeraden in einem Punkt. Gegenüber Figur 20.3.9 hat man dann folgendes Bild (Figur 20.3.14), wobei Figur 20.3.9 nur entsprechend ergänzt wurde.

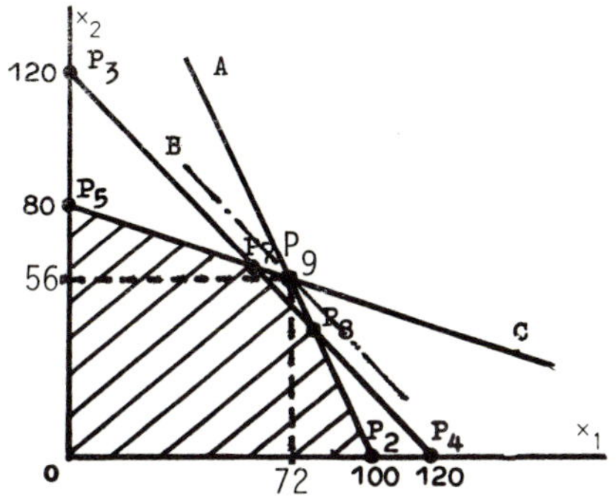

F 20.3.14

In dem Schnittpunkt P_9 aller Geraden gilt $x_1 = 72$ und $x_2 = 56$, und bei diesen Mengen sind alle Maschinen voll ausgelastet. Man sieht an der Zeichnung sofort, daß im Fall der Figur 20.3.14 die Kapazitätsbeschränkung der Maschine B überflüssig ist, da sie gegenüber den Beschränkungen durch A und C keine zusätzlichen Informationen liefert.
Man spricht in einem solchen Fall auch von **Degeneration** bzw., wenn die Lösung in P_9 liegt, von einer **degenerierten Lösung.**

Anstelle eines konvexen Fünfecks hätte man bei einer noch größeren Anzahl von Arbeitsgängen konvexe Sechsecke, Siebenecke usw. als Bereich für die technisch möglichen Kombinationen erhalten.
Der geometrischen Problemstellung entspricht die folgende analytische:
Unter den Bedingungen

$$2x_1 + x_2 \leqq 200$$
$$x_1 + x_2 \leqq 120$$
$$x_1 + 3x_2 \leqq 240$$
$$x_1 \geqq 0,\ x_2 \geqq 0$$

sind die Zahlenpaare (x_1, x_2) zu bestimmen, für die die lineare Gewinnfunktion (Zielfunktion)

$$G = 2x_1 + 3x_2$$

maximal ist. Eine solche Aufgabenstellung ist typisch für die Probleme der linearen Optimierung.

Die graphische Darstellung der Zusammenhänge und die Ableitung einer Lösung auf graphischem Wege ist bei zwei Produkten, so wie es im vorliegenden Beispiel der Fall ist, leicht möglich. Bei drei Produkten bereitet die graphische Darstellung und Lösung schon erhebliche Schwierigkeiten, da man von der Darstellung in der Ebene zur Darstellung im dreidimensionalen Raum übergehen muß. Bei vier und mehr Produkten ist

eine graphische Darstellung überhaupt nicht mehr möglich.
Graphisch lassen sich also nur sehr einfache Beispiele lösen. Es existieren aber verschiedene analytische Lösungsverfahren, von denen das bekannteste die Simplex-Methode ist. Auf sie wird im übernächsten Abschnitt näher eingegangen. Zuvor wird im folgenden die dem behandelten Beispiel zugrunde liegende Maximierungsaufgabe der linearen Optimierung allgemein formuliert.

Aufgaben

Ü 20.3.1 Eine Unternehmung produziert zwei Güter in den Mengen x_1 und x_2. Bei der Produktion werden die Maschinen A, B und C eingesetzt, und zwar maximal 200 Stunden im Monat. Die Bearbeitungszeiten in Stunden pro Stück betragen:

	x_1	x_2
Maschine A	4	4
Maschine B	8	4
Maschine C	2	10

a) Beschreibe die in einem Monat produzierbaren Mengenkombinationen durch ein System von Ungleichungen.
b) Stelle die zulässigen Mengenkombinationen graphisch dar.
c) Welche Kapazitätsbeschränkung ist überflüssig?

Ü 20.3.2 Gesucht ist das Maximum der Funktion $G = 2x_1+3x_2$ unter Berücksichtigung der Nebenbedingungen

$$x_1 + x_2 \leqq 15;\; x_1 + 2x_2 \leqq 20;\; x_1 \geqq 0;\; x_2 \geqq 0.$$

a) Stelle die Wertepaare (x_1,x_2), die die Nebenbedingungen erfüllen, graphisch dar.
b) Stelle die Zielfunktion für G = 18 und G = 30 graphisch dar.
c) Bestimme graphisch das Maximum von G.

Ü 20.3.3 In einem Betrieb werden die Produkte X_1 und X_2 nacheinander auf den Maschinen A, B und C bearbeitet. Die Maschinenzeit bei A ist für X_1 doppelt so groß wie für X_2, bei B sind die Maschinenzeiten gleich und bei C ist die Maschinenzeit für X_2 dreimal so groß wie für X_1. Auf A können in der Woche maximal 60 Stück von X_1 oder 120 Stück von X_2 bearbeitet werden. Auf Maschine B können in einer Woche höchstens 70 Stück von X_1 oder X_2 bearbeitet werden und auf Maschine C 150 Stück X_1 oder 50 Stück X_2 je Woche.

a) Beschreibe alle Mengenkombinationen (x_1,x_2) der beiden Produkte, die in einer Woche produziert werden können, durch ein System von

Ungleichungen.
b) Stelle den Bereich der realisierbaren Mengenkombinationen graphisch dar.
c) Gibt es eine (oder mehrere) Mengenkombination(en), bei der (denen) alle Maschinen voll ausgelastet sind?
d) Wenn es keine gleichzeitige Vollauslastung aller Maschinen gibt, kann man sie durch Veränderung der wöchentlichen Einsatzzeit der Maschine B erreichen. Um wieviel Stunden muß die Einsatzzeit der Maschine B verändert werden, wenn man davon ausgeht, daß in der ursprünglichen Aufgabenstellung die wöchentliche Einsatzzeit 40 Stunden beträgt?
e) Für das Produkt X_1 erzielt das Unternehmen einen Stückgewinn von $g_1 = 10$ DM und für das Produkt X_2 einen Stückgewinn von $g_2 = 15$ DM. Zeichne die Isogewinngeraden für $G_1 = 300$, $G_2 = 600$, $G_3 = 900$ und $G_4 = 1200$ und bestimme graphisch die gewinnmaximale Mengenkombination der beiden Produkte.

20.4 Die allgemeine Formulierung der Maximumaufgabe der linearen Optimierung

Dem im vorhergehenden Abschnitt besprochenen Beispiel liegt folgende allgemeine Aufgabe zugrunde

D 20.4.1

Allgemeines Maximierungsproblem der linearen Programmierung

Gegeben ist die lineare Funktion (**Zielfunktion**)

$$G = g_1x_1 + g_2x_2 + \dots + g_nx_n = \sum_{j=1}^{n} g_jx_j.$$

Gesucht sind reelle Zahlen x_j $(j=1,\dots,n)$, für die der Wert der Zielfunktion maximal wird und die den folgenden Nebenbedingungen genügen:

$$a_{11}x_1 + a_{12}x_2 + \dots + a_{1n}x_n \leqq b_1 \text{ bzw. } \sum_{j=1}^{n} a_{1j}x_j \leqq b_1$$

$$a_{21}x_1 + a_{22}x_2 + \dots + a_{2n}x_n \leqq b_2 \text{ bzw. } \sum_{j=1}^{n} a_{2j}x_j \leqq b_2$$

$$\cdot \quad \cdot \quad \dots \quad \cdot \quad \cdot \quad \dots \quad \cdot \quad \cdot$$

$$a_{m1}x_1 + a_{m2}x_2 + \dots + a_{mn}x_n \leqq b_m \text{ bzw. } \sum_{j=1}^{n} a_{mj}x_j \leqq b_m$$

und den Nichtnegativitätsbedingungen $x_j \geqq 0$ $(j=1,\dots,n)$

mit $a_{ij} \in \mathbb{R}$, $g_j \in \mathbb{R}$, $b_i \in \mathbb{R}$ $(j=1,\dots,n;\ i=1,\dots,m)$

Unter Verwendung von Matrizen erhält man anstelle von D 20.4.1

D 20.4.2

Maximiere

$$G = (g_1, g_2, \ldots, g_n) \begin{pmatrix} x_1 \\ x_2 \\ \vdots \\ x_n \end{pmatrix} \quad \text{bzw.} \quad G = \mathbf{g'x},$$

unter den Bedingungen

$$\begin{pmatrix} a_{11} & a_{12} & \cdots & a_{1n} \\ a_{21} & a_{22} & \cdots & a_{2n} \\ \cdot & \cdot & \cdots & \cdot \\ a_{m1} & a_{m2} & \cdots & a_{mn} \end{pmatrix} \begin{pmatrix} x_1 \\ x_2 \\ \cdot \\ x_n \end{pmatrix} \leqq \begin{pmatrix} b_1 \\ b_2 \\ \cdot \\ b_m \end{pmatrix} \quad \text{bzw.} \quad \mathbf{Ax} \leqq \mathbf{b}.$$

und den Nichtnegativitätsbedingungen

$$(x_1, x_2, \ldots, x_n) \geqq (0, 0, \ldots, 0) \quad \text{bzw.} \quad \mathbf{x} \geqq \mathbf{0}.$$

Für die numerische Behandlung der Maximierungsaufgabe mit der im folgenden Abschnitt dargestellten Simplexmethode werden die Ungleichungen der Beschränkungen durch Einführung nichtnegativer **Hilfs- oder Schlupfvariablen** in Gleichungen überführt.
Die Beschränkungen lauten dann

G 20.4.3

$$a_{11}x_1 + a_{12}x_2 + \ldots + a_{1n}x_n + y_1 = b_1 \quad \text{bzw.} \quad \sum_{j=1}^{n} a_{1j}x_j + y_1 = b$$

$$a_{21}x_1 + a_{22}x_2 + \ldots + a_{2n}x_n + y_2 = b_2 \quad \text{bzw.} \quad \sum_{j=1}^{n} a_{2j}x_j + y_2 = b_2$$

$$\cdot \quad \cdot \quad \cdots \quad \cdot \quad \cdot \quad \cdot \qquad \cdot \quad \cdot \quad \cdot \quad \cdot$$

$$a_{m1}x_1 + a_{m2}x_2 + \ldots + a_{mn}x_n + y_m = b_m \quad \text{bzw.} \quad \sum_{j=1}^{n} a_{mj}x_j + y_m = b_m$$

oder in Matrizenschreibweise

G 20.4.4

$$\begin{pmatrix} a_{11} & a_{12} & \cdots & a_{1n} \\ a_{21} & a_{22} & \cdots & a_{2n} \\ \cdot & \cdot & \cdots & \cdot \\ a_{m1} & a_{m2} & \cdots & a_{mn} \end{pmatrix} \begin{pmatrix} x_1 \\ x_2 \\ \cdot \\ x_n \end{pmatrix} + \begin{pmatrix} y_1 \\ y_2 \\ \cdot \\ y_m \end{pmatrix} = \begin{pmatrix} b_1 \\ b_2 \\ \cdot \\ b_m \end{pmatrix} \quad \text{bzw.} \quad \mathbf{Ax+y=b}.$$

Verkürzt kann man die Aufgabe in D 20.4.1 bzw. D 20.4.2 unter Verwendung von Matrizen wie folgt schreiben:

$$\text{Max } \{G = \mathbf{g'x} \mid \mathbf{Ax} \leqq \mathbf{b};\ \mathbf{x} \geqq \mathbf{0}\}.$$

Aufgaben

Ü **20.4.1** Eine Unternehmung produziert zwei Güter in den Mengen x_1 und x_2. Die Herstellung erfolgt so, daß jedes Stück auf den beiden Maschinen A und B bearbeitet wird. Für die Bearbeitungszeiten je Stück ergeben sich folgende Werte:

		1. Gut	2. Gut
Bearbeitungszeit	A	8 Minuten	12 Minuten
auf der Maschine	B	15 Minuten	5 Minuten

Die wöchentliche Arbeitszeit beträgt 40 Stunden oder 2400 Minuten. Die Stückgewinne betragen g_1 = 5 DM/Stück und g_2 = 4 DM/Stück.

Wie lautet der lineare Programmierungsansatz zur Bestimmung eines gewinnmaximalen Produktionsprogramms?

Ü **20.4.2** Drei Produkte können wahlweise aus zwei Rohstoffen hergestellt werden. Der Rohstoffbedarf für jedes Produkt sowie die verfügbaren und absetzbaren Mengen sind der folgenden Tabelle zu entnehmen. Die Zahlen in Klammern geben die Stückgewinne je Produkteinheit an.

		Produkte			verfügbares Material
		1	2	3	
Material	1	4 (24)	2 (12)	5 (15)	100
	2	6 (25)	5 (15)	10 (6)	300
Maximal absetzbare Menge		100	40	60	

Formuliere einen linearen Programmierungsansatz zur Bestimmung der gewinnmaximalen Produktion. (Dazu bezeichne mit x_{ij} das Produkt j bei Verwendung des Rohstoffes i).

Ü **20.4.3** Der Student Paul hat im Monat 400 DM verfügbar, und er beschließt, dieses Geld in Bier und Brot zu "investieren". Eine Flasche Bier kostet 1 DM und ein Pfund Brot 1,25 DM. Er rechnet pro Flasche Bier 0,2 km Weg, da die Gaststätte nah ist, und pro Brot 0,48 km Weg. Insgesamt möchte er für Brot- und Bierholen im Monat nicht mehr als 120 km zurücklegen. Den Nutzen eines Brotes setzt er 1,5 mal so hoch an wie den Nutzen einer Flasche Bier. Wie soll er sein Geld ausgeben, wenn er seinen Nutzen maximieren will? Formuliere dafür einen Ansatz der linearen Programmierung.

20.5 Die Simplex-Methode

Von den verschiedenen Verfahren zur Lösung von Aufgabenstellungen der linearen Optimierung ist das bekannteste die Simplex-Methode. Bei der Simplex-Methode wird die gesuchte Optimallösung nicht in einem Schritt gefunden, wie etwa bei der Bestimmung von Extremwerten mittels der Differentialrechnung, sondern sie wird **iterativ**, d.h. in mehreren Schritten, entwickelt. Man beginnt mit einer zulässigen Lösung des Problems. Für diese zulässige Lösung wird geprüft, ob sie optimal ist. Ist das der Fall, so ist man fertig. Ist die Lösung nicht optimal, so bestimmt man eine neue, verbesserte Lösung und prüft diese wieder auf Optimalität. So verbessert man schrittweise die Lösung, bis man die optimale Lösung gefunden hat.

Bei der Simplex-Methode wendet man auf die Zielfunktion und die Nebenbedingungen bzw. auf ihre in Tabellenform geschriebenen Koeffizienten Rechenoperationen an, die den aus der Matrizenrechnung bekannten Zeilenoperationen gleichen (vgl. D 18.3.2, (1) und (2)). Das Verfahren wird hier zunächst an dem Beispiel aus Abschnitt 20.3 erläutert.

Die zu lösende Aufgabe lautet: Gegeben ist die lineare Gewinnfunktion (Zielfunktion) $G = 2x_1 + 3x_2$.

Diese Zielfunktion ist zu maximieren unter Beachtung der folgenden Nebenbedingungen:

$$\begin{aligned} 2x_1 + x_2 &\leqq 200, \\ x_1 + x_2 &\leqq 120, \qquad x_1 \geqq 0, x_2 \geqq 0. \\ x_1 + 3x_2 &\leqq 240, \end{aligned}$$

Für die Anwendung der Simplex-Methode ist es zunächst erforderlich, daß man die drei ersten Ungleichungen in Gleichungen umwandelt. Das erreicht man dadurch, daß man die Ungleichungen durch Einführung von **Hilfsvariablen** oder **Schlupfvariablen** y_1, y_2 und y_3 erweitert. Aus den Ungleichungen erhält man dann folgende Gleichungen:

$$\begin{aligned} 2x_1 + x_2 + y_1 &= 200, \\ x_1 + x_2 + y_2 &= 120, \\ x_1 + 3x_2 + y_3 &= 240. \end{aligned}$$

Die Bedeutung der Hilfsvariablen in wirtschaftlicher Hinsicht sei kurz erläutert und zwar anhand der ersten Gleichung. Die beiden Variablen x_1 und x_2 bezeichnen die von den beiden Produkten hergestellten Mengen. $2x_1 + x_2$ ist dann die Zeit, die Maschine A in einer Woche für die Produktion eingesetzt wird.

Ist $2x_1 + x_2 < 200$, dann wird die Kapazität der Maschine A nicht vollständig ausgenutzt. y_1 bezeichnet nun gerade diese nicht ausgenutzte

Kapazität der Maschine A, denn

ausgenutzte Kapazität	+	nichtausgenutzte Kapazität	=	verfügbare Kapazität
$2x_1 + x_2$	+	y_1	=	200.

Ist $y_1 = 200$, so bedeutet dies, daß die Maschine A überhaupt nicht in Anspruch genommen wird. Entsprechend bedeutet $y_2 = 120$ bzw. $y_3 = 240$, daß die Maschine B bzw. C nicht in Anspruch genommen wird.
Nach Einführung der Hilfsvariablen lautet die zu lösende Aufgabe folgendermaßen:
Maximiere die lineare Funktion

$$G = 2x_1 + 3x_2 \text{ bzw. } G = (2,3)\begin{pmatrix} x_1 \\ x_2 \end{pmatrix}$$

unter Beachtung der Nebendingungen

$$\begin{aligned} 2x_1 + x_2 + y_1 &= 200 \\ x_1 + x_2 + y_2 &= 120 \\ x_1 + 3x_2 + y_3 &= 240 \end{aligned} \quad \text{bzw.} \quad \begin{pmatrix} 2 & 1 & 1 & 0 & 0 \\ 1 & 1 & 0 & 1 & 0 \\ 1 & 3 & 0 & 0 & 1 \end{pmatrix} \begin{pmatrix} x_1 \\ x_2 \\ y_1 \\ y_2 \\ y_3 \end{pmatrix} = \begin{pmatrix} 200 \\ 120 \\ 240 \end{pmatrix}$$

$$x_1 \geqq 0,\ x_2 \geqq 0,\ y_1 \geqq 0,\ y_2 \geqq 0,\ y_3 \geqq 0 \text{ bzw. } (x_1, x_2, y_1, y_2, y_3) \geqq (0,0,0,0,0).$$

Die Aufgabe besteht mit anderen Worten darin, die von den beiden Produkten X_1 bzw. X_2 pro Woche herzustellenden Mengen x_1 und x_2 so zu bestimmen, daß der Gewinn so groß wie möglich wird. Dabei ist zu beachten, daß der Produktion der beiden Güter durch die Kapazitäten der 3 Maschinen A, B und C Grenzen gesetzt sind und daß keine negativen Mengen produziert werden können.
Die Aufgabe soll nun mit Hilfe der Simplex-Methode gelöst werden. Dabei wird an einigen Stellen versucht werden, den Lösungsweg anschaulich zu erläutern.

Da man bei der Simplex-Methode jeweils nur die Koeffizienten der einzelnen Gleichungen für die Berechnungen benutzt und durch die Berechnung verändert, kann der Rechenaufwand durch die Verwendung eines tabellarischen Schemas, in das nur die Koeffizienten eingetragen werden, vereinfacht werden. Der Rechengang besteht dann darin, daß man die in dem Schema enthaltenen Koeffizienten durch Anwendung von Zeilenoperationen umformt.
Die Gewinnfunktion schreibt man für die Anlage des Rechenschemas in der folgenden Weise

$$-2x_1 - 3x_2 + G = 0.$$

Das Rechenschema, das man auch als Simplex-Tabelle oder **Simplex-Tableau** bezeichnet, lautet dann wie folgt:

x_1	x_2	y_1	y_2	y_3	G	
2	1	1	0	0	0	200
1	1	0	1	0	0	120
1	3	0	0	1	0	240
-2	-3	0	0	0	1	0

In der Kopfzeile des Tableaus stehen die einzelnen Variablenbezeichnungen. Der Doppelstrich verkörpert das Gleichheitszeichen.

Das Rechenverfahren der Simplex-Methode verläuft nun so, daß man mit einer zulässigen Lösung des Problems beginnt, und zwar mit einer **Basislösung.**

Unter einer Basislösung versteht man die Lösung, bei der von den 5 Variablen des Problems höchstens drei Variable (so viele wie es Beschränkungen gibt) von Null verschiedene Werte annehmen. In dem Simplex-Tableau sind die Variablen in der Lösung, zu deren Spalten Einheitsvektoren gehören. Die in der Lösung befindlichen Variablen haben dann den Wert, der in der letzten Spalte hinter dem Doppelstrich in der Zeile steht, in der sich auch die 1 befindet. Im vorliegenden Fall bilden also die Hilfsvariablen die Ausgangslösung mit den Werten $y_1 = 200$; $y_2 = 120$ und $y_3 = 240$. Das folgende Tableau veranschaulicht dies:

x_1	x_2	y_1	y_2	y_3	G	
2	1	(1)	0	0	0	→200
1	1	0	(1)	0	0	→120
1	3	0	0	(1)	0	→240
-2	**-3**	0	0	0	1	0

Die nicht in der Lösung befindlichen Variablen haben den Wert 0. Es ist also in der Ausgangslösung $x_1 = 0$ und $x_2 = 0$. (Der bei der jeweiligen Lösung erzielte Gewinn erscheint in dem Feld rechts unten. Er beträgt in der Ausgangslösung G = 0.) Die Ausgangs-Basislösung bedeutet also, daß man von beiden Gütern die Mengen 0 produziert und dabei den Gewinn 0 erzielt. Die jeweils vorliegende Lösung ist solange nicht optimal, wie sich in der letzten Zeile des Simplex-Tableaus noch negative Koeffizienten befinden. Das ist bei der oben angegebenen Ausgangslösung der Fall (negative Werte in den zu x_1 und x_2 gehörigen Spalten).

Die vorhandene Lösung wird nun dadurch verbessert, daß man eine nicht in der Lösung befindliche Variable gegen eine Lösungsvariable "austauscht".

Im vorliegenden Fall nimmt man im ersten Schritt des Rechenverfahrens, der zu einer verbesserten Lösung führt, die Variable in die Lösung hinein, zu der in der letzten Zeile der kleinste Wert gehört, also x_2 (-3 ist kleiner als -2).

Wirtschaftlich gesehen bedeutet dieser Schritt, daß man zunächst nur ein Produkt herstellt, und zwar das, für welches sich der größte Stückgewinn ergibt.

Da x_2 Lösungsvariable werden soll, ist in der zu x_2 gehörigen Spalte ein Einheitsvektor zu erzeugen. Dazu ist zunächst die Stelle, an der die "1" stehen soll, zu bestimmen. Dazu dividiert man für jede Zeile den Wert in der letzten Spalte durch den Wert in der zu x_2 gehörenden Spalte. Dafür erhält man folgende Ergebnisse:

1. Zeile: 200 : 1 = 200
2. Zeile: 120 : 1 = 120
3. Zeile: 240 : 3 = 80.

Diese Operationen bedeuten wirtschaftlich gesehen, daß man untersucht, wieviel Stück man von dem Gut X_2 maximal auf jeder Maschine herstellen kann, wenn man nur dieses Gut herstellt. Da das Produkt auf allen drei Maschinen bearbeitet wird, wird die maximale Stückzahl durch den kleinsten der drei Werte, also 80 Stück, gegeben. Das auf diese Weise ausgewählte Element in der dritten Zeile der zweiten Spalte heißt **Pivotelement.** In der zweiten Spalte ist nun ein 3. Einheitsvektor zu erzeugen. Dazu wird zunächst die dritte Zeile mit $\frac{1}{3}$ multipliziert, um an der Stelle des Pivotelements eine 1 zu bekommen.

Es ergibt sich:

x_1	x_2	y_1	y_2	y_3	G	
2	1	1	0	0	0	200
1	1	0	1	0	0	120
$\frac{1}{3}$	1	0	0	$\frac{1}{3}$	0	80
-2	-3	0	0	0	1	0

Im nächsten Schritt werden geeignete Vielfache der neuen dritten Zeile zur ersten, zweiten und vierten Zeile addiert, so daß die übrigen Elemente der zweiten Spalte Null werden.
Addiert man das (-1)-fache der dritten Zeile zur ersten Zeile, so ergibt sich:

x_1	x_2	y_1	y_2	y_3	G	
$2-\frac{1}{3}=\frac{5}{3}$	1-1=0	1-0=1	0-0=0	$0-\frac{1}{3}=-\frac{1}{3}$	0-0=0	200-80=120
1	1	0	1	0	0	120
$\frac{1}{3}$	1	0	0	$\frac{1}{3}$	0	80
-2	-3	0	0	0	1	0

Anschließend addiert man das (-1)-fache der dritten Zeile zur zweiten und das 3-fache zur letzten Zeile. Man erhält:

x_1	x_2	y_1	y_2	y_3	G	
$\frac{5}{3}$	0	1	0	$-\frac{1}{3}$	0	120
$1-\frac{1}{3}=\frac{2}{3}$	1-1=0	0-0=0	1-0=1	$0-\frac{1}{3}=-\frac{1}{3}$	0-0=0	120-80=40
$\frac{1}{3}$	1	0	0	$\frac{1}{3}$	0	80
-2+1=-1	-3+3=0	0+0=0	0+0=0	0+1=1	1+0=1	0+240=240

Damit ist die erste verbesserte Lösung gefunden. Sie kann folgendermassen aus der Tabelle abgelesen werden:
Zur Basislösung gehören nunmehr die Variablen x_2,y_1 und y_2, denn in den zu ihnen gehörigen Spalten steht jeweils eine 1 und sonst eine 0. Es ist $x_2 = 80$, d.h. die Variable nimmt den Wert an, der in der Zeile der 1 des betreffenden Einheitsvektors in der letzten Spalte steht. Es ist $y_1 = 120$ und $y_2 = 40$. Das bedeutet, daß von dem 2. Produkt $x_2 = 80$ Stück hergestellt werden und daß auf der Maschine A eine ungenutzte Kapazität in Höhe von $y_1 = 120$ und auf der Maschine B eine ungenutzte Kapazität von $y_2 = 40$ vorhanden ist. Der Gewinn bei dieser Lösung beträgt G = 240.

Graphisch gesehen bedeutet dieses Vorgehen, daß man sich von der Ausgangslösung, dem Nullpunkt 0, zu dem Punkt P_5 begeben hat. Vgl. hierzu Figur 20.3.9.

Die so gefundene Lösung untersucht man nun darauf, ob in der letzten Zeile noch negative Werte stehen. Negative Werte in der letzten Zeile deuten darauf hin, daß die Optimallösung noch nicht gefunden ist. Das ist hier der Fall.
Die Bestimmung einer weiter verbesserten Lösung geschieht nach dem gleichen Verfahren, wie es soeben ausführlich beschrieben wurde. Der einzige negative Wert steht in der Spalte unter x_1. Zur Bestimmung des Pivotelementes dividiert man wieder für jede Zeile den Wert der letzten Spalte durch den entsprechenden Wert der zu x_1 gehörigen ersten Spalte. Man erhält

1. Zeile: $120 : \frac{5}{3} = 72$

2. Zeile: $40 : \frac{2}{3} = 60$

3. Zeile: $80 : \frac{1}{3} = 240.$

Der kleinste Wert bei der Division ergibt sich in der 2. Zeile. Es wird also in der ersten Spalte das Element der zweiten Zeile ausgewählt. Die an dieser Stelle zu erzeugende "1" erhält man durch Multiplikation der 2. Zeile mit 3/2.

x_1	x_2	y_1	y_2	y_3	G	
$\frac{5}{3}$	0	1	0	$-\frac{1}{3}$	0	120
$\frac{2}{3}\cdot\frac{3}{2} = 1$	$0\cdot\frac{3}{2} = 0$	$0\cdot\frac{3}{2} = 0$	$1\cdot\frac{3}{2}=1,5$	$-\frac{1}{3}\cdot\frac{3}{2}=-0,5$	0	$40\cdot\frac{3}{2} = 60$
$\frac{1}{3}$	1	0	0	$\frac{1}{3}$	0	80
-1	0	0	0	1	1	240

Um in der ersten Spalte einen Einheitsvektor mit der 1 an der zweiten Stelle zu erzeugen, muß man offensichtlich das $(-\frac{5}{3})$-fache der zweiten Zeile zur ersten Zeile addieren, das $(-\frac{1}{3})$-fache der zweiten Zeile zur dritten Zeile addieren und das 1-fache der zweiten Zeile zur letzten Zeile addieren. Man erhält dann

x_1	x_2	y_1	y_2	y_3	G	
$\frac{5}{3}-\frac{5}{3} = 0$	0-0=0	1-0=1	$0-\frac{5}{2}=-2,5$	$-\frac{1}{3}+\frac{5}{6}=0,5$	0-0=0	120-100=20
1	0	0	1,5	-0,5	0	60
$\frac{1}{3}-\frac{1}{3} = 0$	1-0=1	0-0=0	$0-\frac{1}{2}=-0,5$	$\frac{1}{3}+\frac{1}{6}=0,5$	0-0=0	80-20=60
-1+1=0	0+0=0	0+0=0	$0+\frac{3}{2}=1,5$	$1-\frac{1}{2}=0,5$	1+0=1	240+60=300

Die zweite verbesserte Lösung kann aus dem folgenden Schema abgelesen werden:

x_1	x_2	y_1	y_2	y_3	G	
0	0	1	-2,5	0,5	0	20
1	0	0	1,5	-0,5	0	60
0	1	0	-0,5	0,5	0	60
0	0	0	1,5	0,5	1	300

Zur Basislösung gehören nunmehr die Variablen x_1,x_2 und y_1, denn in den zu ihnen gehörigen Spalten befindet sich jeweils ein Einheitsvektor. Die Werte für x_1,x_2 und y_1 kann man genau wie vorher in der letzten Spalte in der Zeile ablesen, in der die 1 des Einheitsvektors steht. Es ist also

$$x_1 = 60; \; x_2 = 60; \; y_1 = 20.$$

Das bedeutet, daß bei der zweiten verbesserten Lösung von dem Gut X_1

eine Menge $x_1 = 60$ und von dem Gut X_2 eine Menge $x_2 = 60$ produziert wird. Aus $y_1 = 20$ folgt, daß auf der Maschine A eine ungenutzte Kapazität in Höhe von 20 Stunden vorhanden ist. Der Gewinn bei dieser zweiten verbesserten Lösung beträgt $G = 300$. Für die nicht in der Basislösung befindlichen Variablen gilt $y_2 = y_3 = 0$.

Aus der Tatsache, daß in der letzten Zeile des Schemas nunmehr keine negativen Werte erscheinen, folgt, daß hiermit die Optimallösung erreicht ist. Vergleicht man die durch die Simplex-Methode gefundene Lösung mit der oben auf graphischem Wege gefundenen, so stellt man fest, daß beide Lösungen übereinstimmen.

Für die allgemeine Darstellung der Simplex-Methode wird von einer Aufgabe der Form D 20.4.1 bzw. 20.4.2 ausgegangen, deren Beschränkungen durch Einführung von Hilfsvariablen in die Form G 20.4.3 bzw. 20.4.4 gebracht werden. Die Aufgabe lautet dann:

D 20.5.1

Bestimme das Maximum der Funktion

$$G = g_1x_1 + g_2x_2 + \dots + g_nx_n \text{ bzw. } G = \mathbf{g'x}$$

unter den Beschränkungen

$$\begin{array}{lllllll} a_{11}x_1 & + a_{12}x_2 & + \dots & + a_{1n}x_n & + y_1 & = b_1 & \\ a_{21}x_1 & + a_{22}x_2 & + \dots & + a_{2n}x_n & + y_2 & = b_2 & \text{bzw. } \mathbf{Ax}+\mathrm{y}=\mathbf{b} \\ \cdot & \cdot & \dots & \cdot & \cdot & \cdot & \\ a_{m1}x_1 & + a_{m2}x_2 & + \dots & + a_{mn}x_n & + y_m & = b_m & \end{array}$$

und den Nichtnegativitätsbedingungen

$$x_1 \geqq 0; \dots; x_n \geqq 0; y_1 \geqq 0; \dots; y_m \geqq 0 \text{ bzw. } \mathbf{x} \geqq \mathbf{0}, \mathbf{y} \geqq \mathbf{0}.$$

Die Lösung wird mittels des sogenannten **Simplex-Tableaus** bestimmt. Es enthält zu Beginn des Lösungsalgorithmus die Koeffizienten des Gleichungssystems aus D 20.5.1. Bei der Zielfunktion geht man dabei von der Form

$$-g_1x_1 - g_2x_2 - \dots - g_nx_n + G = 0$$

aus. Das Simplex-Tableau lautet dann:

x_1	x_2	…	x_n	y_1	y_2	…	y_m	G	
a_{11}	a_{12}	…	a_{1n}	1	0	…	0	0	b_1
a_{21}	a_{22}	…	a_{2n}	0	1	…	0	0	b_2
⋮	⋮	…	⋮	⋮	⋮	…	⋮	⋮	⋮
a_{m1}	a_{m2}	…	a_{mn}	0	0	…	1	0	b_m
$-g_1$	$-g_2$	…	$-g_n$	0	0	…	0	1	0

D 20.5.2

Gegeben ist eine Aufgabe der Form 20.5.1. Eine **Basislösung** des Problems ist eine Lösung, in der höchstens m Variablen von Null verschiedene Werte annehmen. Die mindestens n restlichen Variablen nehmen den Wert Null an. Die zur Basislösung gehörigen Variablen heißen **Basisvariablen.**

Aus dem Simplex-Tableau können die Basisvariablen unmittelbar abgelesen werden. Es handelt sich um die Variablen, deren Spalten Einheitsvektoren enthalten. Die Basislösung kann man aus dem Simplex-Tableau ablesen, indem man die Werte der Nicht-Basisvariablen Null setzt und für die Basisvariablen ein Gleichungssystem unter Weglassung der Nicht-Basisvariablen bildet. Die Basislösung des obigen Tableaus entspricht dann

$$y_1 = b_1,\ y_2 = b_2,\ \ldots,\ y_m = b_m \text{ und } x_1 = x_2 = \ldots = x_n = 0.$$

Mit dem eigentlichen Simplex-Algorithmus wird die Ausgangsbasislösung schrittweise bis zur Optimallösung verbessert. Der Algorithmus besteht aus der Prüfung einer Basislösung auf Optimalität und der Verbesserung der Lösung falls sie nicht optimal ist .

Es wird von einer allgemeinen Form des Simplex-Tableaus ausgegangen, wobei der hochgestellte Index an den Koeffizienten die Nummer der Iteration angibt.

R 20.5.3

Das nach der r-ten Iteration des Simplex-Algorithmus gefundene Tableau

x_1	x_2	…	x_n	y_1	y_2	…	y_m	G	
a^r_{11}	a^r_{12}	…	a^r_{1n}	$a^r_{1,n+1}$	$a^r_{1,n+2}$	…	$a^r_{1,n+m}$	0	b^r_1
a^r_{21}	a^r_{22}	…	a^r_{2n}	$a^r_{2,n+1}$	$a^r_{2,n+2}$	…	$a^r_{2,n+m}$	0	b^r_2
		…				…			
a^r_{m1}	a^r_{m2}	…	a^r_{mn}	$a^r_{m,n+1}$	$a^r_{m,n+2}$	…	$a^r_{m,n+m}$	0	b^r_m
g^r_1	g^r_2	…	g^r_n	g^r_{n+1}	g^r_{n+2}	…	g^r_{n+m}	1	G^r

enthält dann die **Optimallösung,** wenn die letzte Zeile keine negativen Koeffizienten enthält ($g_i^r \geqq 0$; $i=1,...,n+m$). Zu den Basisvariablen der Lösung enthalten die Spalten des Simplex-Tableaus Einheitsvektoren. Die b_j^r ($j=1,...,m$) geben die Lösungswerte der Basisvariablen an. G^r ist der Wert der Zielfunktion.
Enthält die letzte Zeile negative Koeffizienten, so kann die Lösung verbessert werden.

Die Verbesserung einer nicht optimalen Lösung geschieht allgemein wie folgt:

R 20.5.4 **Simplex-Algorithmus zur Verbesserung einer nicht optimalen Lösung** für $r = 0,1,2,....$

(1) Auswahl der Spalte k, die in der letzten Zeile das kleinste Element enthält:

$$g_k^r = \min_i \, (g_i^r)$$

(2) Auswahl der Zeile q aus den ersten m Zeilen des Simplex-Tableaus, für die der Quotient aus den Koeffizienten der letzten Spalte und der ausgewählten Spalte am kleinsten wird:

$$\frac{b_q^r}{a_{qk}^r} = \min_j \left(\frac{b_j^r}{a_{jk}^r} \right)$$

Nicht bestimmbare Quotienten bleiben unberücksichtigt. Das Element a_{qk}^r heißt **Pivotelement.**

(3) Erzeugung eines Einheitsvektors q-ter Ordnung in der k-ten Spalte des Tableaus durch Anwendung von Zeilenoperationen. Das neue Tableau enthält die (r+1)-te verbesserte Basislösung.

Die folgende Ergänzung zu dem Beispiel am Anfang dieses Abschnitts zeigt, welche weiteren Informationen das Simplex-Tableau liefern kann. Für die Optimallösung hatte sich $G = 300$ und $x_1 = 60$, $x_2 = 60$, $y_1 = 20$, $y_2 = y_3 = 0$ ergeben. $y_1 = 20$ bedeutet, daß Maschine A nicht voll ausgelastet ist und noch 20 Stunden Kapazität verfügbar sind. Die Maschinen B und C sind dagegen voll ausgelastet ($y_2 = y_3 = 0$). Eine Ausdehnung der Produktion ist also nur durch Kapazitätserhöhung bei B oder C möglich. Es soll die Kapazität von Maschine B von 120 um 6 Stunden auf 126 Stunden erhöht werden. Es gilt dann für B:

$$x_1 + x_2 \leqq 126.$$

Für die Bestimmung des gewinnmaximalen Produktionsprogramms mit Hilfe der Simplex-Methode erhält man schrittweise folgendes (die Pfeile zeigen, welche Zeile bzw. Spalte ausgewählt wird).

Ausgangstableau

x_1	x_2	y_1	y_2	y_3	G		
2	1	1	0	0	0	200	
1	1	0	1	0	0	126	
1	3	0	0	1	0	240	←
-2	-3	0	0	0	1	0	
	↑						

x_1	x_2	y_1	y_2	y_3	G		
$\frac{5}{3}$	0	1	0	$-\frac{1}{3}$	0	120	
$\frac{2}{3}$	0	0	1	$-\frac{1}{3}$	0	46	←
$\frac{1}{3}$	1	0	0	$\frac{1}{3}$	0	80	
-1	0	0	0	1	1	240	
↑							

Endtableau

x_1	x_2	y_1	y_2	y_3	G	
0	0	1	-2,5	0,5	0	5
1	0	0	1,5	-0,5	0	69
0	1	0	-0,5	0,5	0	57
0	0	0	1,5	0,5	1	309

Durch Erhöhung der Kapazität der Maschine B von 120 auf 126 Stunden hat sich also der Gesamtgewinn um 9 DM auf 309 DM erhöht. Das Produktionsprogramm hat sich von $x_1 = 60$ und $x_2 = 60$ auf $x_1 = 69$ und $x_2 = 57$ geändert. Die ungenutzte Kapazität auf der Maschine A beträgt nur noch 5 statt 20 Stunden. Graphisch bedeutet die Erhöhung der Kapazität der Maschine B eine Parallelverschiebung der Geraden, die die Kapazitätsbeschränkung darstellt. Dies ist in Figur 20.5.5a zu sehen.

Es soll jetzt die Kapazität der Maschine C erhöht werden und zwar von 240 auf 246, also ebenfalls um 6 Einheiten. Es gilt dann für C:

$$x_1 + 3x_2 \leqq 246$$

Die Bestimmung des gewinnmaximalen Produktionsprogramms ergibt:

Ausgangstableau

x_1	x_2	y_1	y_2	y_3	G	
2	1	1	0	0	0	200
1	1	0	1	0	0	120
1	3	0	0	1	0	246
-2	-3	0	0	0	1	0

Endtableau

x_1	x_2	y_1	y_2	y_3	G	
0	0	1	-2,5	0,5	0	23
1	0	0	1,5	-0,5	0	57
0	1	0	-0,5	0,5	0	63
0	0	0	1,5	0,5	1	303

Der größtmögliche Gewinn von G = 303 wird bei Herstellung von x_1 = 57 Stück und x_2 = 63 Stück erzielt. Die ungenutzte Kapazität der Maschine A beträgt jetzt 23 Einheiten. Graphisch gesehen bedeutet die Kapazitätserhöhung wieder eine Parallelverschiebung der Geraden, die die Kapazitätsbedingungen beschreibt. Diese Verschiebung ist in der Figur 20.5.5b dargestellt.

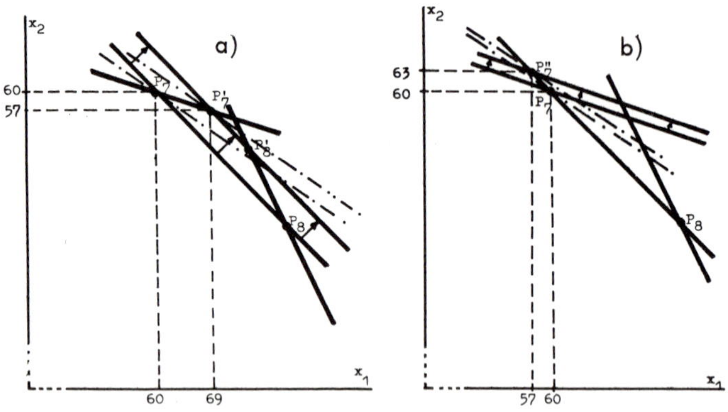

F 20.5.5

Aus den Ausführungen ergibt sich, daß bei einer Erhöhung der Kapazität der Maschine B um 6 Einheiten der Gewinn um 9 DM zunimmt, während bei einer Erhöhung der Kapazität der Maschine C um 6 Einheiten der Gewinn nur um 3 DM zunimmt. Wenn man einmal von den Kosten für die Kapazitätserhöhung absieht, kann man also sagen, daß es wesentlich günstiger ist, die Kapazität der Maschine B zu erhöhen als die der

Maschine C. Um diese Entscheidung zu treffen, hätte es aber nicht der aufwendigen Rechungen bedurft, wie sie soeben durchgeführt wurden. Man hätte dazu das Endtableau auf Seite 113, aus dem die Lösung abgelesen wurde, heranziehen können. In den Spalten zu y_2 und y_3 erscheinen in der letzten Zeile, die ursprünglich die Gewinnfunktion darstellte, positive Werte, und zwar unter y_2 1,5 und unter y_3 0,5. Diese Werte kann man bei einer Entscheidung über eine eventuelle Kapazitätserhöhung heranziehen. Der unter y_2 stehende Wert von 1,5 gibt nämlich an, daß sich der Gewinn um 1,50 DM erhöht, wenn man die Kapazität der Maschine B um eine Einheit vergrößert. Entsprechend besagt der unter y_3 stehende Wert von 0,5, daß sich der Gewinn um 0,50 DM erhöht, wenn man die Kapazität der Maschine C um eine Einheit vergrößert.
Diese Werte stimmen mit den oben berechneten Ergebnissen überein. Im ersten Fall ist die Kapazität der Maschine B um 6 Einheiten erhöht worden. Da sich für jede Kapazitätseinheit der Gewinn um 1,50 DM vermehrt, beträgt die gesamte Gewinnerhöhung $6 \cdot 1{,}50 = 9$ DM, und das stimmt mit dem oben berechneten Wert überein. Im zweiten Fall ist die Kapazität der Maschine C um 6 Einheiten erhöht worden. Für jede zusätzliche Kapazitätseinheit erhöht sich der Gewinn um 0,50 DM und somit insgesamt um $6 \cdot 0{,}50 = 3$ DM. Das stimmt ebenfalls mit den obigen Berechnungen überein.

Aus diesen Ausführungen folgt, daß man eine Entscheidung über eine optimale Vergrößerung der Kapazität unter Zuhilfenahme der Werte in der letzten Zeile des Endschemas unter y_2 und y_3 treffen kann. Diese Werte, die man als **Schattenpreise** bezeichnet, geben an, wie sich der Gewinn erhöht, wenn man die Kapazität des Aggregates, zu dem die betreffende Hilfsvariable gehört, um eine Einheit vergrößert.

Dabei ist allerdings zu beachten, daß die Kapazität nicht beliebig vergrößert werden kann, um den Gewinn zu erhöhen. Die Güter müssen ja nicht nur auf der einen Maschine, deren Kapazität man erhöht, bearbeitet werden, sondern auch auf den anderen Maschinen. Man kann also den Gewinn durch eine Kapazitätserhöhung einer Maschine nur so lange vergrößern, wie dadurch nicht Beschränkungen durch andere Maschinen ins Spiel kommen.

Die Bedeutung der Schattenpreise und der übrigen Koeffizienten in den Spalten der Nichtbasisvariablen kann man auch wie folgt erläutern: Aus dem Endtableau des Simplex-Algorithmus ergibt sich folgendes Gleichungssystem

$$
\begin{aligned}
y_1 - 2{,}5y_2 + 0{,}5y_3 &= 20 \\
x_1 + 1{,}5y_2 - 0{,}5y_3 &= 60 \\
x_2 - 0{,}5y_2 + 0{,}5y_3 &= 60 \\
1{,}5y_2 + 0{,}5y_3 + G &= 300.
\end{aligned}
$$

Da in der Basislösung $y_2 = y_3 = 0$ gilt, ergeben sich aus diesen Gleichungen die Lösungswerte der Basisvariablen.
Eine Erhöhung der Kapazität von Maschine B um eine Einheit bedeutet $y_2 = -1$ und bei Maschine C $y_3 = -1$, da die vorhandene Kapazität überschritten wird. Die Erhöhung bei Maschine B um 6 Einheiten entspricht dann $y_2 = -6$. Mit $y_3 = 0$ ergibt sich dann

$$
\begin{aligned}
y_1 + 15 &= 20 \text{ bzw. } & y_1 &= 5 \\
x_1 - 9 &= 60 \text{ bzw. } & x_1 &= 69 \\
x_2 + 3 &= 60 \text{ bzw. } & x_2 &= 57 \\
-9 + G &= 300 \text{ bzw. } & G &= 309.
\end{aligned}
$$

Das stimmt mit der über den Simplex-Algorithmus gefundenen Lösung überein.
Das gleiche gilt für eine Erhöhung der Kapazität bei C und $y_3 = -6$.

Bezogen auf das Beispiel können also die Koeffizienten in den Spalten der Nichtbasisvariablen wie folgt interpretiert werden:
Die Koeffizienten in der zu y_2 bzw. y_3 gehörigen Spalte geben an, um wieviel sich die Lösungswerte der Basisvariablen ändern, wenn die Kapazität von B bzw. C um eine Einheit erhöht wird.

Der Simplex-Algorithmus liefert also nicht nur die Optimallösung, sondern eine Reihe zusätzlicher Informationen.

Aufgaben

Ü 20.5.1 Gegeben sei das Problem aus Aufgabe 20.3.3.

a) Bestimme die gewinnmaximale Mengenkombination mit Hilfe der Simplex-Methode.

b) Bestimme das gewinnmaximale Produktionsprogramm für den Fall, daß die Stückgewinne $g_1 = 15$ DM und $g_2 = 10$ DM betragen.

c) Bestimme das gewinnmaximale Produktionsprogramm für den Fall, daß die Stückgewinne $g_1 = g_2 = 10$ DM betragen.

Ü 20.5.2 Löse die folgende Aufgabe mit der Simplex-Methode:

Maximiere $G = 2x_1 + 4x_2 + 2x_3 + 6x_4 + 4x_5$

unter den Beschränkungen

$$4x_1 + 2x_2 + 2x_4 + 2x_5 \leqq 200$$

$$2x_2 + 2x_3 + 2x_4 \leqq 100$$

$$4x_1 + 4x_2 + 4x_3 + 2x_4 + 2x_5 \leqq 160$$

und den Nichtnegativitätsbedingungen $x_1 \geqq 0; x_2 \geqq 0; \ldots; x_5 \geqq 0$.

Ü 20.5.3 Ein Geschäftsmann betreibt ein Motel mit 300 Einzelzimmern, zu dem ein Restaurant gehört, in dem bis zu 100 Personen täglich verpflegt werden können. Ihm ist aufgrund von Beobachtungen, die in der Vergangenheit angestellt worden sind, bekannt, daß 30% seiner männlichen und 50% seiner weiblichen Gäste die Möglichkeit, ihre Mahlzeiten in dem moteleigenen Restaurant einzunehmen, wahrnehmen. Der Geschäftsmann verdient an jedem Gast, der übernachtet und sich voll verpflegen läßt, 9 DM pro Tag. Einfache Übernachtungen bringen ihm lediglich 6 DM Gewinn pro Tag ein.

a) Bestimme die Zielfunktion und die Nebenbedingungen für das vorliegende Planungsproblem.

b) Bestimme mit Hilfe der Simplex-Methode die Anzahl an männlichen und weiblichen Gästen, die er benötigt, um einen maximalen Gewinn zu erzielen.

c) Ist auch eine Lösung ohne Anwendung der linearen Optimierung möglich?

20.6 Mehrdeutigkeit und Degeneration

Bereits in dem einführenden Beispiel in Abschnitt 20.3 und 20.5 wurde auf verschiedene Sonderfälle bei der Behandlung einer Linearen-Optimierungs-Aufgabe hingewiesen. Hier soll zunächst die Mehrdeutigkeit der Lösung behandelt werden.

R 20.6.1

> Enthält die Spalte einer Nicht-Basisvariablen im Simplex-Tableau in der letzten Zeile eine Null, so handelt es sich um eine **mehrdeutige Lösung.**

Für das Auftreten einer mehrdeutigen Lösung im Simplex-Tableau wird zunächst ein Beispiel gerechnet.

B 20.6.2 Es wird von einer Modifikation des Beispiels in Abschnitt 20.3 und 20.5 ausgegangen. Statt der Stückgewinne von $g_1 = 2$ und $g_2 = 3$, wie sie oben vorlagen, wird jetzt unterstellt, daß für beide Produkte gleiche Stückgewinne gelten, und zwar $g_1 = g_2 = 2$. Die (lineare) Gewinnfunktion lautet dann $G = 2x_1 + 2x_2$.

Das Ausgangstableau für die Simplex-Methode lautet:

x_1	x_2	y_1	y_2	y_3	G		
2	1	1	0	0	0	200	⇐==
1	1	0	1	0	0	120	
1	3	0	0	1	0	240	⇐=
-2	-2	0	0	0	1	0	
↑ (gestrichelt)	↑						

Der kleinste Wert in der letzten Zeile ist -2. Dieser Wert tritt nun aber zweimal auf. Die Frage ist dann, welche Spalte man auswählen soll. Grundsätzlich ist es in einem solchen Fall gleichgültig, welche Spalte man auswählt. Entscheidet man sich für die erste Spalte, so muß man im nächsten Schritt die erste Zeile auswählen.
Man beachte, daß gleich große Werte in der letzten Zeile nichts mit Mehrdeutigkeit zu tun haben.
Hier ist die zweite Spalte ausgewählt worden.
Man erhält dann nacheinander folgende Simplex-Tableaus:

x_1	x_2	y_1	y_2	y_3	G		
$\frac{5}{3}$	0	1	0	$-\frac{1}{3}$	0	120	
$\frac{2}{3}$	0	0	1	$-\frac{1}{3}$	0	40	←
$\frac{1}{3}$	1	0	0	$\frac{1}{3}$	0	80	
$-\frac{4}{3}$	0	0	0	$\frac{2}{3}$	1	160	
↑							

x_1	x_2	y_1	y_2	y_3	G	
0	0	1	-2,5	0,5	0	20
1	0	0	1,5	-0,5	0	60
0	1	0	-0,5	0,5	0	60
0	0	0	2	0	1	240

In der letzten Zeile stehen keine negativen Werte mehr, das Lösungsverfahren ist damit also beendet. Aus der Tatsache, daß in der zu y_2 gehörenden Spalte unten 2 steht, folgt, daß y_2 (die nicht ausgenutzte Kapazität) in der Optimallösung nicht enthalten ist bzw. $y_2 = 0$ gilt, d.h. die Maschine B ist voll ausgelastet. Zu y_3 hat man in der betreffenden Spalte keinen Einheitsvektor, d.h. y_3 ist Nicht-Basisvariable und nicht in der Lösung. In der letzten Zeile steht aber unter y_3 eine Null. Es handelt sich um eine mehrdeutige Lösung. Vgl. dazu auch die graphische Darstellung in Figur 20.3.13.

Es ist nun die Frage, wie man die übrigen Optimallösungen (bei einer mehrdeutigen Lösung muß es ja mehrere geben) bestimmen kann. Dazu bringt man alle Variablen, die in der letzten Zeile des Simplex-Tableaus eine Null haben, in ein Gleichungssystem. Durch Veränderungen dieser Variablen wird nämlich der Gewinn nicht beeinflußt. (Vgl. dazu die Ausführungen zur Interpretation des Simplex-Tableaus im vorhergehenden Abschnitt.)
Es gilt

R 20.6.3

Gegeben sei eine Maximierungsaufgabe der Form D 20.5.1 mit mehrdeutiger Lösung. $x_1^*,\dots,x_s^*$ und $y_1^*,\dots,y_{m-s}^*$ $(0 \leqq s \leqq m)$ seien die m Basisvariablen und $x_{s+1}^*,\dots,x_{s+t}^*, y_{m-s+1}^*,\dots,y_{m-s+T-t}^*$ $(1 \leqq T \leqq n-m)$ seien T Nicht-Basisvariablen mit einer 0 in der letzten Zeile.
Man erhält sämtliche Lösungen der mehrdeutigen Maximierungsaufgabe als Lösung des aus dem optimalen Simplex-Tableau ablesbaren Gleichungssystems

$$
\begin{array}{l}
x_1^* + a_{1,s+1}^* x_{s+1}^* + \dots + a_{1,s+t}^* x_{s+t}^* + a_{1,m-s+1}^* y_{m-s+1}^* + \dots + a_{1,m-s+T-t}^* y_{m-s+T-t}^* = b_1^* \\
\dots \\
x_s^* + a_{s,s+1}^* x_{s+1}^* + \dots + a_{s,s+t}^* x_{s+t}^* + a_{s,m-s+1}^* y_{m-s+1}^* + \dots + a_{s,m-s+T-t}^* y_{m-s+T-t}^* = b_s^* \\
y_1^* + a_{s+1,s+1}^* x_{s+1}^* + \dots + a_{s+1,s+1}^* x_{s+t}^* + a_{s+1,m-s+1}^* y_{m-s+1}^* + \dots + a_{s+1,m-s+T-t}^* y_{m-s+T-t}^* = b_{s+1}^* \\
\dots \\
y_{m-s}^* + a_{m,s+1}^* x_{s+1}^* + \dots + a_{m,s+t}^* x_{s+t}^* + a_{m,m-s+1}^* y_{m-s+1}^* + \dots + a_{m,m-s+T-t}^* y_{m-s+T-t}^* = b_m^*
\end{array}
$$

wobei die Nichtnegativitätsbedingungen zu beachten sind.

B 20.6.4 Aus dem Simplex-Tableau der optimalen Lösung aus B 20.6.2 liest man folgende Gleichungen ab

$$
\begin{array}{l}
y_1 + \frac{1}{2} y_3 = 20 \\
x_1 - \frac{1}{2} y_3 = 60; \quad x_1, x_2, y_1, y_3 \geqq 0. \\
x_2 + \frac{1}{2} y_3 = 60
\end{array}
$$

Es ergibt sich also ein lineares Gleichungssystem von 3 Gleichungen für 4 Variablen. Dieses Gleichungssystem ist nicht eindeutig lösbar. Man erhält die Lösungen durch Vorgabe eines zulässigen Wertes für y_3, nämlich $0 \leqq y_3 \leqq 40$. Alle Lösungen ergeben G = 240.

Beispiele: a) $x_1 = 60,\ x_2 = 60,\ y_1 = 20,\ y_3 = 0;$

b) $x_1 = 80,\ x_2 = 40,\ y_1 = 0,\ y_3 = 40.$

Alle Lösungspunkte liegen auf der in Figur 20.3.13 stark ausgezogenen Strecke $\overline{P_7P_8}$. Die Lösungen a) bzw. b) führen zu Eckpunkten des Beschränkungsbereiches (P_7 bzw. P_8). Die Werte von y_1 bzw. y_3 geben die von den Maschinen A bzw. C jeweils nichtgenutzte Kapazität an.

Ein anderes Problem bei der Behandlung von Aufgaben der linearen Programmierung ist die Degeneration. Darauf wurde bereits kurz in Abschnitt 20.3 eingegangen. Es gilt:

D 20.6.5

> Ergibt sich bei der Durchführung des Simplex-Algorithmus für eine Basisvariable der Wert 0, so liegt **Degeneration** vor.

Es wird wieder das Beispiel aus den Abschnitten 20.3 und 20.5 betrachtet.

B 20.6.6 Die Kapazität der Maschine B möge jetzt 128 Stunden betragen. Das Ausgangstableau für die Simplex-Methode lautet dann:

x_1	x_2	y_1	y_2	y_3	G	
2	1	1	0	0	0	200
1	1	0	1	0	0	128
1	3	0	0	1	0	240
-2	-3	0	0	0	1	0

Die erste verbesserte Lösung lautet:

x_1	x_2	y_1	y_2	y_3	G	
$\frac{5}{3}$	0	1	0	$-\frac{1}{3}$	0	120
$\frac{2}{3}$	0	0	1	$-\frac{1}{3}$	0	48
$\frac{1}{3}$	1	0	0	$\frac{1}{3}$	0	80
-1	0	0	0	1	1	240

Nunmehr wird die erste Spalte ausgewählt. Für die Zeilenauswahl dividiert man wieder die Werte der letzten Spalte durch die der ausgewählten ersten Spalte. Es ergibt sich

$$120 : \frac{5}{3} = 72; \quad 48 : \frac{2}{3} = 72; \quad 80 : \frac{1}{3} = 240.$$

Es gibt zwei kleinste Werte, eine eindeutige Entscheidung ist nicht möglich. Man kann die Auswahl beliebig treffen. Hier wird die 1. Zeile ausgewählt.
(Es gibt Kriterien, die in einem solchen Fall für die Zeilenauswahl zusätzlich herangezogen werden können. Auf sie kann hier jedoch nicht eingegangen werden.)

x_1	x_2	y_1	y_2	y_3	G	
1	0	0,6	0	-0,2	0	72
0	0	-0,4	1	-0,2	0	0
0	1	-0,2	0	0,4	0	56
0	0	0,6	0	0,8	1	312

Als Lösung ergibt sich $x_1 = 72$, $x_2 = 56$ und $y_2 = 0$. Eine Basisvariable nimmt also den Wert 0 an. Das bedeutet, daß hier Degeneration oder Entartung vorliegt.

Es ist zu beachten, daß betriebswirtschaftlich gesehen Degeneration oft wünschenswert ist. In dem vorangegangenen Beispiel bedeutet das z.B., daß alle drei Maschinen bei Realisierung der Optimallösung voll ausgelastet sind.

Die Behandlung der Degeneration vor Erreichung der Optimallösung bereitet erhebliche Schwierigkeiten. Auf Einzelheiten dazu kann im Rahmen dieser Einführung nicht eingegangen werden.

Aufgaben

Ü 20.6.1 Eine Unternehmung produziert zwei Güter in den Mengen x_1 und x_2. Die Herstellung erfolgt so, daß jedes Stück auf den Maschinen A, B und C bearbeitet wird. Für die Bearbeitungszeiten je Stück ergeben sich folgende Werte:

		1. Gut	2. Gut
Bearbeitungszeit	A	10 Minuten	20 Minuten
auf der	B	20 Minuten	16 Minuten
Maschine	C	22 Minuten	8 Minuten

Die wöchentliche Arbeitszeit beträgt 40 Stunden oder 2400 Minuten. Die Stückgewinne $g_1 = 5$ DM/Stück und $g_2 = 4$ DM/Stück.

Bestimme das gewinnmaximale Produktionsprogramm.

Ü 20.6.2 Eine Unternehmung produziert zwei Güter in den Mengen x_1 und x_2. Für die Produktion werden die Maschinen A, B und C eingesetzt, wobei folgende Bearbeitungszeiten pro Stück anfallen.

	A	B	C
Gut 1	3h	1h	2h
Gut 2	1h	3h	2h

Die Maschinen sind 60 Stunden in der Woche verfügbar.

a) Für die beiden Güter ergeben sich als Stückgewinne 4 DM/Stück bzw. 6 DM/Stück. Wie lautet der lineare Optimierungsansatz zur Bestimmung eines gewinnmaximalen Produktionsprogramms?

b) Bestimme das optimale Produktionsprogramm mit der Simplex-Methode.

20.7 Die Minimierungsaufgabe der linearen Optimierung

In den vorausgegangenen Ausführungen wurde die Anwendung der Simplex-Methode zur Lösung von Linearen Optimierungsaufgaben mit einer zu maximierenden Zielfunktion und Nebenbedingungen in Form von "kleiner-gleich"-Bedingungen behandelt. Im folgenden soll gezeigt werden, wie man mit Hilfe der Simplex-Methode eine Aufgabe mit einer zu minimierenden Zielfunktion unter Beachtung von "größer-gleich"-Bedingungen lösen kann. Dazu wird zunächst ein Beispiel betrachtet.

B 20.7.1 Ein Geflügelfarmer verfüttert zwei Sorten Futter. Jedes kg der ersten Sorte A enthält 0,1 kg Eiweiß, 0,2 kg Fett und 0,1 kg Kohlehydrate. In der zweiten Sorte B sind 0,2 kg Eiweiß, 0,1 kg Fett und 0,6 kg Kohlehydrate enthalten. Der Rest jeder Sorte besteht aus unverdaulichen Stoffen. Der Farmer möchte nun aus den Futterstoffen A und B eine Mischung C herstellen, die insgesamt mindestens 1 kg Eiweiß, 0,8 kg Fett und 1,8 kg Kohlehydrate enthält. Das Futter A kostet 8 DM pro kg und B 12 DM pro kg im Einkauf. Wieviel kg jeder Futtersorte soll der Händler für die Herstellung der Futtermischung C verwenden, damit die Futterkosten für die Mischung minimiert werden?

In der folgenden Tabelle sind die Angaben übersichtlich zusammengestellt:

	Sorte A	Sorte B	Sorte C
Eiweiß	0,1 kg	0,2 kg	mindestens 1 kg
Fett	0,2 kg	0,1 kg	mindestens 0,8 kg
Kohlehydrate	0,1 kg	0,6 kg	mindestens 1,8 kg
Preis	8 DM/kg	12 DM/kg	

Die gesuchte Menge der Sorte A soll mit y_1 und die zu verwendende Menge der Sorte B soll mit y_2 bezeichnet werden. Die Kosten für die Mischung betragen dann

$$K = 8y_1 + 12y_2.$$

Diese lineare Kostenfunktion ist die Zielfunktion des Problems. Gesucht ist das Minimum dieser Zielfunktion unter Beachtung der Beschränkungen, die sich aus den Mindestmengen für die Nährstoffe ergeben. Da y_1 die (noch zu bestimmende) Menge der Sorte A bezeichnet und in der Sorte A 0,1 kg Eiweiß je kg enthalten sind, enthält die Mischung C 0,1 y_1 kg Eiweiß, die aus der Futtersorte A stammen. Aus Sorte B, die mit der Menge y_2 in die Mischung C eingeht und die 0,2 kg Eiweiß je kg enthält, gelangen 0,2 y_2 kg Eiweiß in die Mischung C. In der von dem Farmer herzustellenden Mischung C, in die demnach insgesamt $0{,}1y_1 + 0{,}2y_2$ kg Eiweiß gelangen, soll mindestens 1 kg Eiweiß enthalten sein. Daraus folgt:

Eiweiß: $0{,}1y_1 + 0{,}2y_2 \geqq 1.$

In gleicher Weise kann man die Minimalforderung für Fett und Kohlehydrate formulieren und erhält:

Fett: $0{,}2y_1 + 0{,}1y_2 \geqq 0{,}8.$

Kohlehydrate: $0{,}1y_1 + 0{,}6y_2 \geqq 1{,}8.$

Die Aufgabe, die zu lösen ist, lautet also:
Minimiere die lineare Zielfunktion (Kostenfunktion)

$$K = 8y_1 + 12y_2$$

unter den linearen Nebenbedingungen

$$0{,}1y_1 + 0{,}2y_2 \geqq 1$$

$$0{,}2y_1 + 0{,}1y_2 \geqq 0{,}8$$

$$0{,}1y_1 + 0{,}6y_2 \geqq 1{,}8$$

$$y_1 \geqq 0; \quad y_2 \geqq 0.$$

Für die graphische Lösung des Problems ist zunächst der Bereich der zulässigen Lösungen zu bestimmen. Die Begrenzungslinien dieses Bereiches werden, ebenso wie oben bei der Maximierungsaufgabe, durch die Nebenbedingungen bestimmt. In das (y_1, y_2)-Koordinatensystem sind also zunächst die Geraden

$$0{,}1y_1 + 0{,}2y_2 = 1; \quad 0{,}2y_1 + 0{,}1y_2 = 0{,}8 \text{ und } 0{,}1y_1 + 0{,}6y_2 = 1{,}8$$

einzuzeichnen, so wie dies in Figur 20.7.2 geschehen ist.

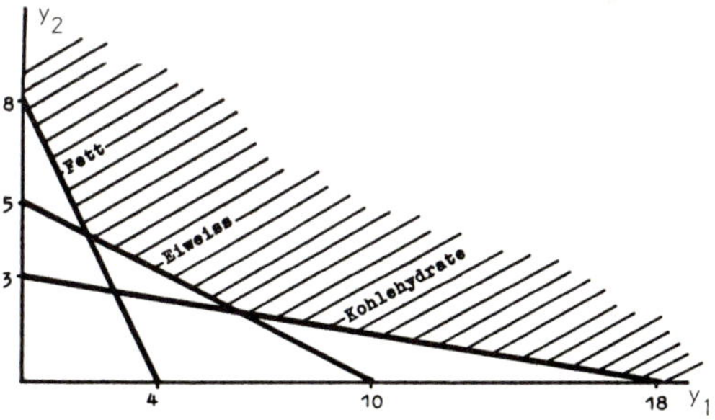

F 20.7.2

Der Bereich, in dem alle zulässigen Lösungen des Problems liegen, ist in der Figur 20.7.2 schraffiert. Von diesen zulässigen Lösungen ist nun die optimale zu bestimmen, d.h. die Lösung, die zu minimalen Kosten führt.

Für die Kostenfunktion ergibt sich eine Schar paralleler Geraden, die allgemein von der Form

$$y_2 = -\frac{2}{3}y_1 + \frac{K}{12}$$

sind. In der folgenden Figur 20.7.3 sind die Beschränkungsgeraden und einige Isokostengeraden, d.h. Geraden gleicher Kosten, eingezeichnet. Man sieht in der Figur, daß die geringsten Kosten durch Verwendung von 2 kg der ersten Futtersorte und 4 kg der zweiten Futtersorte entstehen. Die Kosten betragen dann K = 64 DM.

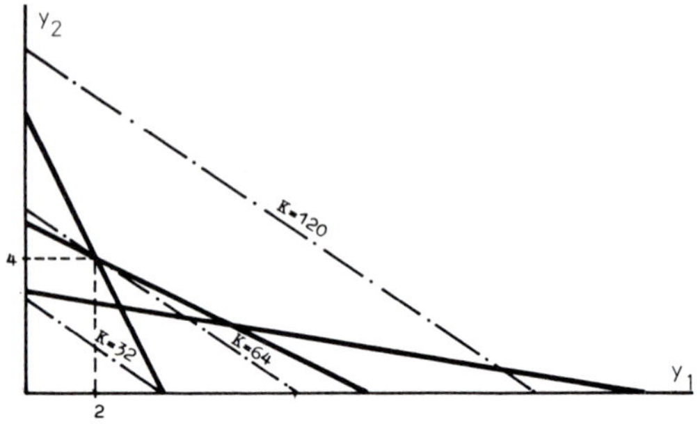

F 20.7.3

Nachdem gezeigt worden ist, wie die Lösung einer Minimierungsaufgabe mit $\geqq$ -Bedingungen im Rahmen einer Linearen Optimierung für einfache Fälle graphisch gelöst werden kann, soll das Problem allgemein formuliert werden.

D 20.7.4

Allgemeines Minimierungsproblem der Linearen Optimierung

Für die lineare Zielfunktion

$$K = b_1 y_1 + b_2 y_2 + \dots + b_m y_m = \sum_{j=1}^{m} b_j y_j$$

ist ein Minimum gesucht unter Berücksichtigung der Beschränkungen

$$a_{11} y_1 + a_{21} y_2 + \dots + a_{m1} y_m \geqq g_1 \text{ bzw. } \sum_{j=1}^{m} a_{j1} y_j \geqq g_1$$

$$a_{12} y_1 + a_{22} y_2 + \dots + a_{m2} y_m \geqq g_2 \text{ bzw. } \sum_{j=1}^{m} a_{j2} y_j \geqq g_2$$

$$\cdot \quad \cdot \quad \cdots \quad \cdot \quad \cdot \quad \cdot \quad \cdot \quad \cdot$$

$$a_{1n} y_1 + a_{2n} y_2 + \dots + a_{mn} y_m \geqq g_n \text{ bzw. } \sum_{j=1}^{m} a_{jn} y_j \geqq g_n$$

und den Nichtnegativitätsbedingungen

$y_j \geqq 0$ (j=1,...,m).

Unter Verwendung von Matrizen ergibt sich anstelle von D 20.7.4

D 20.7.5

Minimiere

$$K = (b_1, b_2, \ldots, b_m) \begin{pmatrix} y_1 \\ y_2 \\ \vdots \\ y_m \end{pmatrix} \quad \text{bzw. } \mathbf{K} = \mathbf{b'y}$$

unter den Beschränkungen

$$\begin{pmatrix} a_{11} & a_{21} & \cdots & a_{m1} \\ a_{12} & a_{22} & \cdots & a_{m2} \\ \cdot & \cdot & \cdots & \cdot \\ a_{1n} & a_{2n} & \cdots & a_{mn} \end{pmatrix} \begin{pmatrix} y_1 \\ y_2 \\ \cdot \\ y_m \end{pmatrix} \geqq \begin{pmatrix} g_1 \\ g_2 \\ \cdot \\ g_n \end{pmatrix} \quad \text{bzw. } \mathbf{A'y} \geqq \mathbf{g}$$

und den Nichtnegativitätsbedingungen

$(y_1, \ldots, y_m) \geqq \mathbf{0}$ bzw. $\mathbf{y} \geqq \mathbf{0}$.

Auf die analytische Lösung dieser Aufgabe wird im nächsten Abschnitt eingegangen.

Aufgaben

Ü 20.7.1 Die lineare Zielfunktion $K = y_1 + 2y_2$ ist unter den linearen Nebenbedingungen

$$\begin{pmatrix} 1 & 3 \\ 1 & 1 \\ 5 & 2 \end{pmatrix} \begin{pmatrix} y_1 \\ y_2 \end{pmatrix} \geqq \begin{pmatrix} 120 \\ 70 \\ 200 \end{pmatrix}, \quad (y_1, y_2) \geqq (0,0)$$

zu minimieren. Bestimme graphisch das Minimum.

Ü 20.7.2 In einer Papierfabrik werden Rollen zu 150 cm Breite hergestellt. Daraus sollen für den Verkauf 20 Rollen zu 65 cm Breite, 30 Rollen zu 55 cm Breite und 50 Rollen zu 45 cm Breite geschnitten werden. Wie ist zu schneiden, damit möglichst wenig Verschnitt anfällt? (Hinweis: Zur Formulierung des Problems als Minimierungsaufgabe der Linearen Optimierung bestimme zunächst alle Schnittpläne für 1 Rolle, z.B. 2 Rollen zu 45 cm Breite und 1 Rolle zu 55 cm Breite, und versuche dann mit möglichst wenig produzierten Rollen auszukommen.)

Ü 20.7.3 Ein Whisky-Händler importiert 3 und 8 Jahre alten schottischen Whisky (Sorten A und B) und verschneidet ihn mit deutschem Whisky (Sorte C). Die folgende Übersicht zeigt die verkauften Sorten mit den Verkaufspreisen und die Mindestanteile der eingekauften schottischen Sorten.

	A	B	Verkaufspreis
Blue Willy	60%	10%	5 DM/l
Old Herbert	40%	30%	4 DM/l
High Franz-Josef	-	60%	7 DM/l

Folgende Mengen sind zu den angegebenen Preisen verfügbar:

Sorte	A	B	C
Menge	2000 hl	2500 hl	1500 hl
Preis	3 DM/l	5 DM/l	2 DM/l

Formuliere einen linearen Optimierungsansatz zur Bestimmung der gewinnmaximalen Mengen der Sorten "Blue Willy", "Old Herbert", "High Franz-Josef".
(Hinweis: die Mengen der Sorten A (1), B (2), C (3) für die Sorten "Blue Willy" (1), "Old Herbert" (2), "High Franz-Josef" (3) bezeichne man mit $y_{11}, y_{12}, y_{13}, y_{21}$ usw., wobei der erste Index das Endprodukt und der zweite Index den eingekauften Whisky bezeichnet.)

20.8 Die Lösung der Minimierungsaufgabe mit der Simplex-Methode – Das Dualtheorem der linearen Optimierung

Zur Lösung des in D 20.7.4 bzw. D 20.7.5 formulierten Problems werden die Nebenbedingungen wie beim Maximierungsproblem durch Einführung von Hilfsvariablen bzw. Schlupfvariablen in Gleichungen überführt. Die Schlupfvariablen haben hier ein negatives Vorzeichen.
Die Aufgabe lautet dann

D 20.8.1

Bestimme das Minimum der Funktion

$$K = b_1 y_1 + b_2 y_2 + \dots + b_m y_m$$

unter den Beschränkungen

$$\begin{aligned} a_{11}y_1 &+ a_{21}y_2 + \dots + a_{m1}y_m - x_1 = g_1 \\ a_{12}y_1 &+ a_{22}y_2 + \dots + a_{m2}y_m - x_2 = g_2 \\ \cdot\quad &\quad \cdot \quad\ \dots \quad \cdot \qquad\quad \cdot \quad \cdot \\ a_{1n}y_1 &+ a_{2n}y_2 + \dots + a_{mn}y_m - x_n = g_n \end{aligned}$$

und den Nichtnegativitätsbedingungen

$$y_1 \geqq 0, \dots, y_m \geqq 0; \; x_1 \geqq 0, \dots, x_n \geqq 0.$$

Zur Lösung dieser Aufgabe stehen verschiedene Verfahren zur Verfügung. Für die Anwendung der Simplex-Methode ist die Aufgabe in D 20.8.1 umzuwandeln, und zwar wird die Minimierungsaufgabe mit $\geqq$ -Beschränkungen in eine Maximierungsaufgabe mit $\leqq$ -Beschränkungen umgeformt. Diese Umformung geschieht aufgrund des folgenden **Dualtheorems oder Dualitätssatzes der Linearen Optimierung.**

R 20.8.2

Die **Minimierungsaufgabe:**
Minimiere $K = b_1y_1 + b_2y_2 + ... + b_my_m$
unter den Beschränkungen

$$a_{11}y_1 + a_{21}y_2 + ... + a_{m1}y_m - x_1 = g_1$$
$$a_{12}y_1 + a_{22}y_2 + ... + a_{m2}y_m - x_2 = g_2$$
$$\cdot \quad \cdot \quad ... \quad \cdot \quad \cdot \quad \cdot$$
$$a_{1n}y_1 + a_{2n}y_2 + ... + a_{mn}y_m - x_n = g_n$$

und den Nichtnegativitätsbedingungen

$$y_1 \geqq 0,...,y_m \geqq 0; x_1 \geqq 0,...,x_n \geqq 0,$$

entspricht eindeutig der dualen Maximierungsaufgabe:
Maximiere $G = g_1x_1 + g_2x_2 + ... + g_nx_n$
unter den Beschränkungen

$$a_{11}x_1 + a_{12}x_2 + ... + a_{1n}x_n + y_1 = b_1$$
$$a_{21}x_2 + a_{22}x_2 + ... + a_{2n}x_n + y_2 = b_2$$
$$\cdot \quad \cdot \quad ... \quad \cdot \quad \cdot \quad \cdot$$
$$a_{m1}x_1 + a_{m2}x_2 + ... + a_{mn}x_n + y_m = b_m$$

und den Nichtnegativitätsbedingungen

$$x_1 \geqq 0,...,x_n \geqq 0; y_1 \geqq 0,...,y_m \geqq 0.$$

Zu jeder Minimierungsaufgabe gehört eindeutig eine duale Maximierungsaufgabe. Zu einer Minimierungsaufgabe findet man die Lösung über die duale Maximierungsaufgabe. Die Hilfsvariablen der Minimierungsaufgabe entsprechen den echten Variablen der dualen Maximierungsaufgabe und umgekehrt.
Für die Lösung der dualen Aufgabe gilt folgendes:

R 20.8.4

Gegeben sei eine Minimierungsaufgabe und die dazu duale Maximierungsaufgabe mit deren optimaler Lösung. Die Basisvariablen der Maximierungsaufgabe sind die Nicht-Basisvariablen der dualen Minimierungsaufgabe und die Nicht-Basisvariablen der Maximierungsaufgabe sind die Basisvariablen der Minimierungsaufgabe.
Die Lösungswerte der Basisvariablen der Maximierungsaufgabe sind die Schattenpreise der Nicht-Basisvariablen der dualen Minimierungsaufgabe und die Schattenpreise der Nicht-Basisvariablen der Maximierungsaufgabe sind die Lösungswerte der Basisvariablen der Minimierungsaufgabe.

Zur Erläuterung wird das Beispiel aus Abschnitt 20.7 fortgeführt.

B 20.8.5 Es ist ein Minimum der Zielfunktion $K = 8y_1 + 12y_2$ zu bestimmen unter Berücksichtigung der Beschränkungen

$$0{,}1y_1 + 0{,}2y_2 \geqq 1$$
$$0{,}2y_1 + 0{,}1y_2 \geqq 0{,}8$$
$$0{,}1y_1 + 0{,}6y_2 \geqq 1{,}8$$
$$y_1 \geqq 0, \; y_2 \geqq 0.$$

Schreibt man dieses System **ohne** Hilfsvariablen und Nichtnegativitätsbedingungen in Tabellenform, so erhält man

0,1	0,2	1
0,2	0,1	0,8
0,1	0,6	1,8
-8	-12	0

Aus dieser Tabelle kann man dann das ursprüngliche System von Gleichungen bzw. Ungleichungen so ablesen, daß jeder **Zeile** eine Ungleichung bzw. Gleichung entspricht. Die Zielfunktion steht in der letzten Zeile, das Gleichheits- bzw. Ungleichheitszeichen entspricht dem senkrechten Doppelstrich.
Die zu der gegebenen Aufgabe duale Aufgabe liest man aus der Tabelle in vertikaler Richtung. Während also ursprünglich jede **Zeile** einer Gleichung bzw. Ungleichung entspricht, bedeutet nunmehr jede **Spalte** eine Ungleichung bzw. Gleichung. Das Ungleichheitszeichen kehrt sich dabei um. Die Zielfunktion steht in der letzten Spalte. Das neue System von Gleichungen bzw. Ungleichungen lautet dann

$$\left.\begin{array}{l} 0{,}1x_1 + 0{,}2x_2 + 0{,}1x_3 \leqq 8 \\ 0{,}2x_1 + 0{,}1x_2 + 0{,}6x_3 \leqq 12 \end{array}\right\} \quad \text{Nebenbedingungen}$$
$$x_1 + 0{,}8x_2 + 1{,}8x_3 = G \quad \text{Zielfunktion.}$$

Die zu der ursprünglichen Aufgabe **duale Aufgabe** lautet dann:

Maximiere die lineare Zielfunktion

$$G = x_1 + 0{,}8x_2 + 1{,}8x_3$$

unter Berücksichtigung der linearen Nebenbedingungen

$$0{,}1x_1 + 0{,}2x_2 + 0{,}1x_3 \leqq 8$$
$$0{,}2x_1 + 0{,}1x_2 + 0{,}6x_3 \leqq 12$$
$$x_1 \geqq 0; \; x_2 \geqq 0; \; x_3 \geqq 0.$$

Die Lösung einer derartigen Maximierungsaufgabe unter Berücksichtigung von $\leqq$-Bedingungen ist bereits oben ausführlich diskutiert worden.

Das Ausgangstableau lautet

x_1	x_2	x_3	y_1	y_2	G	
0,1	0,2	0,1	1	0	0	8
0,2	0,1	0,6	0	1	0	12
-1	-0,8	-1,8	0	0	1	0

Nach der dritten Iteration erhält man als Endtableau

x_1	x_2	x_3	y_1	y_2	G	
0	1	$-\frac{4}{3}$	$\frac{20}{3}$	$-\frac{10}{3}$	0	$\frac{40}{3}$
1	0	$\frac{11}{3}$	$-\frac{10}{3}$	$\frac{20}{3}$	0	$\frac{160}{3}$
0	0	0,8	2	4	1	64

Liest man die Lösung in der gewohnten Weise aus diesem Endschema (es sind keine negativen Werte mehr in der letzten Zeile) ab, so ergibt sich

$$x_1 = \frac{160}{3}, \quad x_2 = \frac{40}{3}, \quad G = 64.$$

Die Lösung der ursprünglichen Minimierungsaufgabe kann aus dem Lösungsschema der dualen Maximierungsaufgabe in der folgenden Weise abgelesen werden:
In den Spalten unter den beiden Hilfsvariablen y_1 und y_2 stehen unten in der letzten Zeile die Lösungswerte der beiden Variablen des ursprünglichen Problems. Es ist also

$$y_1 = 2, \; y_2 = 4.$$

Das gleiche gilt für die Hauptvariable x_3 der Maximierungsaufgabe. Es ist also ferner

$$x_3 = 0{,}8,$$

d.h. die Mischung C enthält 0,8 kg Kohlehydrate mehr als verlangt war. Der Wert der Zielfunktion ist in der Maximierungsaufgabe der gleiche wie in der zu ihr dualen Minimierungsaufgabe. Das Kostenminimum ergibt also K = 64.
Die Lösungswerte für x_1 $(= \frac{160}{3})$ und x_2 $(= \frac{40}{3})$ geben an, wie sich die Kosten verändern, wenn man die Mindestmengen an Eiweiß bzw. Fett um eine Mengeneinheit verändert.

Aufgaben

Ü 20.8.1 Ein Elektrizitätswerk kann wahlweise Schweröl, leichtes Heizöl
*** oder Kohle zur Stromerzeugung einsetzen. Die Heizwerte in kJ pro Mengeneinheit betragen 24, 28 und 16. Insgesamt sollen pro Monat

* mindestens 48 Milliarden kJ Wärmeeinheiten erzeugt werden. Zur Unterstützung der einheimischen Industrie müssen monatlich mindestens 800 t Kohle verfeuert werden. Wieviel Mengeneinheiten der Brennstoffe sollen verfeuert werden, wenn die Kosten möglichst gering sein sollen und je Einheit DM 30, 40, 24 entstehen?

Ü **20.8.2** Bestimme das Minimum von $K = 3y_1 + 4y_2$ unter den Beschränkungen $2y_1 + 3y_2 \geqq 18$ und $2y_1 + y_2 \geqq 10$.

20.9 Ergänzende Bemerkungen

In den vorhergehenden Ausführungen dieses Kapitels konnten nur die Grundzüge der Linearen Optimierung behandelt werden. Das erscheint im Rahmen einer Einführung in die Mathematik für Wirtschaftswissenschaftler notwendig, da die Lineare Optimierung in Theorie und Praxis in vielen Bereichen Bedeutung hat. Es ist aber darauf hinzuweisen, daß hier die **reinen** Aufgaben der Maximierung bzw. Minimierung einer Zielfunktion dargestellt wurden, die in Matrizenschreibweise lauten

$$\underset{\mathbf{x}}{\text{Max}}\,\{G = \mathbf{g}'\mathbf{x} \mid \mathbf{A}\mathbf{x} \leqq \mathbf{b};\ \mathbf{x} \geqq \mathbf{0}\} \text{ bzw. } \underset{\mathbf{y}}{\text{Min}}\,\{K = \mathbf{b}'\mathbf{y} \mid \mathbf{A}'\mathbf{y} \geqq \mathbf{g};\ \mathbf{y} \geqq \mathbf{0}\}.$$

In der praktischen Anwendung kommen auch oft Aufgabenstellungen vor, bei denen Nebenbedingungen Gleichungsform haben oder bei denen sowohl "$\leqq$"- als auch "$\geqq$"-Bedingungen auftreten.
Von den verschiedenen Methoden der Linearen Optimierung ist hier besonders auf die revidierte Simplex-Methode hinzuweisen, die insbesondere für die Lösung von Aufgabenstellungen der Linearen Optimierung mittels elektronischer Datenverarbeitungsanlagen Bedeutung hat.
Für zahlreiche Probleme wurden Spezialverfahren zur Lösung entwickelt. Am bekanntesten ist das sogenannte Transportproblem, das im nächsten Kapitel behandelt wird.

21. Das Transportproblem

21.1 Einführung

Innerhalb der Linearen Optimierung spielt das sogenannte Transportproblem mit seinen speziellen Lösungsverfahren eine wichtige Rolle. Dazu wird zunächst folgendes Beispiel betrachtet:

B 21.1.1 Eine Kaffeehandelsgesellschaft will 16 t Kaffee, von denen 10 t in einem Lagerhaus L1 und 6 t in einem Lagerhaus L2 aufbewahrt werden, auf drei Filialen F1, F2, F3 verteilen. In die einzelnen Filialen sind 5 t, 7 t bzw. 4 t zu liefern. Die Transportkosten pro Tonne von den verschiedenen Lagerhäusern in die Filialen sind in der folgenden Tabelle zusammengestellt. Diese Tabelle enthält auch noch einmal die benötigten bzw. verfügbaren Mengen.

	Filiale			Menge, die in dem entsprechenden Lagerhaus vorhanden ist
	F1	F2	F3	
Lagerhaus L1	7 DM/t	5 DM/t	8 DM/t	10
Lagerhaus L2	2 DM/t	3 DM/t	4 DM/t	6
Menge, die in der entsprechenden Filiale benötigt wird	5	7	4	16 (gesamte zu transportierende Menge)

Gefragt ist nun nach der Verteilung des Kaffees, bei der die gesamten Transportkosten minimal werden.
Für die nähere Beschreibung des Problems wird die Menge, die vom Lager Li in die Filiale Fj transportiert wird, mit x_{ij} bezeichnet (i=1,2; j=1,2,3). Die Belieferung der Filialen von den Lagerhäusern ist so vorzunehmen, daß die gesamten Transportkosten K zu einem Minimum werden, wobei die Transporte entsprechend den in den Filialen benötigten bzw. in den Lagerhäusern vorhandenen Mengen vorzunehmen sind. Durch die benötigten bzw. vorhandenen Mengen ergeben sich die Beschränkungen des Transportproblems.
Die bei der Verteilung des Kaffees entstehenden gesamten Transportkosten K betragen $K = 7x_{11}+5x_{12}+8x_{13}+2x_{21}+3x_{22}+4x_{23}$.
Diese Funktion ist zu minimieren unter Berücksichtigung der linearen Beschränkungen

$$x_{11} + x_{21} = 5, \quad x_{12} + x_{22} = 7, \quad x_{13} + x_{23} = 4,$$

$$x_{11} + x_{12} + x_{13} = 10, \quad x_{21} + x_{22} + x_{23} = 6;$$

und den Nichtnegativitätsbedingungen $x_{ij} \geqq 0$, $i = 1,2$; $j = 1,2,3$.

Das Lösungsverfahren ist so aufgebaut, daß man zunächst eine Basislösung bestimmt. Diese ist dadurch gekennzeichnet, daß möglichst wenig Felder besetzt sind, d.h. möglichst wenig Transportwege in Anspruch genommen werden. Das ist hier der Fall, wenn 4 Felder besetzt sind.

Die beiden folgenden Lösungen geben Basislösungen an:

	F1	F2	F3	
L1	5	1	4	10
L2		6		6
	5	7	4	

	F1	F2	F3	
L1		6	4	10
L2	5	1		6
	5	7	4	

Die Ausgangsbasislösung prüft man nun daraufhin, ob sie die Optimallösung darstellt, ist das nicht der Fall, dann verbessert man die Lösung schrittweise, wobei nach jedem Schritt wieder die Optimalität geprüft wird, so lange, bis die Optimallösung gefunden ist.

Beim Transportproblem hat man es meistens mit Aufgaben der beschriebenen Art zu tun. Es gibt eine bestimmte Anzahl von Versendern und Empfängern, die ein Gut in gewissen Mengen vorrätig haben bzw. benötigen. Der Transport von den Versendern zu den Empfängern ist so vorzunehmen, daß möglichst niedrige Transportkosten entstehen. Der Ansatz kann aber auch auf die Lösung anderer Probleme angewendet werden, wie weiter unten gezeigt wird.

Aufgaben

Ü 21.1.1 In drei Tanklagern T1, T2 und T3 lagern 3000 t, 2400 t bzw. 4200 t Rohöl. Das Rohöl soll in den Raffinerien R1, R2, R3 und R4 weiterverarbeitet werden. Die Raffinerien haben Kapazitäten von 2000 t, 2500 t, 1500 t bzw. 3600 t. Für den Transport einer Tonne Rohöl vom Tanklager Ti (i=1,2,3) zur Raffinerie Rj (j=1,2,3,4) entstehen Kosten von k_{ij}. Es ist $k_{11} = 5$, $k_{12} = 6$, $k_{13} = 4$, $k_{14} = 2$, $k_{21} = 8$, $k_{22} = 5$, $k_{23} = 6$, $k_{24} = 3$, $k_{31} = 6$, $k_{32} = 5$, $k_{33} = 7$, $k_{34} = 2$.

a) Wie lautet die zu dem Transportproblem gehörige Tabelle? (Schreibe dazu die Mengenangaben und die Kostenwerte in eine Tabelle.)

b) Gib zwei Basislösungen des Transportproblems an.

21.2 Allgemeine Formulierung des Transportproblems

Die allgemeine Formulierung des im vorhergehenden Abschnitt an einem Beispiel dargestellten Transportproblems lautet folgendermaßen:

D 21.2.1 An m **Versandorten** A1,A2,...,Am sei ein Gut in den Mengen $a_1, a_2, \ldots, a_m$ verfügbar. Dieses Gut werde an den n

Bestimmungsorten B1,B2,...,Bn in den Mengen $b_1, b_2, \dots, b_n$ benötigt.
Die an den Versandorten insgesamt verfügbare Menge sei so groß wie die an den Bestimmungsorten insgesamt benötigte Menge, d.h. es gelte
$a_1 + a_2 + \dots + a_m = b_1 + b_2 + \dots + b_n$.
Die Transportkosten einer Einheit vom Versandort Ai nach dem Empfangsort Bj betragen k_{ij}. Es sei x_{ij} die von Ai nach Bj transportierte Menge.
Ein transportkostenminimaler Versandplan ergibt sich als Lösung der folgenden Aufgabe:

$$\text{Minimiere } K = \sum_{i=1}^{m} \sum_{j=1}^{n} k_{ij} x_{ij}$$

unter den Beschränkungen

$$x_{i1} + x_{i2} + x_{i3} + \dots + x_{in} = \sum_{j=1}^{n} x_{ij} = a_i \quad (i=1,\dots,m)$$

(Versandbedingungen)
und

$$x_{1j} + x_{2j} + x_{3j} + \dots + x_{mj} = \sum_{i=1}^{m} x_{ij} = b_j \quad (j=1,\dots,n)$$

(Empfangsbedingungen)
und den Nichtnegativitätsbedingungen

$$x_{ij} \geqq 0, \; i=1,\dots,m; \; j=1,\dots,n.$$

Formal ähnelt die Aufgabenstellung des Transportproblems der allgemeinen Minimierungsaufgabe der Linearen Optimierung.
Die Angaben eines Transportproblems kann man übersichtlich in einer Tabelle zusammenstellen.

	Empfangsorte				verfügbare Mengen in den Versandorten
	B1	B2	...	Bn	
Versandorte A1	k_{11} / x_{11}	k_{12} / x_{12}		k_{1n} / x_{1n}	a_1
A2	k_{21} / x_{21}	k_{22} / x_{22}		k_{2n} / x_{2n}	a_2
⋮					⋮
Am	k_{m1} / x_{m1}	k_{m2} / x_{m2}		k_{mn} / x_{mn}	a_m
benötigte Mengen in den Empfangsorten	b_1	b_2	...	b_n	

Eine so aufgebaute Tabelle wird auch für die Lösung des Transportproblems benutzt.

Bevor auf die eigentliche Lösung des Transportproblems eingegangen wird, soll im nächsten Abschnitt zunächst die Bestimmung einer Ausgangsbasislösung behandelt werden. Diese Ausgangsbasislösung wird dann auf Optimalität geprüft und gegebenenfalls schrittweise verbessert.

Aufgaben

Ü 21.2.1 Gegeben sei das in der folgenden Tabelle dargestellte Transportproblem, wobei in den Feldern der Tabelle die Transportkosten je Mengeneinheit stehen.

		Empfänger E1	E2	E3	E4	verfügbare Mengen
Ver-	V1	5	4	3	7	16
sen-	V2	3	5	2	6	22
der	V3	2	5	3	3	13
benötigte Mengen		25	8	6	12	

Gib die Zielfunktion und die Beschränkungen des Problems an.

21.3 Bestimmung einer Ausgangsbasislösung

Auch beim Transportproblem spielt der Begriff der Basislösung eine Rolle.

D 21.3.1 Gegeben sei ein Transportproblem der Form D 21.2.1 mit m Versendern und n Empfängern. Bei einer **Basislösung** haben höchstens m + n - 1 Variablen von Null verschiedene Lösungswerte ($x_{ij} > 0$).

Da ein Transportproblem offenbar immer mehrere Basislösungen hat, entsteht die Frage, wie man eine Ausgangslösung bestimmt. Eine sehr einfache Methode ist die sogenannte **Nord-West-Ecken-Regel,** die man üblicherweise unter Verwendung der im vorhergehenden Abschnitt angegebenen Tabelle ermittelt.

R 21.3.2 Gegeben sei ein Transportproblem der Form D 21.2.1. Eine Basislösung dieses Problems erhält man auf folgende Weise:

(1) x_{11} bekommt den höchstzulässigen Wert, d.h. $x_{11} = \min(a_1, b_1)$.

(2) Ist $x_{11} = a_1$, so bekommt als nächstes x_{21} den höchstzulässigen Wert: $x_{21} = \min(a_2; b_1 - x_{11})$.

Ist $x_{11} = b_1$, so setzt man im zweiten Schritt für x_{12} den höchstzulässigen Wert: $x_{12} = \min(a_1 - x_{11}; b_2)$.

In dieser Weise fährt man fort und führt nach Bestimmung der Menge x_{ij} die Besetzung des nächsten Feldes wie folgt aus:

(3a) Ist durch Festlegung des Wertes für x_{ij} eine Versandbedingung erfüllt (Vorrat des Versenders i ist erschöpft), so wird im nächsten Schritt für $x_{i+1,j}$ die höchstzulässige Menge eingesetzt:

$$x_{i+1,j} = \min(a_{i+1}, b_j - \sum_{k=1}^{i} x_{kj}).$$

(3b) Ist durch Bestimmung von x_{ij} eine Empfangsbedingung erfüllt (der Bedarf des Empfängers j ist dann befriedigt), so wird im folgenden Schritt für $x_{i,j+1}$ die höchstzulässige Menge eingesetzt:

$$x_{i,j+1} = \min(a_i - \sum_{k=1}^{j} x_{ik}; b_{j+1}).$$

Die Anwendung der Nord-West-Ecken-Regel sei an folgendem Beispiel erläutert:

B 21.3.3 Gegeben sei folgendes Transportproblem (ohne Transportkosten).

		Empfänger					
		E1	E2	E3	E4	E5	
Versender	V1						60
	V2						30
	V3						20
	V4						50
		52	22	32	42	12	

Für eine Ausgangsbasislösung nach der Nord-West-Ecken-Regel wird $x_{11} = 52$. E1 ist damit befriedigt. Im zweiten Schritt bekommt x_{12} den Wert $x_{12} = 8$. Damit ist der Vorrat bei V1 erschöpft. Die bei E2 noch fehlende Menge kommt von V2: $x_{22} = 14$. Der bei V2 verbleibende Rest geht nach E3 (16) und E3 bekommt weitere 16 Mengeneinheiten von V3. So verfährt man weiter und erhält schließlich die folgende Lösung:

		Empfänger					
		E1	E2	E3	E4	E5	
Versender	V1	52	8				60
	V2		14	16			30
	V3			16	4		20
	V4				38	12	50
		52	22	32	42	12	

Die Ermittlung einer Ausgangsbasislösung nach der Nord-West-Ecken-Regel läßt die Kosten unberücksichtigt. Es ist deshalb möglich, daß eine so bestimmte Ausgangsbasislösung sehr weit vom Optimum entfernt ist und es sehr vieler Iterationen bedarf, um die Optimallösung zu finden. Das folgende Verfahren zur Bestimmung einer Ausgangsbasislösung berücksichtigt die Kosten und führt meistens dazu, daß das Optimum schneller erreicht wird. Es ist unter dem Namen **VOGELsche Approximationsmethode** bekannt.

R 21.3.4 Gegeben sei ein Transportproblem der Form D 21.2.1 mit tabellarischer Angabe der Kosten. Das folgende Verfahren liefert eine Ausgangsbasislösung mit niedrigen Kosten:

(1) Von allen Kostenwerten jeder Zeile wird der kleinste Wert der betreffenden Zeile subtrahiert. Für die neuen Kostenwerte k^*_{ij} gilt dann

$$k^*_{ij} = k_{ij} - \min_j(k_{ij}); \ (i=1,\ldots,m)$$

(2) Von allen k^*_{ij} jeder Spalte der so erhaltenen Tabelle wird der kleinste Spaltenwert abgezogen

$$k'_{ij} = k^*_{ij} - \min_i(k^*_{ij}); \ (j=1,\ldots,n).$$

(3) Für jede Zeile und jede Spalte der so erhaltenen Tabelle der k'_{ij}-Werte bestimmt man nun die Differenz zwischen den beiden kleinsten Werten.

(4) In der Zeile bzw. Spalte mit der größten Differenz besetzt man das Feld mit dem kleinsten k'_{ij}-Wert mit der größtmöglichen Menge.

(5) Die Spalte bzw. Zeile, deren Beschränkung durch Schritt (4) erfüllt wird, wird gestrichen und für die reduzierte Tabelle fährt man mit Schritt (3) fort.

Die VOGELsche Approximationsmethode sei an Beispiel 21.3.3 erläutert.

B 21.3.5 Für B 21.3.3 seien folgende Einheitstransportkosten gegeben

	E_1	E_2	E_3	E_4	E_5
V_1	4	5	6	8	11
V_2	2	7	8	10	6
V_3	7	6	10	5	4
V_4	1	2	7	4	8

Schritt (1): Subtraktion des kleinsten Zeilenwertes von allen Werten jeder Zeile liefert Tabelle T1.

Schritt (2): Subtraktion des kleinsten Wertes jeder Spalte von allen Werten dieser Spalte, ergibt Tabelle T2.

T1	E_1	E_2	E_3	E_4	E_5
V_1	0	1	2	4	7
V_2	0	5	6	8	4
V_3	3	2	6	1	0
V_4	0	1	6	3	7

T2	E_1	E_2	E_3	E_4	E_5
V_1	0	0	0	3	7
V_2	0	4	4	7	4
V_3	3	1	4	0	0
V_4	0	0	4	2	7

Ergänzung der Mengen und Bestimmung der Differenzen der beiden kleinsten Werte je Zeile und jeder Spalte ergibt Tabelle T3.
Es gibt mehrere größte Differenzen und somit kann man die 3. oder 5. Spalte oder die 2. Zeile auswählen. Hier wird die dritte Spalte gewählt und somit $x_{13} = 32$ gesetzt. Die dritte Spalte kann eliminiert werden.

Für die reduzierte Tabelle erhält man unter Berücksichtigung der zugeteilten Mengen Tabelle T4.

T3	E_1	E_2	E_3	E_4	E_5		
V_1	0	0	0	3	7	60	0
V_2	0	4	4	7	4	30	4
V_3	3	1	4	0	0	20	0
V_4	0	0	4	2	7	50	0
	52	22	32	42	12		
	0	0	4	2	4		

T4	E_1	E_2	E_3	E_4	E_5		
V_1	0	0	32	3	7	28	0
V_2	0	4	.	7	4	30	4
V_3	3	1	.	0	0	20	0
V_4	0	0	.	2	7	50	0
	52	22	.	42	12		
	0	0	.	2	4		

Es wird die 2. Zeile gewählt und somit ist $x_{21} = 30$. Die 2. Zeile wird gestrichen. Als reduzierte Tabelle erhält man Tabelle T5.
Die größte Differenz hat man in der 5. Spalte, und es ist $x_{35} = 12$. Die 5. Spalte wird gestrichen: Tabelle T6

T5	E_1	E_2	E_3	E_4	E_5		
V_1	0	0	32	3	7	28	0
V_2	30	.	.	.	.	.	.
V_3	3	1	.	0	0	20	0
V_4	0	0	.	2	7	50	0
	22	22	.	42	12		
	0	0		2	7		

T6	E_1	E_2	E_3	E_4	E_5		
V_1	0	0	32	3	.	28	0
V_2	30	.	.	.	.	.	.
V_3	3	1	.	0	12	8	1
V_4	0	0	.	2	.	50	0
	22	22	.	42	.		
	0	0	.	2	.		

Es ist $x_{34} = 8$ und die 3. Zeile wird gestrichen: Tabelle T7.

Es ist $x_{44} = 34$ und die 4. Spalte wird gestrichen: Tabelle T8.

T7	E_1	E_2	E_3	E_4	E_5		
V_1	0	0	**32**	3	.	28	0
V_2	**30**	.	.	.	.	.	.
V_3	.	.	.	**8**	**12**	.	.
V_4	0	0	.	(2)	.	50	0
	22	22	.	34	.		
	0	0	.	1	.		

T8	E_1	E_2	E_3	E_4	E_5		
V_1	0	0	**32**	.	.	28	0
V_2	**30**	.	.	.	.	.	.
V_3	.	.	.	**8**	**12**	.	.
V_4	0	0	.	**34**	.	16	.
	22	22	.	.	.		
	0	0	.	.	.		

Als Differenz hat man nur noch Nullen. Die Zuteilung der restlichen Mengen ist damit beliebig. Entscheidet man sich zunächst für $x_{11} = 22$, so erhält man als Ausgangsbasislösung:

	E_1	E_2	E_3	E_4	E_5	
V_1	22	6	32			60
V_2	30					30
V_3				8	12	20
V_4		16		34		50
	52	22	32	42	12	

Während die Nord-West-Ecken-Regel Kosten von K = 902 ergibt, entstehen bei der Ausgangsbasislösung nach der VOGELschen Approximationsmethode Kosten von K = 626.

Die Nord-West-Ecken-Regel ist zwar wesentlich einfacher, jedoch wird der erhöhte Aufwand der VOGELschen Approximationsmethode im allgemeinen durch die Einsparung bei den weiteren Berechnungen zur Bestimmung einer optimalen Lösung aufgewogen. Auf weitere Verfahren zur Bestimmung einer Ausgangsbasislösung soll hier nicht eingegangen werden.

Aufgaben

Ü 21.3.1 Gegeben sei das Transportproblem aus Aufgabe 21.2.1. Bestimme eine Basislösung a) nach der Nord-West-Ecken-Regel, b) nach der VOGELschen Approximationsmethode.

Ü 21.3.2 Gegeben sei folgendes Transportproblem (die Zahlen in den inneren Feldern der Tabelle geben die Kosten für den Transport einer Einheit an):

		Empfänger				verfügbare
		B1	B2	B3	B4	Mengen
Ver-	A1	7	6	4	2	3000
sen-	A2	9	5	6	8	2400
der	A3	6	5	4	10	4200
		2000	2500	1500	3600	

Bestimme eine Basislösung a) nach der Nord-West-Ecken-Regel und b) nach der VOGELschen Approximationsmethode. Gib für beide Basislösungen die gesamten Transportkosten an.

21.4 Die „Stepping-Stone"-Methode

Um zu prüfen, ob eine Basislösung eines Transportproblems zu einem Minimum der Transportkosten führt, kann man eine Optimalitätsprüfung vornehmen, die unter dem Namen "Stepping-Stone"-Methode bekannt ist. Man betrachtet dabei nur die unbesetzten Felder der Tabelle. Diese entsprechen nicht benutzten Transportbeziehungen. Für jedes unbesetzte Feld prüft man, um wieviel sich die Kosten pro Mengeneinheit verändern, wenn man den entsprechenden Transportweg benutzt und dafür einen anderen aus der Lösung herausnimmt. Die "Stepping-Stone"-Methode soll zunächst an einem Beispiel erläutert werden.

B 21.4.1 Es wird auf das Problem aus Beispiel 21.1.1 zurückgegriffen. Die folgende Tabelle enthält dazu neben den gegebenen Daten (Mengen, Einheitstransportkosten) eine Basislösung nach der Nord-West-Ecken-Regel.

	Filiale						verfüg=bare Menge
	F_1		F_2		F_3		
Lagerhaus L_1	7	5	5	5	8		10
Lagerhaus L_2	2		3	2	4	4	6
benötigte Menge	5		7		4		

Für die Prüfung dieser Lösung auf Optimalität ist festzustellen, ob durch Einbeziehung der bisher nicht genutzten Wege (L2 nach F1 und L1 nach F3) die Transportkosten gesenkt werden können. Zunächst wird das freie Feld links unten betrachtet.

Wenn eine Tonne Kaffee von L2 nach F1 transportiert wird, so entstehen unmittelbare Kosten von 2 DM. Würde man nun eine 1 in das entsprechende Feld der Matrix eintragen, so erhielte man eine Lösung, die nicht mehr zulässig ist, denn es würden ja dann insgesamt 6 t Kaffee nach F1 transportiert und 7 t von L2 abgeholt, und das widerspricht den gestellten Bedingungen.
In der Ausgangsbasislösung muß man deshalb, um eine zulässige Lösung zu behalten, Veränderungen der Lösung so vornehmen, daß die gestellten Bedingungen erfüllt bleiben. Wenn man eine Tonne von L2 nach F1 bringt, dann darf man, da in F1 insgesamt nur 5 t benötigt werden, nur noch 4 t von L1 nach F1 bringen. Dann hat man aber von den 10 t in L1 4 t nach F1 und 5 t nach F2 gebracht. Es bleibt also 1 t in L1 übrig.

Diese bringt man nach F2 und bringt entsprechend 1 t weniger von L2 nach F2. Diese Veränderungen in den transportierten Mengen zeigt die folgende Tabelle:

	F_1	F_2	F_3
L_1	5 - 1 = 4	5 + 1 = 6	
L_2	+1	2 - 1 = 1	4

Da sich x_{11} und x_{22} um eine Einheit verringern und x_{12} und x_{21} um eine Einheit erhöhen, verändern sich die Kosten auch entsprechend, und zwar wie folgt:

Transportbeziehung	L1 nach F1	L1 nach F2	L2 nach F1	L2 nach F2
Änderung der Menge	-1	+1	+1	-1
Änderung der Kosten	-7	+5	+2	-3

Die Kosten ändern sich also um -7 + 5 + 2 - 3 = -3, d.h. die Benutzung des Transportweges von L2 nach F1 führt pro Mengeneinheit zu einer Kosteneinsparung von 3.
Das gleiche Verfahren führt man für das andere freie Feld durch, wobei man im allgemeinen schematisch vorgeht, und zwar folgendermaßen: Man geht von dem betrachteten Feld aus und sucht das nächste besetzte Feld in der zugehörigen Zeile der Matrix, welches sich in einer Spalte befindet, in der wieder ein besetztes Feld steht (hier L1/F2). Von dort sucht man in der Spalte das nächste besetzte Feld, zu dem man in einer Zeile wieder ein besetztes Feld findet. So fährt man fort, bis man sich in der Spalte befindet, in der das Ausgangsfeld liegt und zu dem man dann zurückkehrt. Die Mengen müssen dabei abwechselnd erhöht oder herabgesetzt werden, um die Erfüllung der Beschränkungen zu gewährleisten. Zur Ermittlung der Kostenänderung werden die Kosten ebenfalls abwechselnd mit "+" und "-" versehen. Für L1/F3 ergibt sich eine Kostenerhöhung von +2.
Der Transportplan kann also nur durch Benutzung des Weges L2/F1 verbessert werden. Um festzustellen, um wieviel Tonnen man die in der vorstehenden Lösung angegebenen Transportmengen verändern kann, betrachtet man alle Mengen in den zur Bestimmung des jeweiligen Kostenänderungswertes (hier -3) berührten Feldern. Die kleinste Menge in einem Feld, dem ein negatives Vorzeichen zugeordnet wurde, gibt die durchzuführende Mengenänderung an. Hier haben L1/F1 (5) und L2/F2 (2) ein negatives Vorzeichen, und 2 ist der kleinste Wert. In den berührten Feldern werden die transportierten Mengen also um zwei Tonnen verändert, d.h. vermehrt oder vermindert. (Würde man mehr als 2 Tonnen verschieben, so würde sich von L2 nach F2 eine negative Menge ergeben.)
Man erhält als neue verbesserte Lösung folgendes Ergebnis, wobei angegeben ist, wie man die Werte aus denen der vorhergehenden Lösung erhalten hat:

	F_1	F_2	F_3	
L_1	5-2=3	5+2=7		10
L_2	+2	2-2=0	4	6
	5	7	4	

Die gesamten Transportkosten betragen nunmehr

$$K = 7 \cdot 3 + 5 \cdot 7 + 2 \cdot 2 + 4 \cdot 4 = 21 + 35 + 4 + 16 = 76 \text{ DM.}$$

Gegenüber den 82 DM der ersten Lösung bedeutet das eine Verbesserung um 6 DM.

Es ist nun aber noch nicht sicher, ob die so erhaltene Lösung optimal ist. Um das festzustellen, führt man in gleicher Weise wie vorher eine Optimalitätsprüfung durch, indem man für die unbesetzten Felder der Matrix die Kostenänderungswerte ermittelt. Die in dem vorhergehenden Schritt ermittelten Kostenänderungswerte können **nicht** wieder verwendet werden.
Für das rechts oben stehende freie Feld sucht man also zunächst in der oberen Zeile der Matrix ein besetztes Feld, unter dem sich wieder ein besetztes Feld befindet. Da sich unter der 7 nur ein freies Feld befindet, kann dieses Feld nicht verwendet werden. Man geht also zu dem Feld links oben, dann zu dem darunter befindlichen, von dort zu dem Feld rechts unten und dann zum Ausgangsfeld. Entsprechend verfährt man für das andere freie Feld. Es ergibt sich dann folgende Tabelle, deren Felder alle wichtigen Informationen enthalten.

Einheitstransportkosten	Kostenänderungswert
	Menge

	F_1		F_2		F_3		
L_1	7		5		8	- 1	10
		3		7			
L_2	2		3	+ 3	4		6
		2				4	
	5		7		4		

Aus der Tatsache, daß unter den Kostenänderungswerten ein negativer Wert ist, folgt, daß die Optimallösung noch nicht gefunden ist. Auf dem für die Bestimmung des negativen Kostenänderungswertes eingeschlagenen Weg nimmt man nun wieder die maximal zulässige Verschiebung der Mengen vor und erhält im nächsten Schritt folgende Lösung:

	F_1	F_2	F_3	
L_1	3-3=0	7	+3	10
L_2	2+3=5		4-3=1	6
	5	7	4	

Als Gesamtkosten für die neue Lösung erhält man

$$K = 5 \cdot 7 + 8 \cdot 3 + 2 \cdot 5 + 4 \cdot 1 = 35 + 24 + 10 + 4 = 73 \text{ DM}.$$

Die neue Lösung ist nach demselben Verfahren wie oben wiederum auf Optimalität zu prüfen. Man erhält für die beiden freien Felder folgende Kostenänderungswerte, die in die Tabelle kursiv eingesetzt sind.

	F_1		F_2		F_3		
L_1	7	*+1*	5		8		10
				7		3	
L_2	2		3	*+2*	4		6
		5				1	
	5		7		4		

Beide Kostenänderungswerte sind positiv. Es folgt daraus, daß durch eine erneute Verschiebung keine Verbesserung erreicht werden kann. Diese Basislösung ist also die Optimallösung.

Um die "Stepping-Stone"-Methode allgemein darzustellen, müssen zunächst einige Begriffe und Regeln eingeführt werden:

D 21.4.2 Gegeben sei ein Transportproblem der Form D 21.2.1 in Tabellenform. Eine Folge von k_{ij} bzw. x_{ij}, bei denen zwei aufeinanderfolgende Glieder in derselben Spalte oder derselben Zeile der Tabelle stehen und bei der das erste mit dem letzten Glied übereinstimmt, heißt **Kreis.**

Unter ausschließlicher Benutzung der besetzten Felder einer Basislösung kann man immer einen Kreis erhalten, wenn man die aufeinanderfolgenden Glieder abwechselnd in der jeweiligen Spalte bzw. Zeile bestimmt.

In jedem besetzten Feld, welches man erreicht, ändert man also die Richtung. Bei der Bestimmung eines Kreises für die Felder einer Basislösung geht man immer so vor, daß man vom Ausgangsfeld in der betreffenden Zeile (oder Spalte) ein Feld sucht, bei dem in der zugehörigen Spalte (bzw. Zeile) wieder ein besetztes Feld vorhanden ist.

In einem nach R 21.4.3 bestimmten Kreis heißt das Ausgangsfeld und jedes zweite von da ab gezählte Feld **positiv.** Die übrigen Felder des Kreises heißen **negativ.**

Die "Stepping-Stone"-Methode verläuft nun allgemein folgendermaßen:

R 21.4.3

> **"Stepping-Stone"-Methode zur Prüfung einer Basislösung eines Transportproblems auf Optimalität und zur Verbesserung einer nichtoptimalen Lösung**
>
> (1) Für jedes unbesetzte Feld (Nicht-Basisvariable) bestimme man einen **Kreis.**
>
> (2) Für jedes unbesetzte Feld bestimme man einen **Kostenänderungswert** Δk_{ij} wie folgt: Die Kosten der positiven Felder des zu dem Feld gehörenden Kreises werden addiert und davon die Kosten der negativen Felder des Kreises subtrahiert.
>
> (3) Sind alle Kostenänderungswerte nicht negativ, so hat man eine Optimallösung erreicht. Andernfalls ist die Lösung nach (4) zu verbessern.
>
> (4) Eine nichtoptimale Lösung wird verbessert, indem man das Feld mit dem kleinsten Kostenänderungswert in die Lösung einbezieht. Der Wert der neuen Basisvariablen ist der kleinste Wert einer Basisvariablen eines negativen Feldes des zugehörigen Kreises. Die neue Lösung wird auf Optimalität geprüft, indem man wieder mit (1) beginnt.

B 21.4.4 Für das Problem aus B 21.3.5 ergibt sich folgendes:

	E_1	E_2	E_3	E_4	E_5	
V_1	4 / 22	5 / 6	6 / 32	8 / *+1*	11 / *+5*	60
V_2	2 / 30	7 / *+4*	8 / *+4*	10 / *+5*	6 / *+2*	30
V_3	7 / *+5*	6 / *+3*	10 / *+6*	5 / 8	4 / 12	20
V_4	1 / *0*	2 / 16	7 / *+4*	4 / 34	8 / *+5*	50
	52	22	32	42	12	

Da keine negativen Kostenänderungswerte auftreten, kann die Lösung nicht weiter verbessert werden. Die VOGELsche Approximationsmethode hat also auf Anhieb eine optimale Lösung des Problems geliefert. Die "0" im Feld V4/E1 zeigt an, daß die Lösung mehrdeutig ist. Darauf wird später eingegangen.

Bei der Anwendung der "Stepping-Stone"-Methode ist darauf zu achten, daß die Kreise sich auch "überschneiden" können, wenn man die zugehörigen Felder in der Tabelle miteinander verbindet.

Aufgaben

Ü 21.4.1 Gegeben sei folgendes Transportproblem mit der angebenen Basislösung

	E_1	E_2	E_3	
V_1	6 / 12	3 / 3	2 /	15
V_2	4 /	4 / 5	5 / 5	10
	12	8	5	

Überprüfe die Optimalität dieses Plans mit der "Stepping-Stone"-Methode und verbessere ihn gegebenenfalls bis zur Optimallösung.

Ü 21.4.2 Gegeben sei das folgende Transportproblem mit der angegebenen Basislösung

	B_1	B_2	B_3	B_4	
A_1	7 / 2000	6 / 1000	4 /	2 /	3000
A_2	9 /	5 / 1500	6 / 900	8 /	2400
A_3	6 /	5 /	4 / 600	10 / 3600	4200
	2000	2500	1500	3600	

Überprüfe die Optimalität dieses Plans mit der "Stepping-Stone"-Methode und verbessere ihn so lange, bis die Optimallösung gefunden ist.

Ü 21.4.3 An vier verschiedenen Baustellen werden Lastkraftwagen des gleichen Typs in den folgenden Anzahlen benötigt:
Baustelle 1: 6 LKW; Baustelle 2: 3 LKW; Baustelle 3: 4 LKW; Baustelle 4: 5 LKW.
Diese Fahrzeuge sind in drei verschiedenen Garagen stationiert, und zwar: in Garage 1: 4 LKW; in Garage 2: 6 LKW in Garage 3: 8 LKW.
Die Entfernungen (in Kilometern) von den Garagen zu den Baustellen sind in der folgenden Tabelle zusammengestellt:

Baustelle / Garage	1	2	3	4
1	11	13	15	20
2	14	17	12	13
3	18	18	13	12

a) Formuliere Zielfunktion und Nebenbedingungen des vorliegenden Planungsproblems, wenn die insgesamt zu erbringende Kilometerleistung so niedrig wie möglich gehalten werden soll.
b) Bestimme nach der Nord-West-Ecken-Regel eine Ausgangsbasislösung für die Berechnung des optimalen Transportplanes, und gib die Gesamtkilometerleistung der Lösung an.
c) Bestimme einen Fahrplan für die Kraftwagen von den Garagen zu den Baustellen, so daß die insgesamt zurückzulegenden Entfernungen minimal werden. Wie hoch ist die Gesamtkilometerleistung im Optimum?

21.5 Die Methode der Potentiale

Die "Stepping-Stone"-Methode läßt sich zwar leicht verstehen und anschaulich interpretieren, ist aber mit einem erheblichen Rechenaufwand verbunden. Demgegenüber erfordert die Methode der Potentiale zur Bestimmung der Kostenänderungswerte weniger Aufwand bei den Berechnungen, ist aber auch weniger anschaulich. Der Methode der Potentiale liegen die beiden folgenden Sätze zugrunde.

R 21.5.1 Zu jeder Zeile und jeder Spalte der Kostentabelle eines Transportproblems kann ein **Potential** u_i bzw. v_j berechnet werden derart, daß für alle besetzten Felder (Variablen der Basislösung) gilt $k_{ij} = u_i + v_j$.

Mit Hilfe dieser Potentiale kann man dann für alle unbesetzten Felder (nicht in Anspruch genommene Transportwege) die Kostenänderungswerte berechnen, die angeben, wie sich die gesamten Transportkosten ändern, wenn man die betreffende Transportbeziehung für eine Einheit in Anspruch nimmt und den Transportplan entsprechend ändert.

R 21.5.2 Für alle Felder von Nicht-Basisvariablen (unbesetzte Felder) kann man die Kostenänderungswerte Δk_{ij} mit Hilfe der Potentiale wie folgt berechnen:

$$\Delta k_{ij} = k_{ij} - u_i - v_j.$$

Die **Berechnung der Potentiale** geschieht wie folgt:

R 21.5.3

(1) Die erste Zeile erhält das Potential $u_1 = 0$.

(2) Für alle Spalten, deren Felder in der ersten Zeile besetzt sind, können die Potentiale nach R 21.5.1 als $v_j = k_{1j} - u_1$ berechnet werden.

(3) Für alle Zeilen, außer der ersten, die besetzte Felder in den Spalten haben, deren Potentiale man kennt, können die Potentiale mit R 21.5.1 als $u_i = k_{ij} - v_j$ berechnet werden.

(4) Unter Berücksichtigung der bereits berechneten Potentiale werden dann in entsprechender Weise alle weiteren Potentiale bestimmt.

Statt mit der ersten Zeile kann man auch mit jeder anderen Zeile oder Spalte beginnen. Das erste Potential kann auch einen von Null verschiedenen Wert annehmen.

B 21.5.4 a) Es wird das Problem aus B 21.3.5 betrachtet. Man erhält:

		E_1	E_2	E_3	E_4	E_5	
		4	5	6	1	5	
V_1	0	4 / 52	5 / 8	6 / 0	8 / +7	11 / +6	60
V_2	2	2 / -4	7 / 14	8 / 16	10 / +7	6 / -1	30
V_3	4	7 / -1	6 / -3	10 / 16	5 / 4	4 / -5	20
V_4	3	1 / -6	2 / -6	7 / -2	4 / 38	8 / 12	50
		52	22	32	42	12	

Das Potential für V_1 wird mit $u_1 = 0$ vorgegeben. Damit kann man $v_1 = 4$ und $v_2 = 5$ berechnen. Mit $v_2 = 5$ ergibt sich $u_2 = 2$ und damit $v_3 = 6$. Über $v_3 = 6$ erhält man $u_3 = 4$, darüber $v_4 = 1$, $u_4 = 3$ und $v_5 = 5$. Anschließend können die Kostenänderungswerte leicht berechnet werden. Die punktierte Linie markiert den zum Feld V4/E1 gehörigen Kreis. Dieses Feld und V4/E2 haben die kleinsten Kostenänderungswerte.

b) Geht man von der Basislösung nach der VOGELschen Approximationsmethode aus (siehe B 21.3.5), so ergibt sich folgendes:

		E_1	E_2	E_3	E_4	E_5	
		4	5	6	7	6	
V_1	0	4 / 22	5 / 6	6 / 32	8 / +1	11 / +5	60
V_2	-2	2 / 30	7 / +4	8 / +4	10 / +5	6 / +2	30
V_3	-2	7 / +5	6 / +3	10 / +6	5 / 8	4 / 12	20
V_4	-3	1 / 0	2 / 16	7 / +4	4 / 34	8 / +5	50
		52	22	32	42	12	

Man beginnt mit $u_1 = 0$ und erhält damit $v_1 = 4$, $v_2 = 5$, $v_3 = 6$. Über $v_1 = 4$ und $v_2 = 5$ ergibt sich $u_2 = -2$ bzw. $u_4 = -3$. Über $u_4 = -3$ erhält man dann $v_4 = 7$, $u_3 = -2$ ıd $v_5 = 6$. Die Kostenänderungswerte stimmen mit denen nach der "Stepping-Stone"-Methode berechneten überein (vgl. Beispiel 21.4.4).

Aufgaben

Ü 21.5.1 Gegeben sei das folgende Transportproblem mit der eingetragenen Basislösung:

	E_1	E_2	E_3	E_4	
V_1	7	6	4	2 / 3000	3000
V_2	9	5 / 1800	6	8 / 600	2400
V_3	6 / 2000	5 / 700	4 / 1500	10	4200
	2000	2500	1500	3600	

Das Potential für V_3 sei $u_3 = 0$. Bestimme die übrigen Potentiale und die Kostenänderungswerte für die unbesetzten Felder.

Ü 21.5.2 Der Fuhrpark einer Bauunternehmung hat die Versorgung von fünf Baustellen mit Zement sicherzustellen. Als Lieferanten des Transportgutes stehen vier Zementwerke an verschiedenen Standorten zur Wahl. Der Bedarf wird von den fünf Baustellenleitern beziffert auf:

Baustelle	I	II	III	IV	V
Bedarf	30	60	50	40	20

Weiter liegen Zahlen über die Lieferkapazitäten der Zementwerke vor:

Zementwerk	1	2	3	4
Bestand	40	70	60	30

Es ist bekannt, welche Kosten beim Transport der Zementladungen von den Zementwerken zu den verschiedenen Baustellen anfallen. Sie sind in der folgenden Tabelle zusammengefaßt:

		nach Baustelle				
		I	II	III	IV	V
von	1	6	2	8	7	5
Zement-	2	4	3	7	5	9
werk	3	2	1	3	6	4
	4	5	6	4	8	3

a) Formuliere die Zielfunktion und die Nebenbedingungen des Planungsproblems, das sich ergibt, wenn im Bereich des Fuhrparks kostenminimal gearbeitet werden soll.
b) Ermittle eine Ausgangsbasislösung für das vorgegebene Transportproblem nach der Nord-West-Ecken-Regel.
c) Bestimme unter Zuhilfenahme der Potentialmethode den optimalen Transportplan für das vorliegende Problem.
d) Wende auf das vorliegende Beispiel die Methode von VOGEL zur Konstruktion einer Ausgangslösung an, und interpretiere das Ergebnis.

21.6 Mehrdeutigkeit und Degeneration

Im Beispiel 21.4.4 ergab sich für das Feld V4/E1 ein Kostenänderungswert von 0. Das bedeutet, daß man die zu diesem Feld gehörige Nicht-Basisvariable in die Lösung einbeziehen kann, ohne daß sich der Wert der Zielfunktion ändert.

R 21.6.1 Ein Kostenänderungswert von Null in einer optimalen Basislösung kennzeichnet eine **mehrdeutige Lösung.** Die Einbeziehung der Nicht-Basisvariablen mit dem Kostenänderungswert 0 in die Lösung liefert ebenfalls optimale Lösungen.

B 21.6.2 Geht man von Beispiel 21.4.4 aus und nutzt den Transportweg V4/E1 mit der maximal möglichen Menge, so erhält man die folgende Lösung und die angegebenen Kostenänderungswerte.

Weitere optimale Lösungen erhält man, wenn man auf dem zu V4/E1 gehörigen Kreis nicht die maximal möglichen Mengen "verschiebt", sondern nur einen Teil.

	E_1	E_2	E_3	E_4	E_5	
v_1	4 / 6	5 / 22	6 / 32	8 / *+1*	11 / *+5*	60
v_2	2 / 30	7 / *+4*	8 / *+4*	10 / *+5*	6 / *+2*	30
v_3	7 / *+5*	6 / *+3*	10 / *+6*	5 / 8	4 / 12	20
v_4	1 / 16	2 / *0*	7 / *+4*	4 / 34	8 / *+5*	50
	52	22	32	42	12	

In den bisherigen Beispielen handelt es sich immer um Probleme, bei denen in einer Basislösung genau n + m - 1 Variablen Werte größer als Null angenommen haben. Es kann aber vorkommen, daß Basisvariable den Wert Null annehmen (vgl. R 21.3.1).

D 21.6.3 Hat in einer Basislösung eines Transportproblems wenigstens eine Basisvariable den Wert 0, dann handelt es sich um eine **degenerierte Lösung.**

Dazu wird zunächst ein Beispiel betrachtet.

B 21.6.4 Gegeben sei das folgende Transportproblem mit einer zulässigen Ausgangslösung nach der Nord-West-Ecken-Regel:

	E_1	E_2	E_3	E_4	
v_1	5 / 50	4 / 30	3	6	80
v_2	4	1	4 / 30	2	30
v_3	7	3	5 / 30	6 / 60	90
	50	30	60	60	

Die Basislösung enthält 5 anstelle von 3 + 4 - 1 = 6 Variablen mit $x_{ij} > 0$. Will man die Kostenänderungswerte über die Methode der Potentiale berechnen, so kann man mit $u_1 = 0$ beginnen und erhält dann sofort $v_1 = 5$ und $v_2 = 4$.

		E_1		E_2		E_3		E_4		
		5		4		7		8		
V_1	0	5	50	4	30	3		6		80
V_2	-3	4		1	0	4	30	2		30
V_3	-2	7		3		5	30	6	60	90
		50		30		60		60		

Die übrigen Potentiale kann man nicht berechnen. Man kann sich dadurch helfen, daß man eine weitere Basisvariable festlegt und dieser den Wert Null gibt. Hier ist $x_{22} = 0$ gesetzt. Damit ergeben sich dann $u_2 = -3$, $u_3 = -2$, $v_3 = 7$ und $v_4 = 8$.

Man beachte, daß die willkürliche Festlegung einer weiteren Basisvariablen bei einer degenerierten Lösung, so wie in Beispiel 21.6.4, nicht unproblematisch ist. Auf Einzelheiten kann hier jedoch nicht eingegangen werden.

21.7 Ergänzende Bemerkungen

In den bisherigen Ausführungen wurde immer davon ausgegangen, daß die in den Versandorten insgesamt vorhandene Menge gleich der in den Bestimmungsorten insgesamt benötigten Menge ist:

$$\sum_{i=1}^{n} a_i = \sum_{j=1}^{m} b_j \qquad \text{(vgl. auch D 21.2.1)}$$

Können die Versandorte mehr liefern, als die Empfänger benötigen, so hilft man sich mit der Einführung eines fiktiven Bestimmungsortes, in den die überschüssigen Mengen "zu liefern" sind. In diesen "Bestimmungsort" werden die Mengen "geliefert", die in den Versandorten verbleiben. Für die entsprechenden Transportwege setzt man dann Kosten von 0 ein. Wird in den Empfangsorten mehr benötigt als die Versandorte liefern können, dann führt man einen fiktiven Versender ein, von dem die zu viel benötigte Menge zu "liefern" ist. Die Kosten betragen dafür ebenfalls 0. Die Lösungswerte dieser Zeile geben an, welche gewünschten Empfangsmengen zu den einzelnen Empfängern nicht geliefert werden. Dazu folgendes Beispiel:

B 21.7.1 In den 3 Versandorten A1, A2 und A3 befinden sich folgende Mengen eines Gutes: $a_1 = 8$, $a_2 = 15$, $a_3 = 7$. In den 4 Bestimmungsorten B1, B2, B3 und B4 werden von diesem Gut die folgenden Mengen

benötigt: $b_1 = 10$, $b_2 = 5$, $b_3 = 8$ und $b_4 = 3$. In den Versandorten stehen also insgesamt 30 Mengeneinheiten des Gutes zur Verfügung, während in den Bestimmungsorten nur 26 Mengeneinheiten benötigt werden. Zur Lösung der Aufgabe führt man deshalb einen fiktiven Empfänger B5 ein.
Für die Transportkosten hat man die in der folgenden Tabelle angegebenen Werte, in der auch noch einmal die vorhandenen bzw. benötigten Mengen eingetragen sind.

		Bestimmungsort					Menge, die in dem entsprechenden Versandort vorhanden ist
		B_1	B_2	B_3	B_4	B_5	
Ver-sand-	A_1	6	5	2	4	0	8
	A_2	2	8	6	7	0	15
	A_3	4	3	5	3	0	7
In dem jeweiligen Bestimmungsort benötigte Menge		10	5	8	3	4	30 (Gesamtmenge)

Es ergibt sich folgende Optimallösung, wobei auch die Kostenänderungswerte der unbesetzten Felder angegeben sind:

	B_1	B_2	B_3	B_4	B_5	
A_1	6 (+8)	5 (+2)	2 / 8	4 (+1)	0 (+4)	8
A_2	2 / 10	8 (+1)	6 / 0	7 / 1	0 / 4	15
A_3	4 (+6)	3 / 5	5 (+3)	3 / 2	0 (+4)	7
	10	5	8	3	4	

Die Menge 4 im Feld A2/B5 bedeutet, daß beim Versender A2 4 Mengeneinheiten verbleiben.

Zur Illustration der vielfältigen Anwendungsmöglichkeiten des Transportproblems möge folgendes Beispiel dienen, das man auf den ersten Blick sicher nicht als Transportproblem identifizieren wird.

B 21.7.2 Ein Warenhaus wünscht folgende Posten von Damenkleidern einzukaufen:

Kleiderart	A	B	C	D	E
Menge	150	100	75	250	200

Von vier verschiedenen Herstellern werden Offerten eingeholt. Die Hersteller können, unabhängig von der Kleiderart, höchstens die folgenden Stückzahlen liefern.

Hersteller	W	X	Y	Z
Gesamtmenge	300	250	150	200

Das Warenhaus schätzt den Gewinn pro Kleid je nach Kleiderart und Hersteller auf folgende Beträge:

		Kleiderart				
		A	B	C	D	E
Hersteller	W	11	14	17	9	6
	X	12	13	18	7	4
	Y	10	14	19	8	5
	Z	13	11	16	10	7

Welche Mengen von den verschiedenen Kleiderarten sollen bei den einzelnen Herstellern bestellt werden, um einen möglichst hohen Gewinn zu erzielen?

Während bei den vorhergehenden Fragestellungen die Aufgabe immer darin bestand, die Lieferung so vorzunehmen, daß möglichst geringe Kosten entstehen, ist hier nach einer gewinnmaximalen Verteilung gefragt. Das vorliegende Problem läßt sich aber nach dem gleichen Verfahren lösen.

Da die Hersteller insgesamt mehr liefern können als das Warenhaus kaufen will, führt man, ähnlich wie bei der oben beschriebenen Aufgabe, noch ein fiktives Kleid F ein, für das kein Gewinn erzielt wird. Dadurch berücksichtigt man die ungenutzte Kapazität der Hersteller.

Die folgende Ausgangsbasislösung ist so bestimmt, daß man die Felder mit den größten Stückgewinnen zuerst besetzt.

	A		B		C		D		E		F		
W	11	-1	14		17	-2	9		6		0	-2	300
				25				200		75			
X	12	+2	13	+1	18	+1	7	0	4		0		250
										125		125	
Y	10	-2	14		19		8	-1	5	-1	0	-2	150
				75		75							
Z	13		11	-4	16	-4	10		7	0	0	-3	200
		150						50					
	150		100		75		250		200		125		

Der gesamte Gewinn bei dieser Lösung beträgt G = 8025. Anstelle der Kostenänderungswerte sind hier die Gewinnänderungswerte berechnet worden.

Die Gewinnänderungswerte geben an, wie sich der Gewinn ändert, wenn man die verschiedenen, bisher nicht verwendeten Lieferbeziehungen benutzt und dafür andere außer acht läßt. Positive Gewinnänderungswerte weisen darauf hin, daß die Optimallösung noch nicht erreicht ist, denn durch Benutzung der Lieferbeziehungen, für die sich ein positiver Gewinnänderungswert ergibt, kann offensichtlich der Gesamtgewinn erhöht werden.

Während man bei dem Problem der Kostenminimierung den größten negativen Kostenänderungswert für die Bestimmung einer verbesserten Lösung heranzog, wählt man dazu bei der Gewinnmaximierung den größten positiven Gewinnänderungswert. Dies ist der Wert +2 in der ersten Spalte der zweiten Zeile.

Die erste verbesserte Lösung lautet:

	A	B	C	D	E	F	
W	11 *-1*	14 25	17 *-2*	9 75	6 200	0 *0*	300
X	12 125	13 *-1*	18 *-1*	7 *-2*	4 *-2*	0 125	250
Y	10 *-2*	14 75	19 75	8 *-1*	5 *-1*	0 *0*	150
Z	13 25	11 *-4*	16 *-4*	10 175	7 *0*	0 *-1*	200
	150	100	75	250	200	125	

Der Gesamtgewinn beträgt für diese Lösung G = 8275.

Aus der Tatsache, daß in dieser Lösung keine positiven Gewinnänderungswerte mehr vorkommen, folgt, daß die Lösung nicht weiter zu verbessern ist. Das Rechenverfahren ist damit beendet.

Wegen der Gewinnänderungswerte von Null ist die Lösung mehrdeutig.

Aufgaben

Ü 21.7.1 Auf zwei Obstplantagen O1 und O2 wurden 200t bzw. 400t Pfirsiche geerntet. Die Pfirsiche sollen an die Konservenfabrik K1 (150t) und K2 (250t) und K3 (200t) geliefert werden. Die Einheitstransportkosten in DM sind der folgenden Tabelle zu entnehmen:

	K1	K2	K3
O1	8	12	25
O2	9	20	15

a) Bestimme einen transportkostenminimalen Versandplan.

b) Bestimme einen transportkostenminimalen Versandplan für den Fall, daß die Konservenfabrik K2 nur 130t Pfirsiche benötigt und für die Vernichtung überschüssiger Pfirsiche (die nicht anderweitig verkauft werden können) Vernichtungskosten in Höhe von 6 DM/t entstehen.

c) Bestimme einen transportkostenminimalen Versandplan für den Fall, das in O1 nur 180t Pfirsiche geerntet werden und für die Beschaffung zusätzlicher Pfirsiche bei den Konservenfabriken Mehrkosten gegenüber dem Bezug bei den Obstplantagen in Höhe von DM 20,- pro Tonne entstehen.

22. Graphentheorie

22.1 Einführung

Die Graphentheorie spielt für verschiedene Bereiche der Anwendung mathematischer Verfahren eine wichtige Rolle, so z.B. in der Biologie, der Soziologie, der Psychologie, der Informatik und vor allem in den Wirtschaftswissenschaften. Wirtschaftliche Anwendungen der Graphentheorie finden sich nicht nur im Operations Research, sondern z.B. auch in der Produktionsplanung, der Organisationslehre oder der Standortlehre.

Graphen bieten die Möglichkeit, Strukturen in einem mathematischen Modell abzubilden. Solche Strukturen treten z.B. in Organisationen, Arbeitsabläufen, Verkehrsnetzen oder Leitungsnetzen auf. Die folgenden Bilder zeigen einige Beispiele.

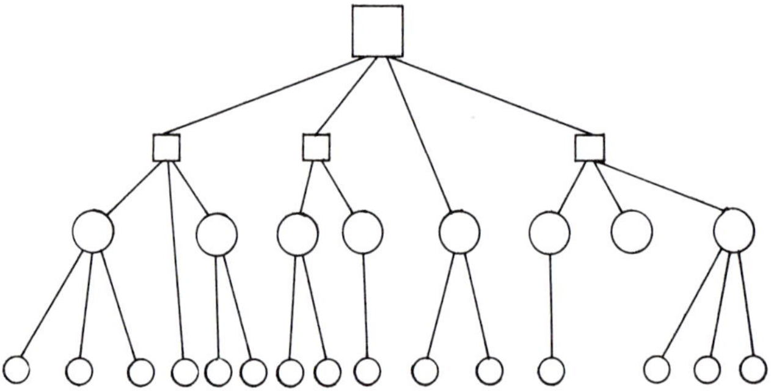

F 22.1.1 Struktur des hierarchischen Aufbaus einer Linienorganisation, aus der die Über- und Unterordnungen der Stellen hervorgehen

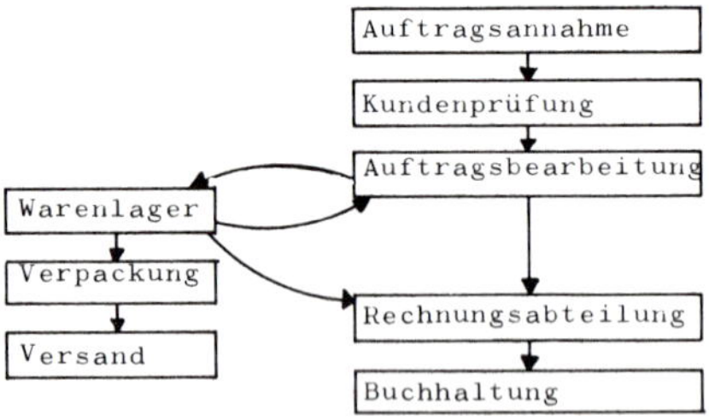

F 22.1.2 Struktur der Auftragsabwicklung in einem Betrieb mit Abteilungen bzw. Arbeitsstufen und Reihenfolge

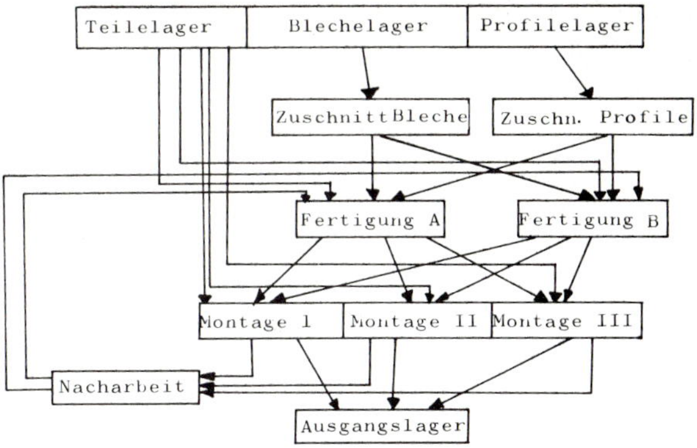

F 22.1.3 Struktur des Materialflusses in einem Betrieb mit Abteilungen und Arbeitsgängen sowie Reihenfolge

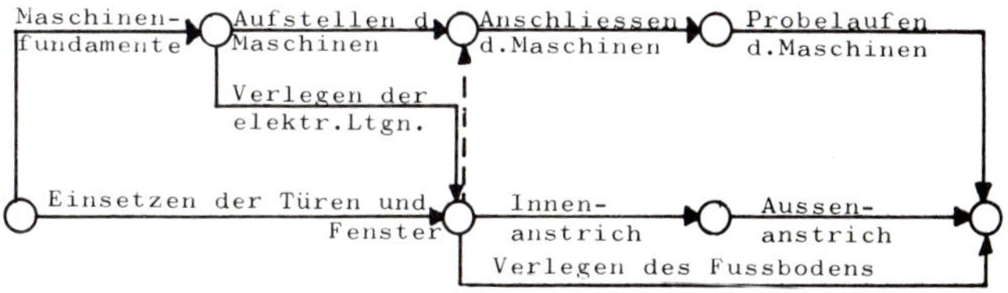

F 22.1.4 Struktur eines Projektablaufs mit allen Arbeitsgängen und Reihenfolge

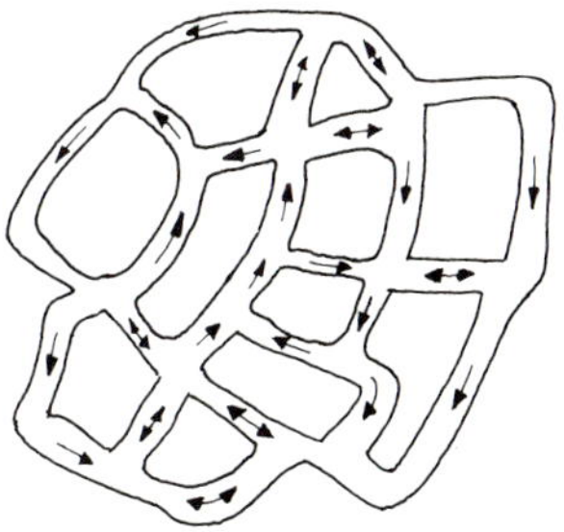

F 22.1.5 Struktur eines einfachen Verkehrsnetzes mit Straßen und Richtungsbeschränkungen (Einbahnstraßen)

Den Beispielen in F 22.1.1 bis F 22.1.5 ist gemeinsam, daß Strukturen von Problemen oder Phänomenen abgebildet sind. Diese Strukturen bestehen aus

- **Knoten,** durch die z.B. Stellen in einer Organisation (F 22.1.1), die

Stationen einer Auftragsabwicklung (F 22.1.2), Lager und Bearbeitungsstationen von Material (F 22.1.3), ablauflogische Verknüpfungen von Arbeitsgängen eines Projektes (F 22.1.4) oder Kreuzungen von Straßen (F 22.1.5) abgebildet werden, und

- **Kanten,** die Über- bzw. Unterordnung von Stellen (F 22.1.1), Reihenfolgen von Arbeitsgängen bzw. Stationen (F 22.1.2 und 22.1.3), Arbeitsgängen (F 22.1.4) oder Straßen (F 22.1.5) entsprechen.

Knoten und Kanten sind aber, wie im nächsten Abschnitt gezeigt wird, die Elemente eines Graphen. Damit lassen sich die Strukturen der Beispiele durch Graphen abbilden.

Die Graphentheorie bietet jedoch nicht nur die Möglichkeit zur Abbildung von Strukturen, sondern sie bietet vor allem auch Verfahren und Ansätze zur Lösung verschiedener Probleme im Zusammenhang mit Strukturen, wie z.B.

- Bestimmung eines optimalen Auftragsabwicklungsplans oder eines optimalen Materialflusses,
- Ermittlung eines Zeitplans für die Projektabwicklung,
- Bestimmung von kürzesten Wegen zwischen Knoten eines Verkehrsnetzes,
- Bestimmung des maximal möglichen Flusses bzw. der Kapazität zwischen zwei Punkten in einem Verkehrsnetz oder Leitungsnetz.

In den folgenden Abschnitten werden die Grundzüge der Graphentheorie und ihrer Anwendungsmöglichkeiten auf wirtschaftliche Fragestellungen behandelt.

22.2 Wichtige Begriffe und Eigenschaften von Graphen

Es gibt kaum eine mathematische Disziplin, die durch eine solche Begriffsfülle gekennzeichnet ist wie die Graphentheorie. Die wichtigsten Grundbegriffe werden in diesem Abschnitt behandelt. Probleme ergeben sich oft dadurch, daß sich in der Literatur zur Graphentheorie keine einheitliche Begriffsbildung findet. Dabei werden nicht nur für denselben Tatbestand unterschiedliche Begriffe verwendet, sondern es kommen auch Abweichungen in den Begriffsinhalten vor.

D 22.2.1

Gegeben sei eine Menge K von **Kanten** und eine Menge E von **Knoten,** die mit K elementefremd ist : $E \cap K = \emptyset$. Ferner sei eine Abbildung ϕ gegeben, durch die jedem Element aus K, also jeder Kante $k \in K$, eindeutig zwei Elemente aus E, d.h. ein ungeordnetes (oder ein geordnetes) Paar Knoten ei, ej $\in$ E, zugeordnet werden.
Das Tripel $G = (E,K,\phi)$ heißt **Graph.**

Sind der Kante $k \in K$ die beiden Knoten ei, ej $\in$ E durch ϕ zugeordnet, d.h. $\phi(k) = (ei, ej)$, so heißt k mit den beiden Knoten ei, ej **inzident.** Man sagt auch: k verbindet ei und ej und nennt ei und ej die Endpunkte der Kante. Es kann dann auch das Knotenpaar zur Beschreibung der Kante verwendet werden: k = (ei,ej). Zwei durch eine Kante verbundene Knoten heißen **adjazent** oder benachbart. Zwei Kanten heißen adjazent oder benachbart, wenn sie wenigstens einen Knoten gemeinsam haben. Inzident bezieht sich immer auf die Nachbarschaft verschiedenartiger Elemente (eine Kante ist mit zwei Knoten inzident). Adjazenz bezieht sich auf gleichartige Elemente (zwei Knoten sind adjazent oder zwei Kanten sind adjazent).

Anschaulich kann man einen Graphen leicht interpretieren, wenn man die Knoten als Punkte in der Ebene und die Kanten als Verbindungslinien der Punkte darstellt.

B 22.2.2 Für den Graphen $G = (E,K,\phi)$ mit $E = \{e1,e2,e3,e4,e5,e6\}$, $K = \{k1,k2,k3,k4,k5,k6,k7\}$ und $\phi(k1) = (e1,e2)$, $\phi(k2) = (e1,e2)$, $\phi(k3) = (e2,e3)$, $\phi(k4) = (e2,e5)$, $\phi(k5) = (e3,e5)$, $\phi(k6) = (e1,e5)$, $\phi(k7) = (e4,e4)$ ergibt sich die zeichnerische Darstellung in F 22.2.3.

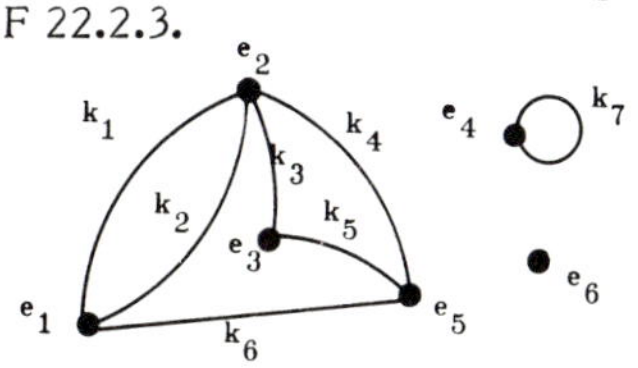

F 22.2.3

Bei dem Graphen sind z.B. e3 und e5 oder e1 und e5 adjazent. Die Kanten k3 und k5 oder k3, k1 und k2 sind benachbart. Die Kante k4 ist mit den beiden Knoten e2 und e5 inzident.

Eine andere Möglichkeit zur Darstellung eines Graphen ergibt sich durch Verwendung von Matrizen, indem man jedem Knoten eine Zeile und eine Spalte zuordnet und als Element der Matrix die Anzahl der die Knoten verbindenden Kanten verwendet.

	e1	e2	e3	e4	e5	e6
e1	0	2	0	0	1	0
e2	2	0	1	0	1	0
e3	0	1	0	0	1	0
e4	0	0	0	2	0	0
e5	1	1	1	0	0	0
e6	0	0	0	0	0	0

Kanten, die einen Knoten mit sich selbst verbinden, heißen **Schleifen** und werden in der Matrix doppelt gezählt. In F 22.2.3 ist k7 eine Schleife. Für den Graphen aus F 22.2.3 ergibt sich die nebenstehende Matrix. Diese Matrix heißt **Adjazenzmatrix** des Graphen.

Auf die Matrizendarstellung von Graphen und ihre Verwendung zur Lösung bestimmter Problemstellungen wird später näher eingegangen.

Sind die Mengen E und K endlich, dann spricht man von einem **endlichen** Graphen, andernfalls von einem unendlichen Graphen. Die folgenden Ausführungen beschränken sich auf endliche Graphen.

Die Kanten ki und kj heißen **parallele Kanten,** wenn ihnen dieselben Knoten zugeordnet werden, d.h. wenn $\phi(ki) = \phi(kj)$. In dem Graphen aus

Figur 22.2.3 sind die Kanten k1 und k2 parallel. Ein Graph, der weder Schleifen noch parallele Kanten enthält, heißt **schlicht.**

D 22.2.4

> Die Anzahl der mit einem Knoten e inzidenten Kanten heißt **Grad γ(e) des Knotens.** Dabei zählen Schleifen doppelt. Der **Minimalgrad** $\underline{\gamma}(G)$ bzw. **Maximalgrad** $\overline{\gamma}(G)$ eines Graphen G ist der kleinste bzw. größte in einem Graphen vorkommende Grad eines Knotens.

B 22.2.5 Für den Graphen aus B 22.2.2 (vgl. F 22.2.3) gilt $\gamma(e1) = 3$, $\gamma(e2) = 4$, $\gamma(e3) = 2$, $\gamma(e4) = 2$, $\gamma(e5) = 3$, $\gamma(e6) = 0$ und $\underline{\gamma}(G) = 0$, $\overline{\gamma}(G) = 4$.

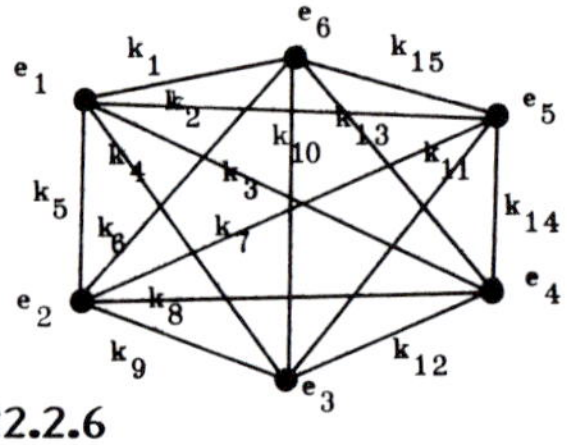

F 22.2.6

Ein **vollständiger Graph** ist ein schlichter Graph, in dem je zwei Knoten durch eine Kante verbunden sind. Jeder Knoten ist also mit **jedem anderen** Knoten (nicht mit sich selbst) durch genau eine Kante verbunden. Der Graph in F 22.2.3 ist unvollständig. Einen vollständigen Graphen zeigt F 22.2.6.

D 22.2.7

> Gegeben ist ein Graph G = (E,K,ϕ). Ein **Untergraph** G' = (E',K',ϕ') ist ein Graph mit E' ⊂ E, K' ⊂ K; ϕ'(k) = ϕ(k) für alle k ∈ K' und für k ∈ K' und ϕ(k) = (ei,ej) folgt ei,ej ∈ E'.

Einen Untergraphen erhält man also durch Entfernen von Knoten und allen Kanten, die mit diesen Knoten inzidieren. In F 22.2.8 ist ein Graph und ein zugehöriger Untergraph dargestellt.

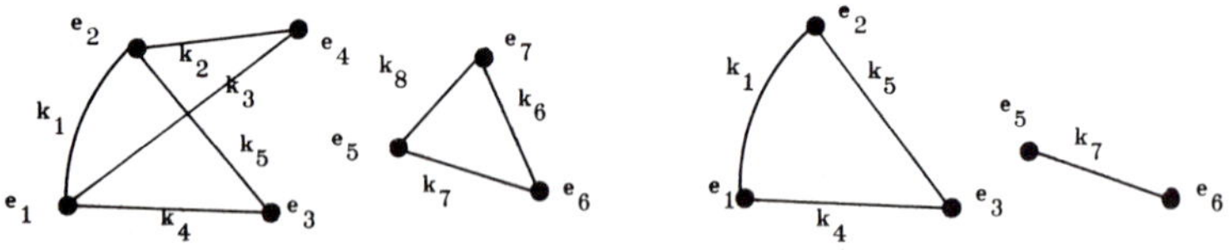

F 22.2.8

D 22.2.9

> Ein **Teilgraph** G* = (E*,K*,ϕ*) eines Graphen G = (E,K,ϕ) ist ein Graph mit E* = E,K* ⊂ K und ϕ*(k) = ϕ(k) für alle k ∈ K*.

Einen Teilgraph erhält man also durch Weglassen von Kanten. Der Graph in F 22.2.10 ist ein Teilgraph des Graphen aus F 22.2.9.

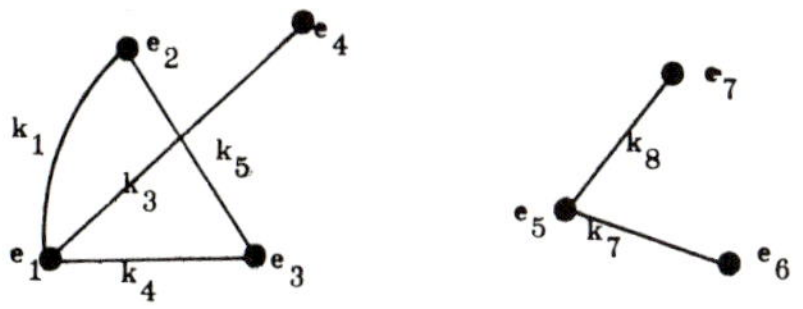

F 22.2.10

Entfernt man aus einem Untergraphen Kanten, so erhält man einen **Teil-Untergraphen.**

D 22.2.11

> Gegeben sei ein Graph G. Ein Teil-Untergraph G* mit der Eigenschaft $\phi(ki) = (e(i-1),ei)$; i=1,...,m; heißt eine **Kantenfolge.** Ist e0 = em heißt die Kantenfolge geschlossen, andernfalls offen.

Eine Kantenfolge ist also eine Folge benachbarter Kanten. Die Knoten e0,e1,...,em bilden dabei eine Folge nicht notwendig verschiedener Knoten. Durch Kantenfolgen werden z.B. Strecken beschrieben, die jemand in einem Verkehrsnetz (Straße, Eisenbahn) zurücklegt, wenn man das Verkehrsnetz als Graph abbildet.

B 22.2.12 Bei dem Graphen in F 22.2.3 bilden z.B. k4,k2,k6,k5,k3,k2,k1 eine Kantenfolge.

D 22.2.13

> Kommt in einer Kantenfolge keine Kante zweimal vor, spricht man von einem offenen bzw. geschlossenen **Kantenzug.** Ein Kantenzug, in dem kein Knoten zweimal vorkommt, heißt ein **Kantenweg** oder **Weg** W, wenn e0 ≠ em gilt. Ist e0 = em, so spricht man von einem **Kantenzyklus.**
> Die **Länge** L **einer Kantenfolge,** eines Kantenzuges oder eines Kantenweges ist definiert als Anzahl der zugehörigen Kanten.

B 22.2.14 a) Die Kantenfolge in B 22.2.12 ist kein Kantenzug, da k2 zweimal vorkommt.
b) Die Kanten k3,k2,k1,k4 in F 22.2.3 bilden einen Kantenzug, aber keinen Weg.
c) In F 22.2.3 bilden k2,k4,k5 einen Weg und k3,k5,k6,k2 einen Kantenzyklus.

D 22.2.15

> Ein Kantenweg, der **jede** Kante eines Graphen genau einmal enthält, heißt **EULERsche Linie.**
> Ein Weg, der jeden Knoten eines Graphen genau einmal enthält, heißt **HAMILTONsche Linie.**

B 22.2.16 In F 22.2.17 ergeben k2,k1,k3,k9,k7,k6,k4,k5,k8 eine Eulersche Linie und k2,k3,k9,k7 eine Hamiltonsche Linie.

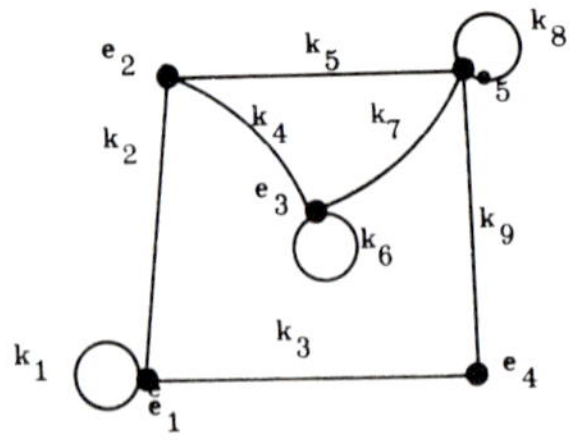

F 22.2.17

Es gilt:

R 22.2.18 Eine **Eulersche Linie** existiert nur, wenn der Grad von höchstens zwei Knoten ungerade ist.

Ist ein Knotengrad ungerade, muß die Eulersche Linie in diesem Knoten anfangen oder enden. Sind zwei Knotengrade ungerade, beginnt die Eulersche Linie in einem dieser Knoten und endet in dem anderen.

R 22.2.18 kann man sich leicht wie folgt klarmachen:

Jeder Knoten muß über eine Kante erreicht und über eine andere Kante wieder verlassen werden. Bis auf Anfangs- und Endknoten muß deshalb der Knotengrad immer gerade sein.

Um Eulersche Linien geht es bei den weit verbreiteten Aufgaben, bei denen eine aus Strecken zusammengesetzte Figur zu zeichnen ist, ohne den Stift abzusetzen und ohne eine Linie zweimal zu zeichnen.

D 22.2.19 Sind je zwei Knoten eines Graphen über eine Kantenfolge miteinander verbunden, so heißt der Graph **zusammenhängend.** Andernfalls spricht man von einem **nichtzusammenhängenden** Graphen.

Die Graphen in F 22.2.3, F 22.2.8 und F 22.2.10 sind nichtzusammenhängend, wohl dagegen die Graphen in F 22.2.6 und F 22.2.17. Zusammenhängende Teilgraphen eines Graphen heißen **Zusammenhangskomponenten.**

D 22.2.20

a) Ein Knoten e in einem zusammenhängenden Graphen, durch dessen Entfernen mit den zugehörigen Kanten ein nichtzusammenhängender Graph entsteht, heißt **Artikulationspunkt.**
Zerfällt ein Graph durch Entfernung **mehrerer** Knoten in nichtzusammenhängende Komponenten, so bilden diese Knoten eine **Artikulationsmenge.**

b) Eine Kante, durch deren Entfernen ein zusammenhängender Graph in nichtzusammenhängende Komponenten zerfällt, heißt **Brücke.**

B 22.2.21 In F 22.2.22 sind e1,e3,e5 und e8 Artikulationspunkte. Die Kanten (e1,e3) und (e5,e8) sind Brücken.

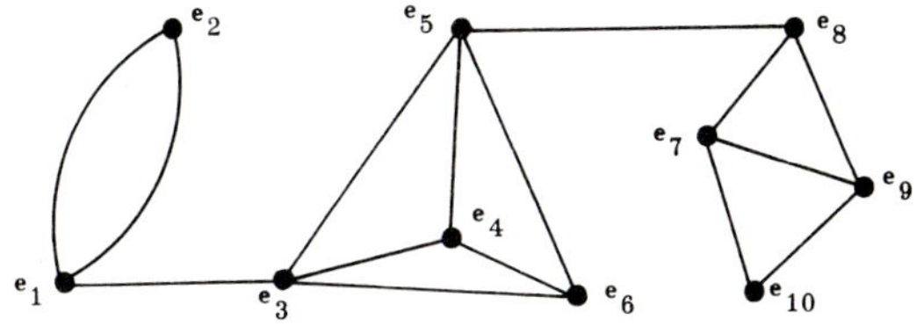

F 22.2.22

Werden z.B. Leitungsnetze (Elektrizität, Telefon, Wasser) durch Graphen dargestellt, so sind Artikulationspunkte besonders kritische Stellen, da bei ihrem Ausfall der Zusammenhang des Netzes unterbrochen wird.

Ein **Baum** ist ein zusammenhängender Graph ohne geschlossene Kantenfolgen mit mindestens einem Knoten. Ein nichtzusammenhängender Graph, dessen sämtliche Zusammenhangskomponenten Bäume sind, ist ein **Wald.** F 22.2.23 zeigt einen Wald.

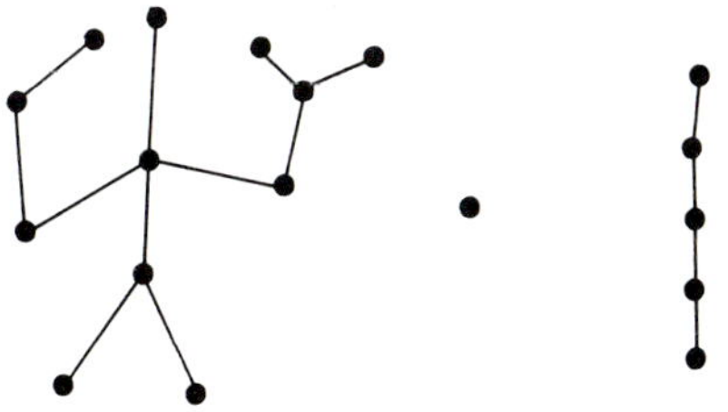

F 22.2.23

In einem Baum ist jeder Knoten mit $\gamma(e) > 1$ ein Artikulationspunkt und jede Kante ist eine Brücke. Die Knoten eines Baumes, für die $\gamma(e) = 1$ gilt, heißen **Randknoten** eines Baumes.

D 22.2.24 Ein zusammenhängender Teilgraph eines zusammenhängenden Graphen G mit minimaler Kantenzahl heißt ein **Gerüst** von G.

Ein Gerüst enthält keinen Zyklus. Andernfalls könnte man aus diesem Zyklus eine Kante entfernen ohne den Zusammenhang zu zerstören und damit die Anzahl der Kanten verringern. Jedes Gerüst ist ein Baum.

B 22.2.25 In F 22.2.26 ist ein Graph (a) mit zwei Gerüsten dargestellt (b und c).

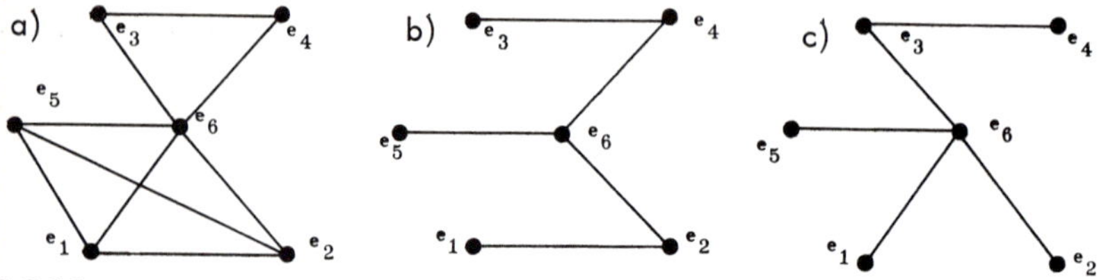

F 22.2.26

D 22.2.27

> Gegeben sei ein zusammenhängender Graph $G = (E,K,\phi)$. E1 und E2 mögen eine Zerlegung von E bilden, d.h. E1 und E2 seien nichtleere Teilmengen von E mit $E1 \cup E2 = E$ und $E1 \cap E2 = \emptyset$.
> Die Menge S der Kanten $k \in K$ mit $\phi(k) = (ei,ej)$, für die gilt $ei \in E1$ und $ej \in E2$, heißt ein **Schnitt** des Graphen.

Durch Entfernung aller Kanten eines Schnittes zerfällt der Graph in zwei Zusammenhangskomponenten.

B 22.2.28 In F 22.2.29 ergeben die gestrichelten Kanten einen Schnitt.

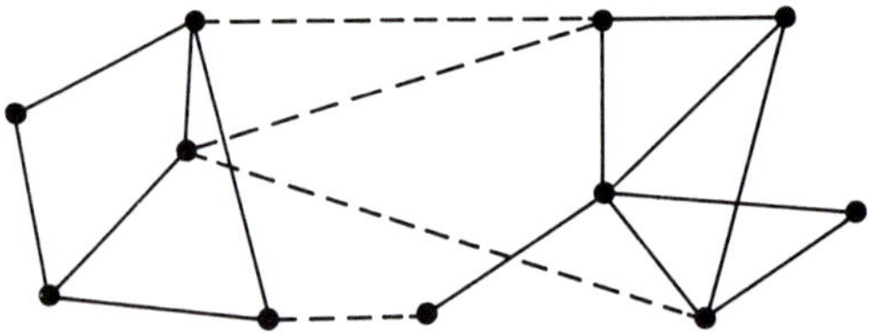

F 22.2.29

D 22.2.30

> Ordnet man jeder Kante $k \in K$ eines Graphen $G = (E,K,\phi)$ eine reelle Zahl $d(k) \in \mathbb{R}$ zu, so erhält man einen **bewerteten Graphen** $G' = (E,K,\phi,d)$. Die d(k) heißen **Kantenwerte.**

B 22.2.31 In F 22.2.32 ist ein bewerteter Graph dargestellt.

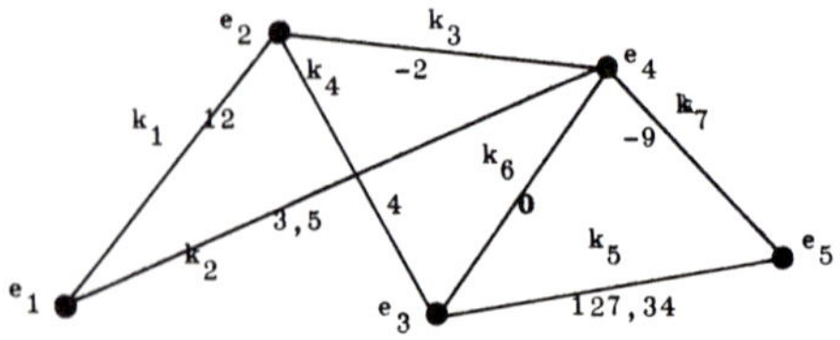

F 22.2.32

Durch Kantenwerte können z.B. Entfernungen in einem Verkehrsnetz oder Zeiten für Arbeitsgänge bei einem Projektablauf (vgl. F 22.1.4) dargestellt werden.

Häufig wird der Wert einer Kante als ihre Länge interpretiert. Die Länge eines aus den Kanten k1,...,km bestehenden Kantenweges W ist dann definiert als Summe der Kantenwerte (Kantenlängen)

$$d(W) = \sum_{i=1}^{m} d(ki).$$

Häufig erweist es sich als zweckmäßig, den Kanten eines Graphen eine Richtung oder Orientierung zuzuordnen. Einer **gerichteten Kante** wird also statt eines ungeordneten Knotenpaares ein geordnetes Paar Knoten zugeordnet: ϕ (k) = (ei,ej). ei heißt **Anfangsknoten** und ej **Endknoten** der gerichteten Kante. Eine gerichtete Kante nennt man häufig auch **Pfeil.** Ist jede Kante eines Graphen gerichtet, dann spricht man von einem **gerichteten Graphen.** F 22.2.33 zeigt einen gerichteten Graphen.

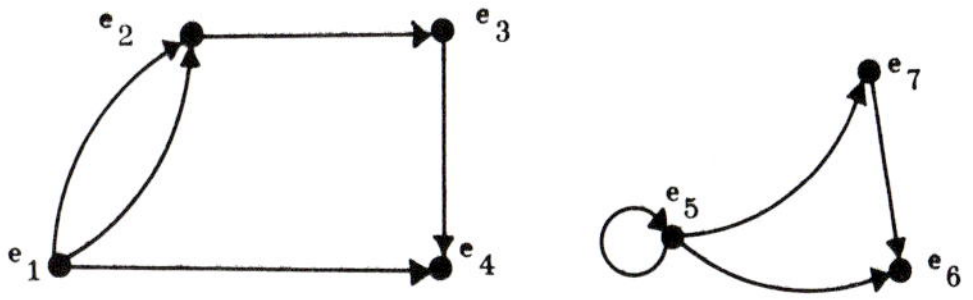

F 22.2.33

Unter Beachtung der Richtung kann in Analogie zu D 22.2.13 ein **Pfeilweg** und ein **Pfeilzyklus** definiert werden.

Auf einem Pfeilweg heißt k(i-1) **Vorgänger** und k(i+1) **Nachfolger** des Pfeiles ki. Ist ki = (ej,ej*), so ist der Knoten ej Vorgänger von ej* und ej* ist Nachfolger von ej.

D 22.2.34 Ein gerichteter Graph, der keine Schleifen und keine parallelen Pfeile aufweist, der also schlicht ist, heißt **Digraph.**

B 22.2.35 In F 22.2.36 ist ein Digraph wiedergegeben.

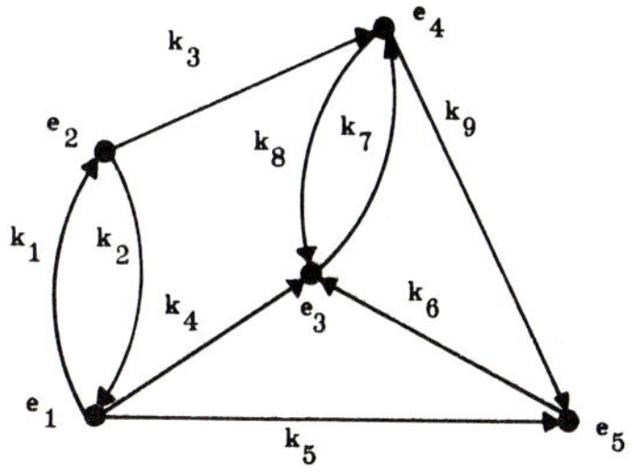

F 22.2.36

D 22.2.37

> Ein Knoten e eines gerichteten Graphen, der nur Anfangsknoten von Pfeilen ist, heißt **Quelle.** Ist ein Knoten e nur Endknoten von Pfeilen, so heißt er **Senke.**

In einem gerichteten Graphen gibt der **Ausgangsgrad** $\gamma^{+}(e)$ und der **Eingangsgrad** $\gamma^{-}(e)$ eines Knoten an, für wieviel Pfeile er Anfangs- bzw. Endknoten ist. Es gilt

$$\gamma^{-}(e) + \gamma^{+}(e) = \gamma(e).$$

D 22.2.38

> Gegeben sei ein ungerichteter Graph mit n Kanten. Die quadratische Matrix $A = (a_{\mu\nu})$ n-ter Ordnung mit
>
> $$a_{\mu\nu} = \begin{cases} i & \text{falls } \mu \neq \nu \text{ und i Kanten } (e\mu, e\nu) \text{ existieren,} \\ 2i & \text{falls } \mu = \nu \text{ und es i Schleifen für } e\mu \text{ gibt,} \end{cases}$$
>
> heißt **Adjazenzmatrix.**

Ein Beispiel ist zu Beginn dieses Abschnitts gegeben worden (S. 161). Die Adjazenzmatrix eines ungerichteten Graphen ist immer symmetrisch.

Für einen gerichteten Graphen definiert man $a_{\mu\nu}$ als Anzahl der Pfeile $(e\mu, e\nu)$ und läßt dabei $\mu = \nu$ zu.

Bei einem bewerteten Graphen, bei dem je zwei Knoten nur durch eine Kante verbunden sind, kann man als Matrizenelemente auch die Kantenwerte verwenden. Existiert zu zwei Knoten keine Kante, so kann man 0, - oder ∞ schreiben.

B 22.2.39 Für den Graphen aus F 22.2.32 ist eine entsprechende Matrix nebenstehend angegeben.

	e1	e2	e3	e4	e5
e1	-	12	-	3,5	-
e2	12	-	4	-2	-
e3	-	4	-	0	127,34
e4	3,5	-2	0	-	-9
e5	-	-	127,34	-9	-

Aufgaben

Ü 22.2.1 Gegeben ist der Graph $G = (E,K,\phi)$ mit

$E = (e1,e2,e3,e4,e5,e6,e7,e8,e9,e10)$

$K = (k1,k2,k3,k4,k5,k6,k7,k8,k9,k10,k11,k12,k13)$

und

$\phi(k1) = (e1,e3)$, $\phi(k2) = (e1,e4)$, $\phi(k3) = (e2,e4)$, $\phi(k4) = (e2,e2)$, $\phi(k5) = (e2,e5)$, $\phi(k6) = (e3,e5)$, $\phi(k7) = (e4,e5)$, $\phi(k8) = (e1,e6)$, $\phi(k9) = (e3,e6)$, $\phi(k10) = (e5,e6)$, $\phi(k11) = (e8,e9)$, $\phi(k12) = (e8,e10)$, $\phi(k13) = (e9,e10)$.

a) Stelle den Graphen zeichnerisch dar.

b) Gib die Adjazenzmatrix des Graphen an.

c) Bestimme zu jedem Knoten den Grad $\gamma(e)$.

d) Bestimme die zum Knoten e2 benachbarten Knoten.

e) Bestimme die zur Kante k10 benachbarten Kanten.
f) Welcher Untergraph G' ergibt sich durch Entfernen der Knoten e6,e7,e8 und e9? Gib die Knotenmenge E', die Kantenmenge K' und die Abbildung ϕ' sowie die Adjazenzmatrix dieses Untergraphen an.

Ü 22.2.2 Gegeben ist der in der folgenden Figur dargestellte Graph.

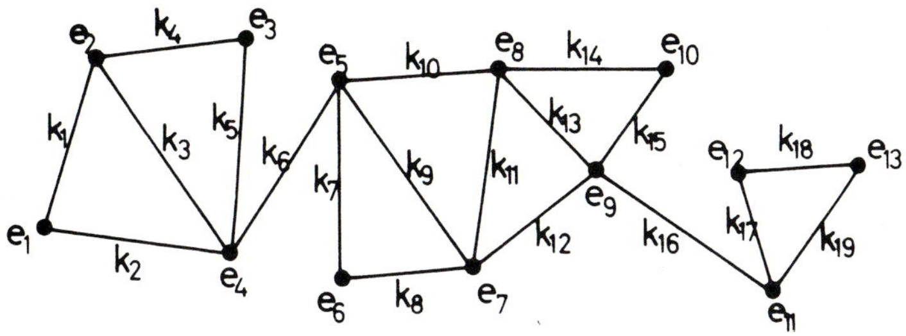

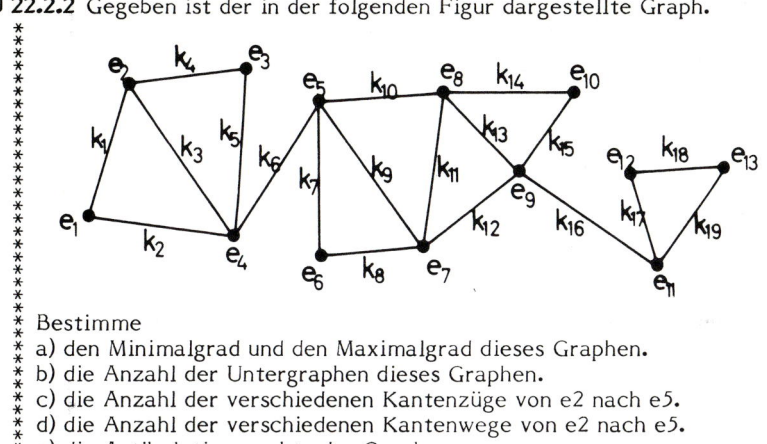

Bestimme
a) den Minimalgrad und den Maximalgrad dieses Graphen.
b) die Anzahl der Untergraphen dieses Graphen.
c) die Anzahl der verschiedenen Kantenzüge von e2 nach e5.
d) die Anzahl der verschiedenen Kantenwege von e2 nach e5.
e) die Artikulationspunkte des Graphen.
f) die Brücken des Graphen.
g) eine Eulersche Linie des Graphen.
h) eine Hamiltonsche Linie des Graphen.
i) wenigstens zwei voneinander verschiedene Gerüste.

Ü 22.2.3 Bestimme die Anzahl aller Hamiltonschen Linien in einem vollständigen Graphen mit 4 Knoten.

Ü 22.2.4 Wie kann man anhand der Adjazenzmatrix feststellen, ob ein Graph isolierte Knoten besitzt?

Ü 22.2.5 Wie kann man anhand der Adjazenzmatrix feststellen, ob ein Graph Schleifen besitzt?

Ü 22.2.6 Wie kann der Knotengrad aus der Adjazenzmatrix bestimmt werden?

22.3 Bestimmung kürzester und längster Wege in Graphen

Aus den im Abschnitt 22.1 aufgeführten Anwendungsbeispielen für die Graphentheorie geht bereits hervor, daß bei der Untersuchung von Strukturen, die als Graphen abgebildet werden, häufig die Frage nach kürzesten oder längsten Wegen in einem Graphen auftritt. Es kann nach der Länge von Dienst- oder Instanzenwegen in einer Organisation, nach kürzesten Wegen in Verkehrs- oder Leitungsnetzen oder nach zeitlich längsten Wegen in einem Projektablauf (F 22.1.4) gefragt sein. Da sich die Bestimmung von kürzesten oder längsten Wegen in einem unbewerteten Graphen, bei dem die Länge eines Weges durch die Anzahl der Kanten gemessen wird, immer auf die Ermittlung kürzester oder längster Wege in einem bewerteten Graphen zurückführen läßt, indem man jede Kante mit "1" bewertet, reicht im folgenden die Behandlung bewerteter Graphen aus.

Die Bestimmung längster Wege ist nur in gerichteten Graphen ohne Schleifen und Zyklen positiver Länge sinnvoll, da man sonst durch wiederholtes Durchlaufen einer Schleife oder eines Zyklus immer einen beliebig langen Weg finden kann. Die Bestimmung längster Wege kann im übrigen mit den Algorithmen für kürzeste Wege erfolgen, wenn diese etwas modifiziert werden (s.u.).

Bei der Bestimmung kürzester Wege können im einzelnen folgende Fragestellungen auftreten:

(A) Bestimmung des kürzesten Weges zwischen zwei gegebenen Knoten.
(B) Bestimmung der p kürzesten Wege zwischen zwei gegebenen Knoten.
(C) Bestimmung der kürzesten Wege von einem Knoten (Startknoten) zu allen anderen Knoten des Graphen bzw. der kürzesten Wege von allen Knoten des Graphen zu einem gegebenen Knoten (Zielknoten).
(D) Bestimmung der kürzesten Wege zwischen je zwei Knoten des Graphen.

Zur Lösung dieser Probleme stehen verschiedene Verfahren zur Verfügung, die eingeteilt werden können in

- Verfahren, bei denen die Bestimmung kürzester Wege schrittweise durch Markieren der Knoten in einer Zeichnung oder einer Tabelle erfolgt,
- Verfahren, die auf speziellen Matrizenalgorithmen basieren und
- spezielle Ansätze der linearen Optimierung.

Eine umfassende Darstellung in dem vorliegenden Rahmen ist nicht möglich. In den nächsten Abschnitten werden an wichtigen Algorithmen die Grundgedanken der Markierungs- und Matrizenalgorithmen behandelt.

22.4 Markierungsalgorithmen zur Bestimmung kürzester Wege

In diesem Abschnitt werden zwei Markierungsalgorithmen zur Bestimmung der kürzesten Wege von einem gegebenen Knoten eines Graphen zu allen anderen Knoten beschrieben. Diese Algorithmen liefern zugleich einen kürzesten Weg zwischen zwei gegebenen Knoten eines Graphen, so daß sich dadurch eine gesonderte Behandlung dieses Problems erübrigt.

Für das Problem, einen kürzesten Weg zwischen zwei Knoten e0 und em zu bestimmen, muß nicht immer eine Lösung existieren. Das ist z.B. der Fall, wenn die Knoten durch keinen Weg verbunden sind, also in zwei verschiedenen Zusammenhangskomponenten liegen. Bei einem gerichteten Graphen ist eine Lösung insbesondere auch dann nicht gegeben, wenn $\gamma^+(e0) = 0$ oder $\gamma^-(em) = 0$ gilt.

Das Problem ist auch dann nicht lösbar, wenn es Kanten- oder Pfeilzyklen mit negativer Länge im Graphen gibt. Dann braucht man nur den jeweiligen Zyklus beliebig oft zu durchlaufen, um einen beliebig kurzen Weg zu finden. Um die Konvergenz von Verfahren zur Bestimmung kürzester Wege zu sichern, müssen also Zyklen negativer Länge ausgeschlossen werden.

Es wird zunächst ein Algorithmus angegeben, mit dem für einen bewerteten Graphen kürzeste Wege von einem Startknoten e0 zu allen anderen Knoten des Graphen bestimmt werden können. Gleichzeitig werden die Entfernungen der Knoten vom Startknoten e0 bestimmt. Der in R 22.4.1 formulierte Algorithmus läuft folgendermaßen ab:

Im Schritt (1) wird der Startknoten e0 mit dem Wert D(e0) = 0 versehen, da e0 zu sich selbst die Entfernung 0 hat.
Als nächstes werden alle zu e0 benachbarten Knoten betrachtet, also alle, die über **eine** Kante mit e0 verbunden sind. Die Kantenwerte geben den Abstand zu e0 an. Es wird dann der Knoten bewertet, der von e0 den kleinsten Abstand hat. Ist das der Knoten e1, dann gilt D(e1) = d(e0,e1).
Es werden jetzt alle zu e0 und e1 benachbarten Knoten betrachtet. Die Entfernungen der zu e0 benachbarten Knoten ei von e0 ergeben sich aus den Kantenwerten d(e0,ei). Die Entfernungen der zu e1 benachbarten Knoten ej von e0 ergeben sich aus D(e1)+d(e1,ej). Von allen zu e0 und e1 benachbarten Knoten wird dann der mit der geringsten Entfernung zu e0 bewertet.
Auf diese Weise wird in jeder Iteration (Schritte (2) bis (5) in R 22.4.1) ein Knoten bewertet. Die Knoten werden dabei in aufsteigender Reihenfolge der Entfernungen von e0 bewertet.

Durch zusätzliche Markierung der Kanten, über die die kürzesten Entfernungen bestimmt wurden, findet man gleichzeitig die kürzesten Wege.

Weitere Erläuterungen werden in dem nach dem Algorithmus behandelten Beispiel gegeben.

R 22.4.1

Gegeben sei ein bewerteter Graph G = (E,K,ϕ,d) mit d(k) $\geqq$ 0 für alle k $\in$ K.
Der folgende Algorithmus liefert Wege minimaler Länge von einem Startknoten e0 zu allen anderen Knoten des Graphen.

(1) Markiere die Startknoten e0 mit D(e0) = 0. Setze i=1, E1:= {e0} . Gehe zu (2).
(2) Es sei E* die Menge aller Knoten es der Kanten (er,es), deren Knoten er in Ei liegt, d.h.
E* ={ es $\in$ E \ Ei | Es gibt eine Kante (er,es) mit er $\in$ Ei} .
Falls E* = $\emptyset$ gehe zu (6), andernfalls zu (3).

(3) Bestimme zu jedem es ∈ E* eine vorläufige Markierung D*(es) = min(D(er) + d(er,es)). Gehe zu (4).
(4) Markiere den Knoten es*: = ei endgültig mit D(ei) = D*(ei), für den gilt D*(es*) = min(D*(es)). Markiere die Kante (er,ei). Gehe zu (5).
(5) Setze E(i+1):= Ei U {ei} und i:= i+1. Gehe zu (2).
(6) Ende.

B 22.4.2 Für den in F 22.4.3 dargestellten bewerteten Graphen sollen die kürzesten Wege von e7 zu allen anderen Knoten bestimmt werden. Die Zahlen bei den Schritten beziehen sich auf die Nummern des Algorithmus.

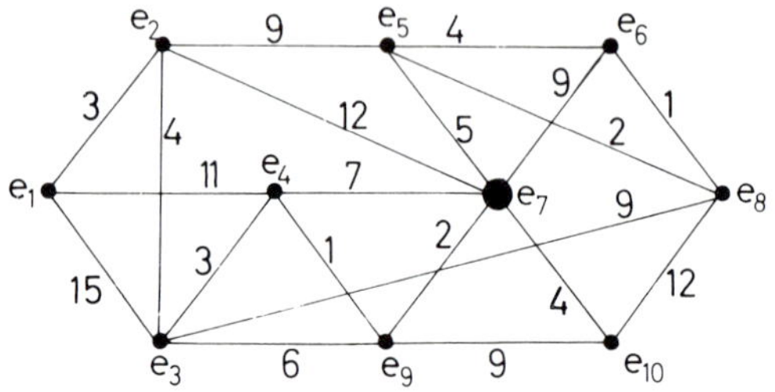

F 22.4.3

Es ist D(e7) = 0. Schritt (1) des Algorithmus.

Iteration 1 (vgl. F 22.4.4a)

(2) In der ersten Iteration wird im Schritt (2) die Menge E* der zu e7 benachbarten Knoten bestimmt:
E* = {e2,e4,e5,e6,e9,e10}

(3) Zu allen Knoten es ∈ E* werden die Entfernungen D*(es) zu e7 bestimmt. Dafür ergibt sich D*(es) = d(e7,es) und man erhält:

es	e2	e4	e5	e6	e9	e10
D*(es)	12	7	5	9	<u>2</u>	4

(4) Die geringste Entfernung von e7 hat e9, da d(e7,e9) = 2. Der Knoten e9 wird deshalb endgültig bewertet mit D(e9) = 2. Das ist die kürzeste Entfernung von e7 zu e9. Außerdem wird die Kante (e7,e9) markiert.

(5) Da e9 bewertet ist,gilt E2 = {e7,e9 }.

Iteration 2 (vgl. F 22.4.4b)

(2) Es sind jetzt alle zu e7 oder zu e9 benachbarten Knoten zu ermitteln:
E* = {e2,e3,e4,e5,e6,e10}

(3) Zu allen Knoten es ∈ E* wird die direkt oder über e9 bestimmbare kürzeste Entfernung ermittelt.
D*(es) = d(e7,es), falls es nur zu e7 benachbart ist, also bei e2,e5

und e6.
D*(es) = D(e9)+d(e9,es), falls es nur zu e9 benachbart ist, also für e3.
D*(es) = min(d(e7,es)); D(e9)+d(e9,es), falls es zu e7 und e9 benachbart ist, also bei e4 und e10.
Für e4 ist D*(e4) = 3, da die Entfernung von e4 über e9 kürzer ist als direkt.
Es ergeben sich folgende Werte D*:

es	e2	e3	e4	e5	e6	e10
D*(es)	12	8	3	5	9	4

(4) Von allen direkt oder über e9 erreichbaren Knoten hat e4 die geringste Entfernung von e7. Es gilt deshalb:
D(e4) = 3, e4 und (e9,e4) werden markiert.

(5) Da jetzt auch e4 bewertet ist, ergibt sich:
E3 = {e4,e7,e9} .

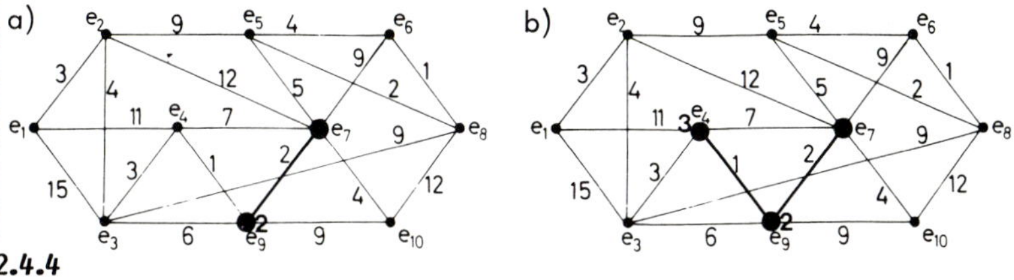

F 22.4.4

Iteration 3 (vgl. F 22.4.5a)

(2) Es werden alle Knoten bestimmt, die zu den Knoten aus E3, also zu e4 oder e7 oder e9, benachbart sind.
E* = {e1,e2,e3,e5,e6,e10}

(3) Für die Knoten es ∈ E* sind die direkt oder über e9 und/oder e4 ermittelbaren kürzesten Entfernungen zu suchen: Für e3 ergibt sich dabei beispielsweise, daß der Weg über e4 mit der Entfernung 6(=D(e4)+d(e4,e3) = 3+3) kürzer ist, als der Weg von e9 direkt zu e3 mit der Entfernung 8(=D(e9)+d(e9,e3) = 2+6). Hier wird deutlich, warum die Knoten in aufsteigender Reihenfolge der Entfernungen endgültig bewertet werden: Auf "Umwegen" (von e9 über e4 zu e3) ergeben sich mitunter kürzere Entfernungen als direkt (von e9 zu e3).
Die vorläufigen kürzesten Entfernungen ergeben:

es	e1	e2	e3	e5	e6	e10
D*(es)	14	12	6	5	9	4

(4) Die geringste Entfernung zu e7 hat e10. Es gilt somit:
D(e10) = 4, e10 und (e7,e10) werden markiert.

(5) E4 = {e4,e7,e9,10} .

Iteration 4 (vgl. F 22.4.5b)

(2) Es werden die zu den Knoten aus E4 benachbarten Knoten bestimmt:
E* = {e1,e2,e3,e5,e6,e8}

(3) Für die vorläufigen kürzesten Entfernungen ergibt sich:

es	e1	e2	e3	e5	e6	e8
D*(es)	14	12	6	5	9	16

(4) D(e5) = 5, e5 und (e7,e5) werden markiert.

(5) E5 = {e4,e5,e7,e9,e10} .

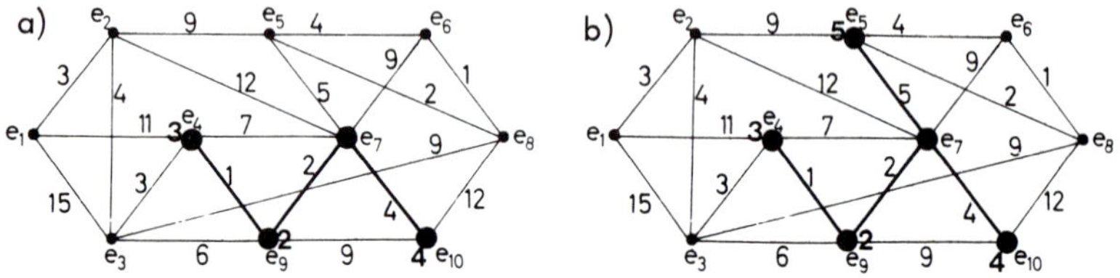

F 22.4.5

Bei den folgenden Iterationen erfolgt eine Beschränkung auf die Schritte (3) und (4), da diese alle wesentlichen Informationen enthalten.

Iteration 5 (vgl. F 22.4.6a)

(3)

es	e1	e2	e3	e6	e8
D*(es)	14	12	6	9	7

(4) D(e3) = 6, e3 und (e4,e3) werden markiert.

Iteration 6 (vgl. F 22.4.6b)

(3)

es	e1	e2	e6	e8
D*(es)	14	10	9	7

(4) D(e8) = 7, e8 und (e5,e8) werden markiert.

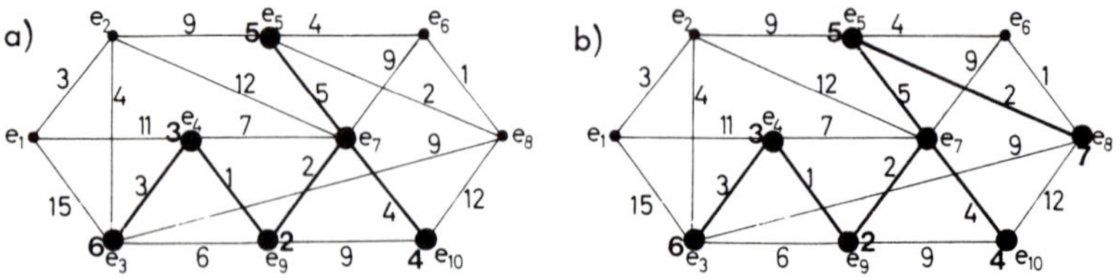

F 22.4.6

Iteration 7 (vgl. F 22.4.7a)

(3)

es	e1	e2	e6
D*(es)	14	10	8

(4) D(e6) = 8, e6 und (e8,e6) werden markiert.

Iteration 8 (vgl. F 22.4.7b)

(3)

es	e1	e2
D*(es)	14	10

(4) D(e2) = 10, e2 und (e3,e2) werden markiert.

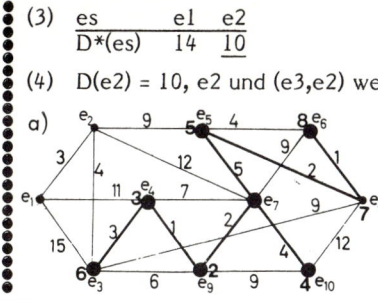

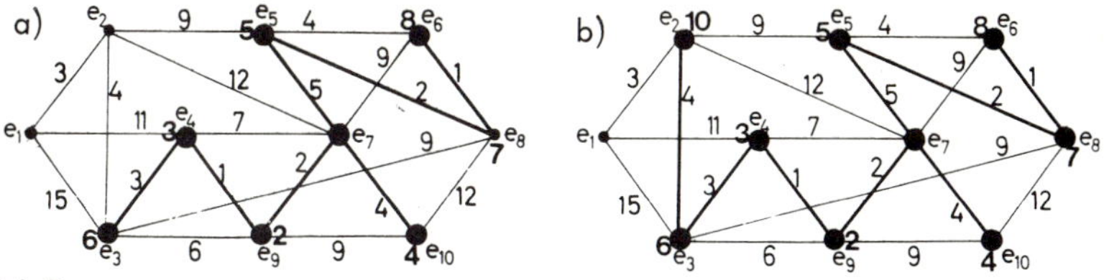

F 22.4.7

Iteration 9 (vgl. F 22.4.8a)

(3)

es	e1
D*(es)	13

(4) D(e1) = 13, e1 und (e2,e1) werden markiert.

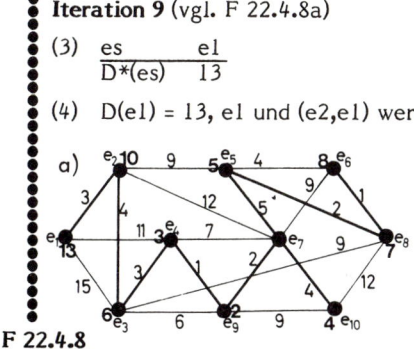

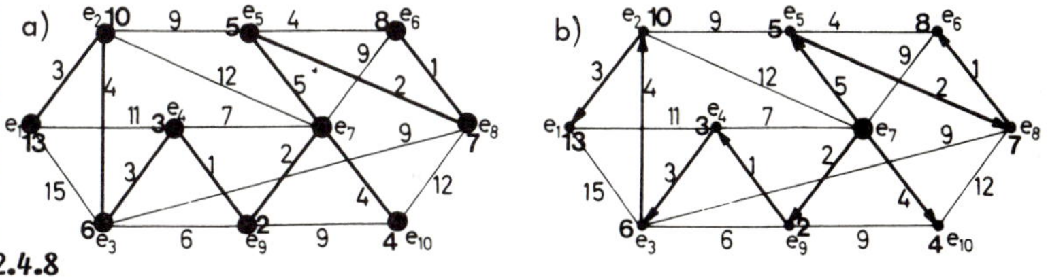

F 22.4.8

Damit ist das Verfahren beendet.

Bei größeren, ungerichteten Graphen lassen sich aus dem Baum der kürzesten Wege in Bezug auf den Startknoten die kürzesten Wege vom Startknoten zu den anderen Knoten leichter bestimmen, wenn man die gekennzeichneten Kanten mit einer Richtung auf den bei dem betreffenden Schritt markierten Knoten versieht.

Für das Beispiel ergibt sich dann der Graph in F 22.4.8b. Man braucht dann nur noch von einem Knoten aus einen Pfeilweg in umgekehrter Richtung zum Startknoten zu bestimmen.

Zu dem Algorithmus in R 22.4.1 sind folgende Anmerkungen zu machen:

Wird der Algorithmus dazu benutzt, einen kürzesten Weg von einem Startknoten e0 zu einem Zielknoten em zu bestimmen, dann ist das Verfahren beendet, wenn em markiert worden ist.

Soll in B 22.4.2 der kürzeste Weg von e7 nach e3 bestimmt werden, so ist das Verfahren nach Iteration 5 beendet, da dann e3 markiert wird.

Der Algorithmus ist nicht nur auf ungerichtete sondern auch auf gerichtete Graphen anwendbar.

Bei der Bestimmung von kürzesten Pfeilwegen in einem gerichteten Graphen ist bei der Markierung jeweils auf die Richtung der Pfeile zu achten.

B 22.4.9 Bei der Bestimmung der kürzesten Wege vom Knoten e4 zu allen anderen erreichbaren Knoten für den in F 22.4.10a gegebenen Graphen ergibt sich das in F 22.4.10b dargestellte Ergebnis.

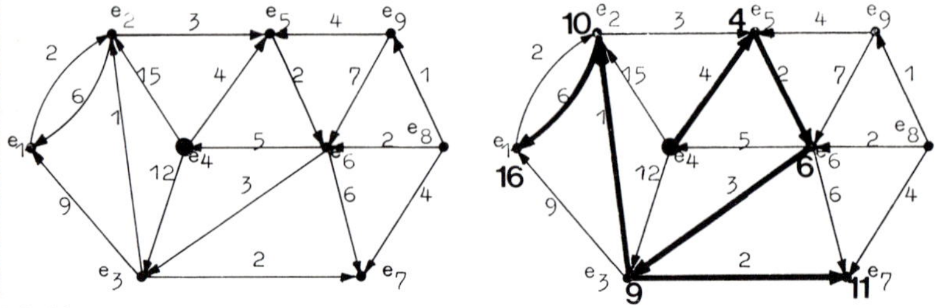

F 22.4.10

Die Markierung der Knoten erfolgt in folgender Reihenfolge: e4,e5, e6,e3,e2,e7,e1. Die Knoten e8 und e9 können nicht markiert werden. Sie sind von e4 aus nicht erreichbar.

Der Algorithmus läßt sich auch anwenden, wenn der Graph unbewertet ist und die Länge eines Weges als Anzahl der enthaltenen Kanten definiert ist. Für alle Kanten k∈K nimmt man dann eine Bewertung d(k) = 1 vor.

B 22.4.11 Für den Graphen in F 22.4.12a erhält man z.B. als kürzeste Wege von e5 aus die in F 22.4.12b hervorgehobenen Wege. Es ist leicht nachzuprüfen, daß die Lösung in bezug auf die Wege mehrdeutig ist. So kann der kürzeste Weg zu e1 auch über e4 statt über e3 führen und der kürzeste Weg zu e10 über e6 oder über e11 statt über e8.

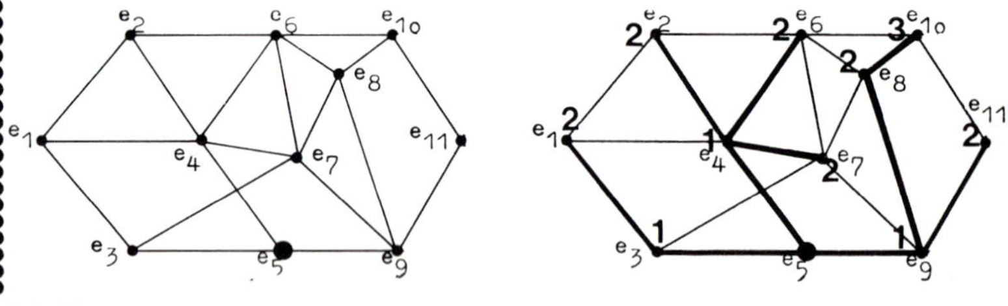

F 22.4.12

Der Algorithmus aus R 22.4.1 erfordert weniger Aufwand, wenn man folgendes beachtet: Ergeben sich in Schritt (4) mehrere Knoten mit gleichem minimalen vorläufigen Wert D*, so können diese alle auf einmal endgültig bewertet werden.

Enthält ein zyklenfreier Digraph eine einzige Quelle, so lassen sich die kürzesten Wege von dieser Quelle zu allen anderen Knoten mit einem anderen Verfahren einfacher als mit R 22.4.1 bestimmen:

Bei diesem Algorithmus wird die Quelle e0 mit D(e0) = 0 bewertet, da sie von sich selbst die Entfernung Null hat. Es werden dann alle Nachfolger der Quelle gesucht, die nur die Quelle als Vorgänger haben. Diese Knoten ei werden mit D(ei) = d(e0,ei) bewertet, denn die Kantenwerte geben die Entfernung von e0 an.

Bei allen folgenden Iterationen werden zu allen schon bewerteten Knoten alle Nachfolger bestimmt, die nur bewertete Vorgänger haben. Zu diesen Knoten führt der kürzeste Weg über eine Kante von einem schon bewerteten Knoten und kann deshalb leicht bestimmt werden.

An dem, auf den Algorithmus folgenden Beispiel, wird das Verfahren näher erläutert.

R 22.4.13 Gegeben sei ein bewerteter, zyklenfreier Digraph G = (E,K,ϕ,d) mit e0 $\in$ E als einziger Quelle. Der folgende Algorithmus liefert kürzeste Wege von e0 zu allen anderen Knoten des Graphen.

(1) Markiere den Startknoten (Quelle) e0 mit D(e0) = 0. Setze i=1, E1:= {e0 }. Gehe zu (2).

(2) Es sei Ei die Menge der bereits markierten Knoten und E* ={ es $\in$ E $\setminus$ Ei | Für **alle** Vorgänger er von es gilt er $\in$ Ei }.
Falls E* = $\emptyset$ gehe zu (5) andernfalls zu (3).

(3) Markiere **alle** es $\in$ E* mit D(es) = min [D(er) + d(er,es)]
Markiere den Pfeil (er,es), über den die Markierung von es bestimmt wurde. Gehe zu (4).

(4) Setze E(i+1):= Ei $\cup$ E* und i:= i+1. Gehe zu (2).

(5) Ende.

B 22.4.14 Der Algorithmus aus R 22.4.13 sei an dem Graphen aus F 22.4.15 erläutert.

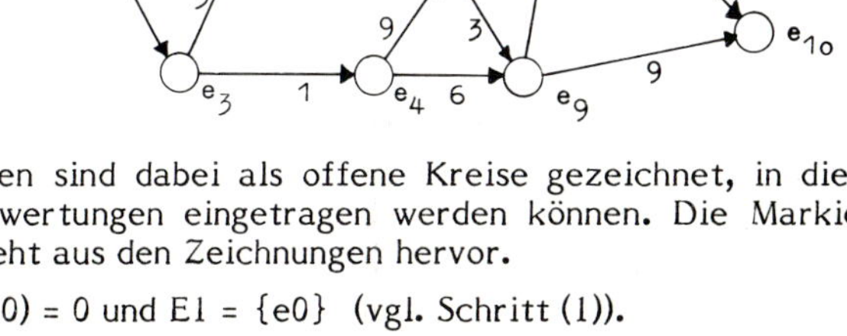

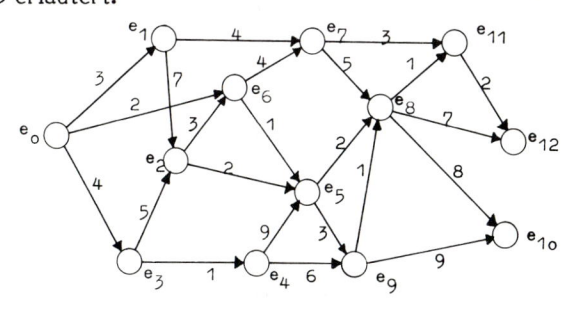

F 22.4.15

Die Knoten sind dabei als offene Kreise gezeichnet, in die dann die Knotenbewertungen eingetragen werden können. Die Markierung der Kanten geht aus den Zeichnungen hervor.

Es ist D(e0) = 0 und E1 = {e0} (vgl. Schritt (1)).

Iteration 1 (F 22.4.16a)

(2) Die Quelle e0 hat nur zwei benachbarte Knoten, die nur e0 als Vorgänger haben: e1 und e3. Der Knoten e6 hat außer e0 auch e2 als Vorgänger. Es gilt also:

E* = {e1,e3} .

(3) Alle Knoten es ∈ E* werden mit D(es) = D(e0)+d(e0,es) bewertet. Es ist D(e0) = 0 und die Kantenwerte d(e0,es) geben die (kürzesten Entfernungen der Knoten zu e0 an.

D(e1) = D(e0) + d(e0,e1) = 0+3 = 3
D(e3) = D(e0) + d(e0,e3) = 0+4 = 4

Die Pfeile (e0,e1) und (e0,e3) werden markiert.

(4) Da nunmehr e0,e1 und e3 markiert sind, gilt:

E2 = {e0,e1,e3} .

Iteration 2 (F 22.4.16b)

(2) Es werden alle Knoten gesucht, die nur bewertete bzw. markierte Vorgänger haben. Von den Knoten aus E2 = {e0,e1,e3} sind die Knoten e2,e4,e6 und e7 direkt über Pfeile erreichbar, aber e6 und e7 haben auch andere, unbewertete Vorgänger. Es ist somit:

E* = {e2,e4}

(3) Es werden also nur e2 und e4 bewertet. Bei e2 ist dabei festzustellen, ob der Weg über e1 oder über e3 kürzer ist.

$$D(e2) = \min \left\{ \begin{array}{l} D(e1) + d(e1,e2) = 3+7 = 10 \\ D(e3) + d(e3,e2) = 4+5 = 9 \end{array} \right\} = 9$$

$$D(e4) = D(e3) + d(e3,e4) = 4+1 \qquad = 5$$

Zu e2 ist es kürzer über e3. Die Pfeile (e3,e2) und (e3,e4) werden markiert.

(4) Als Menge der bewerteten Knoten ergibt sich jetzt:

E3 = {e0,e1,e2,e3,e4} .

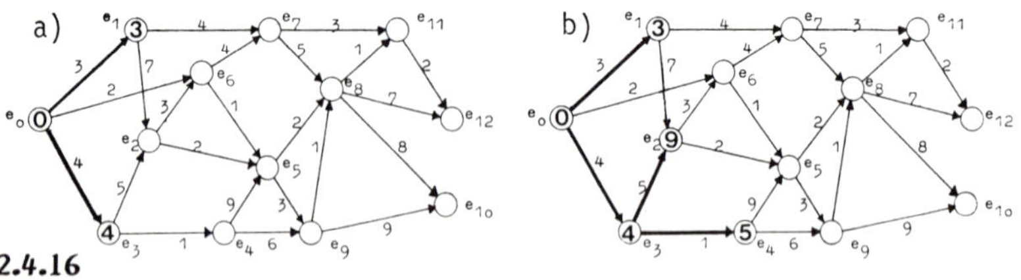

F 22.4.16

Iteration 3 (F 22.4.17a)

(2) Es gibt jetzt nur einen noch nicht bewerteten Knoten, dessen sämtliche Vorgänger schon bewertet sind:

$E^* = \{e6\}$

(3) Der Knoten e6 kann direkt von e0 oder über e2 erreicht werden. Der kürzeste Weg ist der direkte. Es gilt also:

$$D(e6) = \min \left\{ \begin{array}{l} D(e2) + d(e2,e6) = 9+3 = 12 \\ D(e0) + d(e0,e6) = 0+2 = \ \ 2 \end{array} \right\} = 2$$

Der Pfeil (e0,e6) wird markiert.

(4) Die Menge der bewerteten Knoten ist nun

$E4 = \{e0,e1,e2,e3,e4,e6\}$.

Iteration 4 (F 22.4.17b)

(2) Unbewertete Knoten, zu denen alle Vorgänger schon bewertet wurden, sind e5 und e7.

$E^* = \{e5,e7\}$

(3) Für e5 ist zu prüfen, ob der kürzeste Weg über e2,e4 oder e6 führt. Zu den Entfernungen dieser Knoten von e0 wird jeweils der betreffende Pfeilwert addiert und die kleinste Summe bestimmt. Zu e7 kann der kürzeste Weg über e1 oder über e6 führen. Man erhält:

$$D(e5) = \min \left\{ \begin{array}{l} D(e2) + d(e2,e5) = 9+2 = 11 \\ D(e4) + d(e4,e5) = 5+9 = 14 \\ D(e6) + d(e6,e5) = 2+1 = \ \ 3 \end{array} \right\} = 3$$

$$D(e7) = \min \left\{ \begin{array}{l} D(e1) + d(e1,e7) = 3+4 = 7 \\ D(e6) + d(e6,e7) = 2+4 = 6 \end{array} \right\} = 6$$

Die Pfeile (e6,e5) und (e6,e7) werden markiert.

(4) Für die Menge der bewerteten Knoten ergibt sich:

$E5 = \{e0,e1,e2,e3,e4,e5,e6,e7\}$.

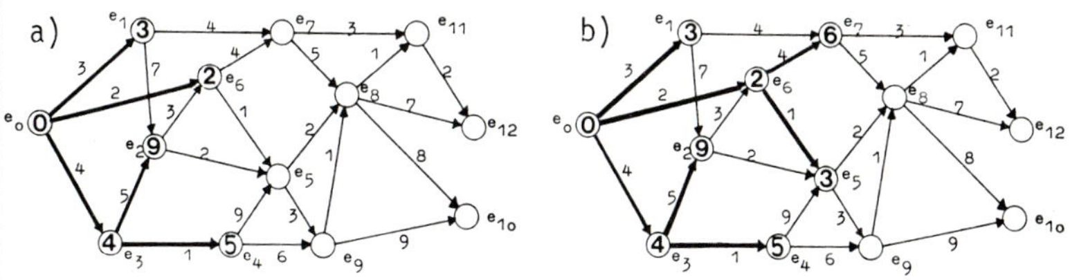

F 22.4.17

Auf die weiteren Iterationen wird im einzelnen verzichtet. Die Knoten werden in der Reihenfolge e9, e8, e10 und e11, e12 markiert. In F 22.4.18 ist das Endergebnis dargestellt.

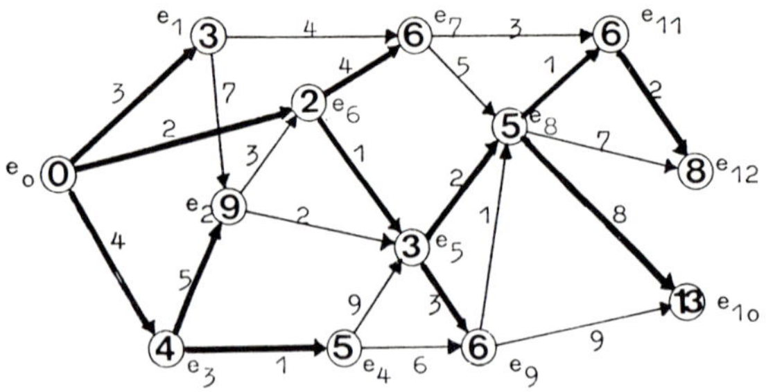

F 22.4.18

Zu dem Algorithmus aus R 22.4.13 sind folgende Anmerkungen zu machen:

Der Algorithmus kann auch bei mehreren Quellen verwendet werden. Diese werden zu Beginn sämtlich mit D(e) = 0 bewertet. Im übrigen verfährt man wie sonst.

Der Algorithmus kann auch zur Bestimmung von längsten Wegen in einem zyklenfreien Digraphen benutzt werden. Die Markierung in Schritt (3) erfolgt dann durch

$$D(es) = \max\left[\, D(er) + d(er,es)\right].$$

Es werden bei jeder Iteration wieder die Knoten bewertet, deren sämtliche Vorgänger schon bewertet sind. Für alle Vorgänger er eines Knotens es wird D(er) + d(er,es), also Bewertung des Vorgängers plus Pfeilbewertung, bestimmt. Der Knoten es wird nun mit dem größten dieser Werte (in R 22.4.13 mit dem Kleinsten) bewertet, da es um längste Wege geht.

B 22.4.19 Für den in F 22.4.20a dargestellten Graphen ergeben sich die längsten Wege in F 22.4.20b. Die Markierungen in den Knoten geben die Weglängen an. An F 22.4.20b ist zu ersehen, daß bei einem Knoten mit mehreren Vorgängern die Bewertung des Knotens sich immer als größte Summe aus "Bewertung des Vorgängers plus Bewertung des Pfeils" ergibt.

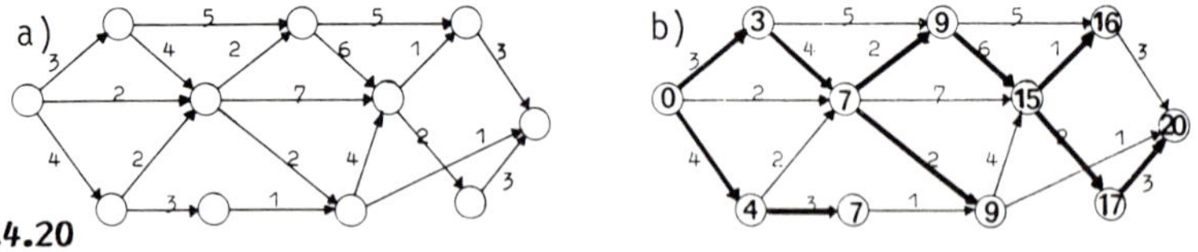

F 22.4.20

Um die Bestimmung längster Wege geht es z.B. bei der Ermittlung von Zeitplänen für Projektabläufe (vgl. F 22.1.4). Die Kanten werden mit den Ausführungszeiten bewertet. Wird der Projektstart mit 0 (oder einer anderen Zeit) vergeben, dann wird über längste Wege bestimmt, wann die den Knoten entsprechenden Projektzustände frühestens erreicht werden können. Die Knotenwerte bzw. -markierungen sind dann zugleich die frühesten Anfangszeitpunkte der Arbeitsgänge, die den von dem betreffenden Knoten abgehenden Pfeilen entsprechen.

Ein, einem Pfeil des Digraphen entsprechender Arbeitsgang kann erst begonnen werden, wenn **alle** vorhergehenden Arbeitsgänge abgeschlossen sind. Deshalb sind für den Anfang eines Arbeitsganges die zeitlich längsten Wege maßgebend. Im einzelnen ist hier auf die Literatur zur Netzplantechnik zu verweisen.

Der Algorithmus aus R 22.4.13 ist nicht anwendbar, wenn, wie das bisweilen der Fall ist, der Graph Zyklen enthält. Dann kann, wie das einfache Beispiel in F 22.4.22 zeigt, bei Erreichung des Zyklus kein Knoten mit markiertem Vorgänger gefunden werden.

B 22.4.21 In F 22.4.22 kann mit e1 als Startknoten nur e2 markiert werden.

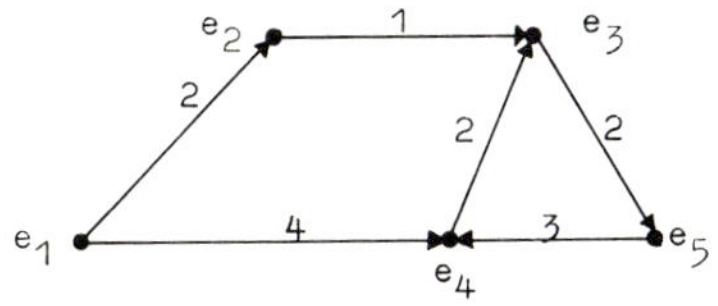

F 22.4.22

e3,e4 und e5 bzw. die sie verbindenden Pfeile ergeben einen Pfeilzyklus, in den man mit R 22.4.13 "nicht hineinkommt".

Die Berücksichtigung von Zyklen ist mit speziellen Algorithmen möglich, auf die im Rahmen dieser kurzen Einführung in die Graphentheorie nicht eingegangen wird.

Aufgaben

Ü 22.4.1 Gegeben ist der folgende bewertete Graph:

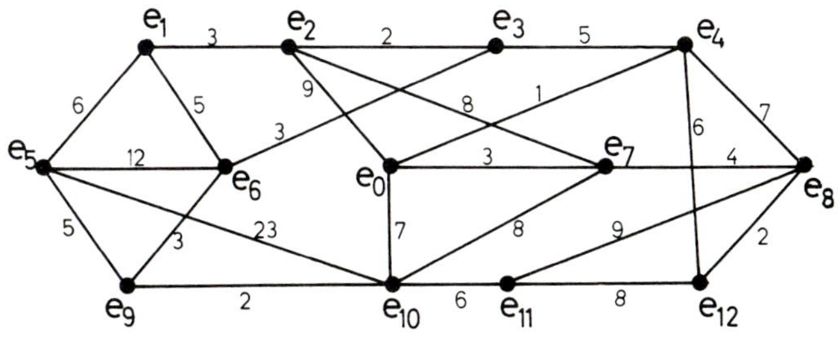

Bestimme die kürzesten Wege von e0 zu allen anderen Knoten des Graphen.

Ü 22.4.2 Bestimme längste Wege von e0 zu allen anderen Knoten.

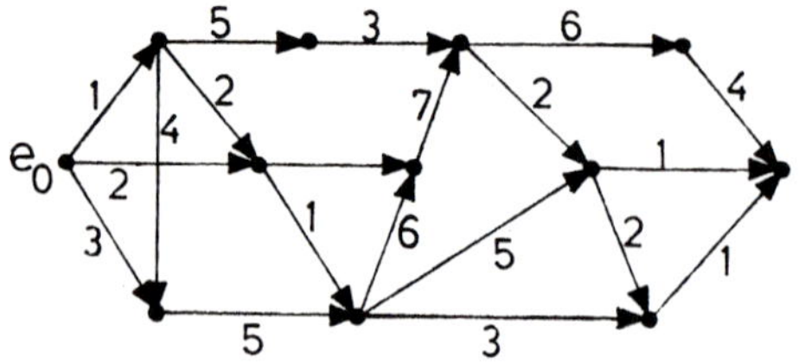

Ü 22.4.3 Bestimme für den folgenden Graphen kürzeste Wege von e6 zu allen anderen Knoten.

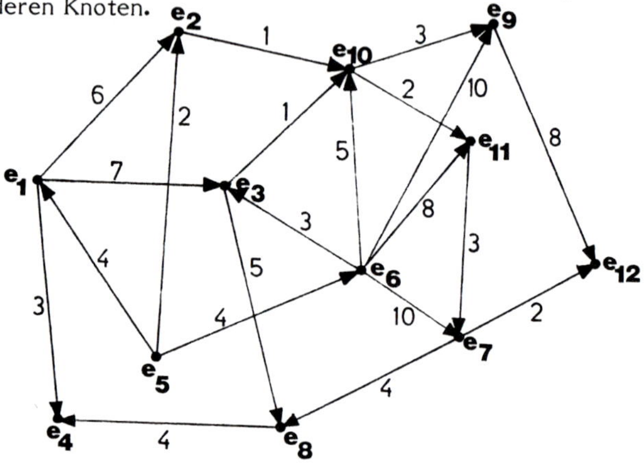

Ü 22.4.4 Bestimme kürzeste Wege von e5 zu allen anderen Knoten.

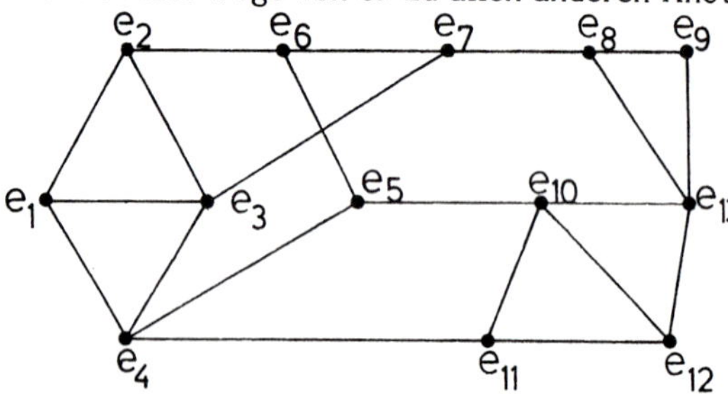

22.5 Matrizenalgorithmen zur Bestimmung kürzester Wege

Für den Erwerb grundlegender Kenntnisse über die Graphentheorie und ihre Anwendungsmöglichkeiten kann dieser Abschnitt übersprungen werden.

Um die kürzesten Entfernungen zwischen je zwei Knoten eines Graphen zu bestimmen, können grundsätzlich die im vorhergehenden Abschnitt beschriebenen Markierungsalgorithmen herangezogen werden. Man braucht diese Algorithmen nur jeweils auf alle Knoten des Graphen anzuwenden. Da dieses Vorgehen sehr aufwendig ist, empfiehlt es sich jedoch, einen Matrizenalgorithmus zu verwenden, bei dem eine Modifikation der Adjazenzmatrix bzw. der Matrix der Kantenwerte benutzt wird (s.u.).

Für den Algorithmus wird eine spezielle Matrizenoperation benötigt.

D 22.5.1

> Es seien $\mathbf{A} = (a_{ij})$ und $\mathbf{B} = (b_{ij})$ quadratische Matrizen n-ter Ordnung mit $a_{ij}, b_{ij} \in \mathbb{R} \cup \{\infty\}$, und es gelte für $-\infty < a < \infty$ folgendes: $\infty + a = a + \infty = \infty$.
> Unter der Matrix $\mathbf{C} = \mathbf{A} \oplus \mathbf{B}$ wird die Matrix (c_{ij}) verstanden mit
> $$c_{ij} = \min_{k=1,\dots,n} (a_{ik}+b_{kj}); \qquad i,j = 1,\dots,n. \} .$$

Das Schema dieser Matrizenoperation ist identisch mit dem, der in D 17.6.2 eingeführten Matrizenmultiplikation, für die gilt

$$\mathbf{AB} = \mathbf{C} \text{ mit } c_{ij} = \sum_k a_{ik} b_{kj}.$$

Man braucht für die Operation $\oplus$ in den skalaren Produkten der Vektoren der beiden Matrizen nur die Multiplikation durch die Addition zu ersetzen, also $a_{ik}b_{kj}$ durch $a_{ik} + b_{kj}$, und die Summation durch die Minimumbestimmung, also $\sum a_{ik}b_{kj}$ durch $\min\limits_k (a_{ik} + b_{kj})$.

Es läßt sich zeigen, daß diese Matrizenoperation **assoziativ** ist:

$$(\mathbf{A} \oplus \mathbf{B}) \oplus \mathbf{C} = \mathbf{A} \oplus (\mathbf{B} \oplus \mathbf{C}),$$

aber **nicht kommutativ**, d.h. im allgemeinen gilt $\mathbf{A} \oplus \mathbf{B} \neq \mathbf{B} \oplus \mathbf{A}$.

Für die Operation $\oplus$ kann man eine Potenzbildung durch $\mathbf{A}^{(1)} = \mathbf{A}$ und $\mathbf{A}^{(m)} = \mathbf{A}^{(m-1)} \oplus \mathbf{A}$ für $m \in \mathbb{N}$ definieren, für die $\mathbf{A}^{(m)} \oplus \mathbf{A}^{(n)} = \mathbf{A}^{(m+n)}$ gilt.

Mit der Adjazenzmatrix **A** bzw. der Matrix der Kantenwerte **C** eines Graphen definiert man nun folgende Matrizen:

D 22.5.2

> a) Es sei $\mathbf{A} = (a_{ij})$ die Adjazenzmatrix eines Graphen. Unter der Matrix $\mathbf{A}^* = (a^*_{ij})$ versteht man die Matrix mit
> $$a^*_{ij} = \begin{cases} 1 \text{ für } a_{ij} \neq 0 & \text{und } i \neq j \\ 0 \text{ für } i = j & \\ \infty \text{ für } a_{ij} = 0 & \text{und } i \neq j \end{cases}$$
> b) Es sei $\mathbf{C} = (d(ei,ej))$ die Matrix der endlichen Kantenwerte eines bewerteten Graphen $G = (E,K,\phi,d)$. Un-

ter der Matrix $\mathbf{C^*} = (c^*_{ij})$ versteht man die Matrix mit

$$c^*_{ij} = \begin{cases} d(ei,ej) & \text{für } (ei,ej) \in K \\ 0 & \text{für } i = j \\ \infty & \text{für } (ei,ej) \notin K \end{cases}$$

Die Angabe der fehlenden Adjazenz zweier Knoten in beiden Matrizen durch ∞ ist für den folgenden Algorithmus notwendig.

B 22.5.3 a) Für den Graphen aus F 22.2.3 bzw. die Adjazenzmatrix dazu (nach F 22.2.3) ergibt sich

$$\mathbf{A^*} = \begin{pmatrix} 0 & 1 & \infty & \infty & 1 & \infty \\ 1 & 0 & 1 & \infty & 1 & \infty \\ \infty & 1 & 0 & \infty & 1 & \infty \\ \infty & \infty & \infty & 0 & \infty & \infty \\ 1 & 1 & 1 & \infty & 0 & \infty \\ \infty & \infty & \infty & \infty & \infty & 0 \end{pmatrix}$$

b) Zu der Matrix der Kantenwerte aus B 22.2.39 erhält man

$$\mathbf{C^*} = \begin{pmatrix} 0 & 12 & \infty & 3{,}5 & \infty \\ 12 & 0 & 4 & -2 & \infty \\ \infty & 4 & 0 & 0 & 127{,}34 \\ 3{,}5 & -2 & 0 & 0 & -9 \\ \infty & \infty & 127{,}34 & -9 & 0 \end{pmatrix}$$

Da ein unbewerteter Graph als Spezialfall eines bewerteten Graphen aufgefaßt werden kann, wie auch die Matrizen **A*** und **C*** zeigen, beschränken sich die folgenden Ausführungen auf bewertete Graphen.

D 22.5.4 Gegeben sei ein Graph. Unter der Matrix $\mathbf{S} = (s_{ij})$ versteht man die Matrix, bei der s_{ij} die kürzeste Entfernung von ei nach ej angibt.

Der folgende Algorithmus dient der Bestimmung der Matrix **S** der kürzesten Entfernungen zwischen je zwei Knoten eines bewerteten Graphen G.

R 22.5.5 Gegeben sei ein bewerteter Graph $G = (E,K,\phi,d)$ mit der Matrix **C***. Der folgende Algorithmus liefert die Matrix der kürzesten Entfernungen zwischen je zwei Knoten des Graphen.

(1) Setze r = 1, gehe zu (2).

(2) Bestimme $\mathbf{C^*}^{(r+1)} = \mathbf{C^*}^{(r)} \oplus \mathbf{C^*}$. Gehe zu (3).

(3) Falls $\mathbf{C^*}^{(r+1)} = \mathbf{C^*}^{(r)}$ gehe zu (4), andernfalls setze r = r+1 und gehe zu (2).

(4) Ende.

$C^{*(r)}$ ist die Matrix der kürzesten Entfernungen:
$S = C^{*(r)}$.

Es wird also $\mathbf{C}^*$ mit Hilfe der in D 22.5.1 eingeführten Operation $\oplus$ solange mit sich selbst "multipliziert", bis $C^{*(r)}$ sich nicht mehr verändert.

B 22.5.6 Es wird der Graph aus F 22.4.3 betrachtet. Die Matrix $\mathbf{C}^*$ lautet:

$$
\mathbf{C}^* = \begin{pmatrix}
0 & 3 & 15 & 11 & \infty & \infty & \infty & \infty & \infty & \infty \\
3 & 0 & 4 & \infty & 9 & \infty & 12 & \infty & \infty & \infty \\
15 & 4 & 0 & 3 & \infty & \infty & \infty & 9 & 6 & \infty \\
11 & \infty & 3 & 0 & \infty & \infty & 7 & \infty & 1 & \infty \\
\infty & 9 & \infty & \infty & 0 & 4 & 5 & 2 & \infty & \infty \\
\infty & \infty & \infty & \infty & 4 & 0 & 9 & 1 & \infty & \infty \\
\infty & 12 & \infty & 7 & 5 & 9 & 0 & \infty & 2 & 4 \\
\infty & \infty & 9 & \infty & 2 & 1 & \infty & 0 & \infty & 12 \\
\infty & \infty & 6 & 1 & \infty & \infty & 2 & \infty & 0 & 9 \\
\infty & \infty & \infty & \infty & \infty & \infty & 4 & 12 & 9 & 0
\end{pmatrix}
$$

Zur Bestimmung der Elemente der Matrix $C^{*(2)}$ verwendet man die Operation $\oplus$ aus D 22.5.1. Mit der ersten Zeile und der dritten Spalte von $\mathbf{C}^*$ erhält man dann z.B.

$$
\begin{aligned}
c^{*(2)}_{13} &= \min(0+15, 3+4, 15+0, 11+3, \infty+\infty, \infty+\infty, \infty+\infty, \infty+9, \infty+6, \infty+\infty) \\
&= \min(15, 7, 15, 14, \infty, \infty, \infty, \infty, \infty, \infty) = 7.
\end{aligned}
$$

Mit der vierten Zeile und der achten Spalte erhält man

$$
\begin{aligned}
c^{*(2)}_{48} &= \min(11+\infty, \infty+\infty, 3+9, 0+\infty, \infty+2, \infty+1, 7+\infty, \infty+0, 1+\infty, \infty+12) \\
&= \min(\infty, \infty, 12, \infty, \infty, \infty, \infty, \infty, \infty, \infty) = 12.
\end{aligned}
$$

Die nach dem Matrizenalgorithmus, in R 22.5.5 berechneten Potenzen von $\mathbf{C}^*$ lauten:

$$
C^{*(2)} = \begin{pmatrix}
0 & 3 & 7 & 11 & 12 & \infty & 15 & 24 & 12 & \infty \\
3 & 0 & 4 & 7 & 9 & 13 & 12 & 11 & 10 & 16 \\
7 & 4 & 0 & 3 & 11 & 10 & 8 & 9 & 4 & 15 \\
11 & 7 & 3 & 0 & 12 & 16 & 3 & 12 & 1 & 10 \\
12 & 9 & 11 & 12 & 0 & 3 & 5 & 2 & 7 & 9 \\
\infty & 13 & 10 & 16 & 3 & 0 & 9 & 1 & 11 & 13 \\
15 & 12 & 8 & 3 & 5 & 9 & 0 & 7 & 2 & 4 \\
24 & 11 & 9 & 12 & 2 & 1 & 7 & 0 & 15 & 12 \\
12 & 10 & 4 & 1 & 7 & 11 & 2 & 15 & 0 & 6 \\
\infty & 16 & 15 & 10 & 9 & 13 & 4 & 12 & 6 & 0
\end{pmatrix}; \quad
C^{*(3)} = \begin{pmatrix}
0 & 3 & 7 & 10 & 12 & 16 & 14 & 14 & 12 & 19 \\
3 & 0 & 4 & 7 & 9 & 12 & 12 & 11 & 8 & 16 \\
7 & 4 & 0 & 3 & 11 & 10 & 6 & 9 & 4 & 12 \\
10 & 7 & 3 & 0 & 8 & 12 & 3 & 12 & 1 & 7 \\
12 & 9 & 11 & 8 & 0 & 3 & 5 & 2 & 7 & 9 \\
16 & 12 & 10 & 12 & 3 & 0 & 8 & 1 & 11 & 13 \\
14 & 12 & 6 & 3 & 5 & 8 & 0 & 7 & 2 & 4 \\
14 & 11 & 9 & 12 & 2 & 1 & 7 & 0 & 9 & 11 \\
12 & 8 & 4 & 1 & 7 & 11 & 2 & 9 & 0 & 6 \\
19 & 16 & 12 & 7 & 9 & 13 & 4 & 11 & 6 & 0
\end{pmatrix}
$$

$$
C^{*(4)} = \begin{pmatrix}
0 & 3 & 7 & 10 & 12 & 15 & 14 & 14 & 11 & 18 \\
3 & 0 & 4 & 7 & 9 & 12 & 10 & 11 & 8 & 16 \\
7 & 4 & 0 & 3 & 11 & 10 & 6 & 9 & 4 & 10 \\
10 & 7 & 3 & 0 & 8 & 12 & 3 & 10 & 1 & 7 \\
12 & 9 & 11 & 8 & 0 & 3 & 5 & 2 & 7 & 9 \\
15 & 12 & 10 & 12 & 3 & 0 & 8 & 1 & 10 & 12 \\
14 & 10 & 6 & 3 & 5 & 8 & 0 & 7 & 2 & 4 \\
14 & 11 & 9 & 10 & 2 & 1 & 7 & 0 & 9 & 11 \\
11 & 8 & 4 & 1 & 7 & 10 & 2 & 9 & 0 & 6 \\
18 & 16 & 10 & 7 & 9 & 12 & 4 & 11 & 6 & 0
\end{pmatrix}; \quad
C^{*(5)} = \begin{pmatrix}
0 & 3 & 7 & 10 & 12 & 15 & 13 & 14 & 11 & 18 \\
3 & 0 & 4 & 7 & 9 & 12 & 10 & 11 & 8 & 14 \\
7 & 4 & 0 & 3 & 11 & 10 & 6 & 9 & 4 & 10 \\
10 & 7 & 3 & 0 & 8 & 11 & 3 & 10 & 1 & 7 \\
12 & 9 & 11 & 8 & 0 & 3 & 5 & 2 & 7 & 9 \\
15 & 12 & 10 & 11 & 3 & 0 & 8 & 1 & 10 & 12 \\
13 & 10 & 6 & 3 & 5 & 8 & 0 & 7 & 2 & 4 \\
14 & 11 & 9 & 10 & 2 & 1 & 7 & 0 & 9 & 11 \\
11 & 8 & 4 & 1 & 7 & 10 & 2 & 9 & 0 & 6 \\
18 & 14 & 10 & 7 & 9 & 12 & 4 & 11 & 6 & 0
\end{pmatrix}
$$

$$
C^{*(6)} = \begin{pmatrix}
0 & 3 & 7 & 10 & 12 & 15 & 13 & 14 & 11 & 17 \\
3 & 0 & 4 & 7 & 9 & 12 & 10 & 11 & 8 & 14 \\
7 & 4 & 0 & 3 & 11 & 10 & 6 & 9 & 4 & 10 \\
10 & 7 & 3 & 0 & 8 & 11 & 3 & 10 & 1 & 7 \\
12 & 9 & 11 & 8 & 0 & 3 & 5 & 2 & 7 & 9 \\
15 & 12 & 10 & 11 & 3 & 0 & 8 & 1 & 10 & 12 \\
13 & 10 & 6 & 3 & 5 & 8 & 0 & 7 & 2 & 4 \\
14 & 11 & 9 & 10 & 2 & 1 & 7 & 0 & 9 & 11 \\
11 & 8 & 4 & 1 & 7 & 10 & 2 & 9 & 0 & 6 \\
17 & 14 & 10 & 7 & 9 & 12 & 4 & 11 & 6 & 0
\end{pmatrix}; \quad
C^{*(7)} = \begin{pmatrix}
0 & 3 & 7 & 10 & 12 & 15 & 13 & 14 & 11 & 17 \\
3 & 0 & 4 & 7 & 9 & 12 & 10 & 11 & 8 & 14 \\
7 & 4 & 0 & 3 & 11 & 10 & 6 & 9 & 4 & 10 \\
10 & 7 & 3 & 0 & 8 & 11 & 3 & 10 & 1 & 7 \\
12 & 9 & 11 & 8 & 0 & 3 & 5 & 2 & 7 & 9 \\
15 & 12 & 10 & 11 & 3 & 0 & 8 & 1 & 10 & 12 \\
13 & 10 & 6 & 3 & 5 & 8 & 0 & 7 & 2 & 4 \\
14 & 11 & 9 & 10 & 2 & 1 & 7 & 0 & 9 & 11 \\
11 & 8 & 4 & 1 & 7 & 10 & 2 & 9 & 0 & 6 \\
17 & 14 & 10 & 7 & 9 & 12 & 4 & 11 & 6 & 0
\end{pmatrix}
$$

Es ist $C*^{(6)} = C*^{(7)}$. Damit ist das Verfahren beendet. Die Matrix $C*^{(6)}$ enthält die kürzesten Entfernungen zwischen je zwei Knoten des Graphen, d.h. es ist $C*^{(6)} = \mathbf{S}$.

Zur Reduzierung des Rechenaufwandes empfiehlt es sich, statt der aufeinanderfolgenden Potenzen die Matrizen $C*$, $C*^{(2)}$, $C*^{(4)}$, $C*^{(8)}$, ..., $C*^{(2^n)}$ zu bestimmen. Man erhält dadurch meistens schneller die Matrix S der kürzesten Entfernungen.

Die beiden Matrizenalgorithmen liefern zwar kürzeste Entfernungen zwischen je zwei Knoten eines Graphen, sie weisen in der angegebenen Form jedoch nicht aus, über welche Knoten bzw. Kanten die kürzesten Wege führen.
Diese lassen sich mit Hilfe einer zweiten Matrix finden, in der man in jedem Schritt zu jedem Knoten vermerkt, über welchen Nachbarknoten der kürzeste Weg zu dem betreffenden Knoten führt. Dazu geht man aus von einer Matrix $\mathbf{V} = (v_{ij})$ mit

$$v_{ij} = \begin{cases} i & \text{falls } (ei,ej) \in E \\ \infty & \text{falls } (ei,ej) \notin E. \end{cases}$$

Die Matrix **V** enthält in jeder Spalte die Nummern der Knoten, die zu dem betreffenden Knoten benachbart sind und die eigene Knotennummer. Zu der Zeile i gehört dabei Knoten i und zu Spalte j Knoten j.

B 22.5.7 Für den Graphen aus F 22.4.3 bzw. B 22.5.6 ergibt sich:

$$\mathbf{V} = \begin{pmatrix} 1 & 1 & 1 & 1 & \infty & \infty & \infty & \infty & \infty & \infty \\ 2 & 2 & 2 & \infty & 2 & \infty & 2 & \infty & \infty & \infty \\ 3 & 3 & 3 & 3 & \infty & \infty & \infty & 3 & 3 & \infty \\ 4 & \infty & 4 & 4 & \infty & \infty & 4 & \infty & 4 & \infty \\ \infty & 5 & \infty & \infty & 5 & 5 & 5 & 5 & \infty & \infty \\ \infty & \infty & \infty & \infty & 6 & 6 & 6 & 6 & \infty & \infty \\ \infty & 7 & \infty & 7 & 7 & 7 & 7 & \infty & 7 & 7 \\ \infty & \infty & 8 & \infty & 8 & 8 & \infty & 8 & \infty & 8 \\ \infty & \infty & 9 & 9 & \infty & \infty & 9 & \infty & 9 & 9 \\ \infty & \infty & \infty & \infty & \infty & \infty & 10 & 10 & 10 & 10 \end{pmatrix}$$

Bei der Bestimmung von $c^{*(r+1)}_{ij}$ der Matrix $C*^{(r+1)}$ in R 22.5.5 können zwei Fälle auftreten:

(1) $c^{*(r+1)}_{ij} = \min\limits_{k=1,...,n} (c^{*(r)}_{ik} + c^{*}_{kj}) = c^{*(r)}_{ij}$

(2) $c^{*(r+1)}_{ij} = \min\limits_{k=1,...,n} (c^{*(r)}_{ik} + c^{*}_{kj}) \quad c^{*(r)}_{ij}$

(1) bedeutet $c^{*(r+1)}_{ij} = c^{*(r)}_{ij}$, d.h. von $C*^{(R)}$ zu $C*^{(r+1)}$ verändert sich das Element in der i-ten Zeile und j-ten Spalte nicht.

(2) bedeutet, daß sich das Element ändert, da es eine kürzere Entfernung von ei zu ej gibt, als die schon bestimmte. Ergibt sich in diesem Fall das Minimum für k = s, so wird in der Matrix **V** das Element v_{ij} durch $v'_{ij} = s$ ersetzt, da der kürzeste Weg von ei nach ej über es führt.

Auf diese Weise ergibt sich schließlich eine sogenannte **Routingmatrix R**, die für das Beispiel 22.5.6 wie folgt lautet:

$$\mathbf{R} = \begin{pmatrix} 1 & 1 & 2 & 3 & 2 & 8 & 9 & 5 & 4 & 7 \\ 2 & 2 & 2 & 3 & 2 & 8 & 9 & 5 & 4 & 7 \\ 2 & 3 & 3 & 3 & 7 & 8 & 9 & 3 & 4 & 7 \\ 2 & 3 & 4 & 4 & 7 & 8 & 9 & 5 & 4 & 7 \\ 2 & 5 & 4 & 9 & 5 & 8 & 5 & 5 & 7 & 7 \\ 2 & 5 & 8 & 9 & 8 & 6 & 5 & 6 & 7 & 7 \\ 2 & 3 & 4 & 9 & 7 & 8 & 7 & 5 & 7 & 7 \\ 2 & 5 & 8 & 9 & 8 & 8 & 5 & 8 & 7 & 7 \\ 2 & 3 & 4 & 9 & 7 & 8 & 9 & 5 & 9 & 7 \\ 2 & 3 & 4 & 9 & 7 & 8 & 10 & 5 & 7 & 10 \end{pmatrix}$$

Aus der Routingmatrix kann man den Verlauf der kürzesten Wege wie folgt ablesen:

Für den kürzesten Weg vom Knoten ei zum Knoten ej sucht man in der i-ten Zeile die Spalte j. Das betreffende Element der Routingmatrix gibt den auf dem kürzesten Weg liegenden Vorgänger zu ej an. Ist dieser Vorgänger ek, so sucht man in der i-ten Zeile das k-te Element und erhält den Vorgänger zu ek. Auf diese Weise erhält man rekursiv die auf dem kürzesten Weg von ei nach ej liegenden Knoten. Das folgende Bild (F 22.5.8) zeigt einige Beispiele zu der obigen Routingmatrix.

```
KUERZESTER WEG VON  3 NACH  7:
   3  4  9  7

KUERZESTER WEG VON  3 NACH  8:
   3  8

KUERZESTER WEG VON  3 NACH  9:
   3  4  9

KUERZESTER WEG VON  3 NACH 10:
   3  4  9  7 10

KUERZESTER WEG VON  4 NACH  1:
   4  3  2  1

KUERZESTER WEG VON  4 NACH  2:
   4  3  2

KUERZESTER WEG VON  4 NACH  3:
   4  3

KUERZESTER WEG VON  4 NACH  4:
   4  4

KUERZESTER WEG VON  4 NACH  5:
   4  9  7  5

KUERZESTER WEG VON  4 NACH  6:
   4  9  7  5  8  6

KUERZESTER WEG VON  4 NACH  7:
   4  9  7

KUERZESTER WEG VON  4 NACH  8:
   4  9  7  5  8
```

F 22.5.8

Von dem Algorithmus aus R 22.5.5 gibt es Modifikationen, die eine schnellere Bestimmung von **S** ermöglichen. Auf Einzelheiten dazu muß im Rahmen dieser Einführung verzichtet werden.

Aufgaben

Ü 22.5.1 Gegeben sei der folgende bewertete Graph.

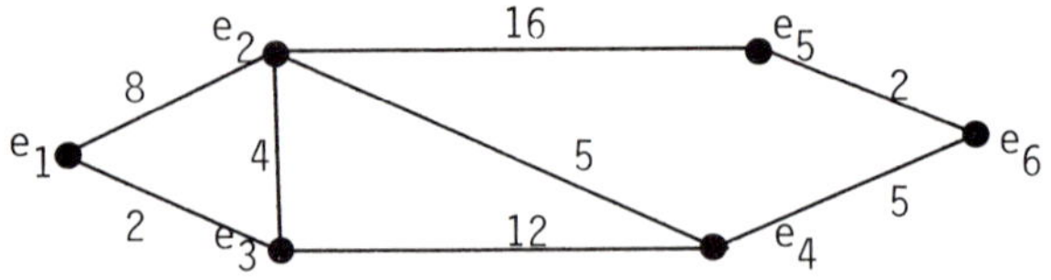

Bestimme: a) **C***, b) **S**, c) **R**; d) Gib die kürzesten Wege von e1 nach e4 und e5, von e6 nach e2 und e3 an.

22.6 Flüsse und Schnitte in Graphen

Im Abschnitt 22.1 wurde bereits kurz auf das Flußproblem hingewiesen. Dabei geht es um die Bestimmung eines maximalen Flusses in einem Leitungsnetz (Strom, Gas, Wasser) oder Verkehrsnetz. Mit dem Flußproblem in engem Zusammenhang stehen auch einige andere Probleme, wie etwa die optimale Projektbeschleunigung bei der Netzplantechnik.

D 22.6.1 Gegeben sei ein **bewerteter Digraph** G = (E,K,ϕ,d). Ist für jeden Knoten e ∈ E, der nicht Quelle oder Senke des Digraphen ist, die Summe der Bewertungen der Pfeile, für die e Endknoten ist, gleich der Summe der Bewertungen der Pfeile, für die e Anfangsknoten ist, so heißt d ein auf G definierter **Fluß** und wird mit f bezeichnet.

Anschaulich bedeutet ein Fluß, daß in jeden Knoten nur soviel hineinfließt, wie auch wieder hinausfließen kann.

D 22.6.2 Ein **Transportnetz** N = (E,K, ϕ,d,q,s) ist ein bewerteter Digraph, der genau eine Quelle q ∈ E und eine Senke s ∈ E besitzt. Jedem Pfeil k ∈ K ist durch d eine positive Kapazität d(k) > 0 zugeordnet.

Man beachte, daß das Erfordernis **einer** Quelle und **einer** Senke bei praktischen Problemen mit mehreren Quellen und Senken leicht dadurch erreicht werden kann, daß vor die Quellen eine einzige fiktive Quelle ergänzt wird, von der je ein Pfeil zu den ursprünglichen Quellen führt bzw. von jeder Senke ein Pfeil zu einer einzigen hinzugefügten fiktiven Senke führt. F 22.6.3 veranschaulicht das an einem Beispiel. Die ergänzten Pfeile sind gestrichelt gezeichnet.

F 22.6.3

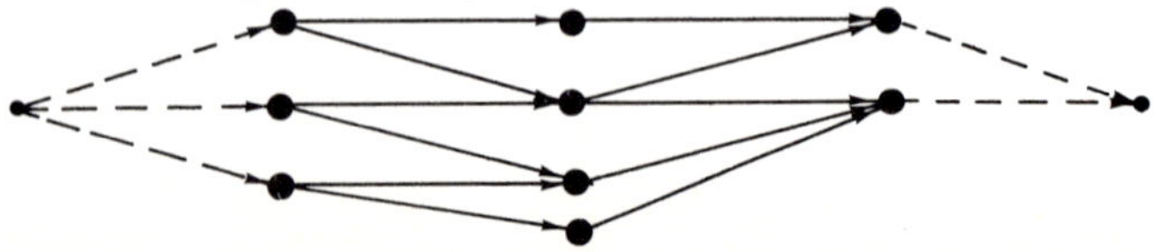

Ein auf N definierter Fluß f ist mit den Kapazitäten verträglich, wenn für jeden Pfeil gilt $0 \leq f(k) \leq d(k)$. Ein Fluß d auf N mit der **Stärke** F von q nach s ist ein Fluß, bei dem in die Senke genau soviel hineinfließt, wie aus der Quelle herauskommt, nämlich F.

Das Maximalflußproblem besteht dann darin, unter allen mit der Kapazität eines Transportnetzes N verträglichen Flüssen denjenigen zu finden, der am größten ist.

Als Kapazität d(S) eines Schnittes S (vgl. D 22.2.27) bezeichnet man die Summe der Kapazitäten der in S enthaltenen Pfeile.

Gegeben sei ein Transportnetz N, und es seien f ein beliebiger Fluß der Stärke F und S ein beliebiger Schnitt mit $q \in E1$ und $S \in E2$. Dann ist $F \leq d(S)$.

Die Stärke eines Flusses kann also die Kapazität eines Schnittes nicht übersteigen.

D 22.6.4

> Gilt für einen speziellen Schnitt S* $F = d(S^*)$, so heißt f ein Maximalfluß und S* ein **Schnitt minimaler Kapazität.**

Für das Problem der Bestimmung eines maximalen Flusses von der Quelle zur Senke eines Transportnetzes haben FORD und FULKERSON einen Algorithmus entwickelt, bei dem ein gegebener zulässiger Fluß iterativ verbessert wird.

R 22.6.5

> Gegeben sei ein Transportnetz $N = (E,K,\phi,d,q,s)$ und ein mit den Kapazitäten von N verträglicher Fluß f. Mit dem folgenden Algorithmus kann festgestellt werden, ob der Fluß maximal ist oder ob er verbessert werden kann.
>
> (1) Markiere die Quelle q mit $\Delta(q) = +\infty$.
>
> (2) Versuche durch schrittweises Markieren von Knoten einen Kantenweg von der Quelle zur Senke zu bestimmen, wobei die folgenden Fälle möglich sind:
>
> (2a) Es sei k = (ei,ej) ein Pfeil mit markiertem Anfangsknoten und nicht markiertem Endknoten. Falls $f(k) < d(k)$ ist, markiere ej mit
>
> $$\Delta(ej) = \min(\Delta(ei) ; d(k) - f(k))$$
>
> und dem Vorgänger ei von ej. Die Markierung besteht also aus dem Paar (Δ(ej) ; ei).
>
> (2b) Es sei k = (ei',ej') ein Pfeil, dessen Endknoten markiert ist und dessen Anfangsknoten noch nicht markiert ist. Markiere ei falls $f(k) > 0$ mit
>
> $$\Delta(ei') = \min(\Delta(ej') ; f(k))$$
>
> und dem Nachfolger ej' von ei'. Die Markierung besteht aus dem Paar (Δ(ei') ; ej').
>
> (3) Kann auf diese Weise die Senke s markiert werden, so

kann der Fluß um Δ(s) verbessert werden. Den verbesserten zulässigen Fluß findet man dadurch, daß man von der Senke bis zur Quelle den Kantenweg sucht, der durch die Markierung der Nachfolger bzw. Vorgänger der Knoten in den Schritten (2a) und (2b) von der Quelle zur Senke bestimmt wird. Die Kantenflüsse entlang dieses Weges werden um Δ(s) erhöht, wenn der Pfeil bei der Markierung in seiner Richtung durchlaufen wurde (Markierung nach Schritt (2a)). Der Kantenfluß wird um Δ(s) vermindert, wenn die Markierung nach Schritt (2b) erfolgte.

Da bei der Markierung auch Pfeile entgegen ihrer Richtung durchlaufen werden, ergibt sich im allgemeinen kein Pfeilweg, sondern ein Kantenweg, in dem auch Pfeile vom End- zum Anfangsknoten durchlaufen werden.

Die Grundidee des Algorithmus besteht darin, daß man unendlich viele Einheiten aus der Quelle herausfließen läßt (Schritt (1): Δ(q) = ∞). Dann wird sukzessive geprüft, wieviel Einheiten davon bis zur Senke fließen können. Der Schritt (2a) ist dabei leicht einzusehen, denn die Markierung des Endknotens mit Δ(ej) = min (Δ(ei); d(k) - f(k)) bedeutet, daß man von der Quelle bis zu ej nicht mehr fließen lassen kann, als in ei ankommt und als die noch freie Kapazität des Pfeils zuläßt.

Der Schritt (2b), bei dem für die Markierung ein Pfeil (ei',ej') in umgekehrter Richtung (von ej' nach ei') durchlaufen wird, bedeutet folgendes: Δ(ej') Einheiten können von der Quelle bis zum Knoten ej' zusätzlich fließen. Ist es nicht möglich, diese Δ(ej') Einheiten von ej' weiterfließen zu lassen, dann kann man versuchen, von ei' weniger nach ej' fließen zu lassen: Δ(ei') = min (Δ(ej'), f(k)); also soviel Einheiten, wie nach ej' zusätzlich fließen können oder soviel, wie im Moment über die Kante k fließen kann. Dadurch wird Flußkapazität von ej' zur Senke frei, die für die zusätzlichen Einheiten, die in ej' ankommen, verwendet werden kann. Für die nicht von ei' nach ej' geflossenen Einheiten muß dann durch weiteres Anwenden des Markierungsalgorithmus ein Weg bis zur Senke gefunden werden.

Zur Veranschaulichung wird hier ein einfaches Beispiel behandelt.

B 22.6.6 Es ist für den Graph in F 22.6.7 ein Maximalfluß zu bestimmen.

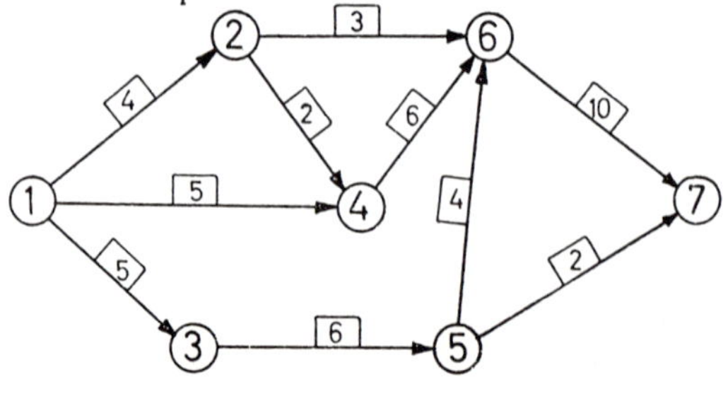

F 22.6.7

Knoten 1 ist die Quelle und Knoten 7 die Senke. Die Kantenwerte d(k) (Kantenkapazitäten) sind in die rechteckigen Felder an den Pfeilen eingetragen.
Ein zulässiger Ausgangsfluß, den man durch Probieren finden kann, ist in F 22.6.8a eingetragen (Zahlen neben den Kapazitätsangaben). Man beachte bei der Bestimmung eines zulässigen Ausgangsflusses vor allem, daß in einen Knoten nur soviel hineinfließen darf, wie auch wieder herausfließt. In Zweifelsfällen ist es empfehlenswert, mit einem Fluß der Stärke 0 zu beginnen.
Bei der folgenden Anwendung des Algorithmus zur Verbesserung des Flusses ist zu beachten, daß es meistens verschiedene Möglichkeiten zur schrittweisen Bestimmung eines Kantenweges gibt, der zu einer Markierung der Senke führt. Insofern ist der Algorithmus nicht eindeutig.

Es wird nun wie folgt markiert:

Schritt 1: Markierung der Quelle: $\Delta(1) = \infty$

Schritt 2: Markierung des Knotens 4 nach Schritt (2a) des Algorithmus mit
$\Delta(4) = \min(\Delta(1); 5-1) = \min(\infty; 4) = 4$
und der Angabe des Vorgängerknotens 1. (Vgl. F 22.6.8b)

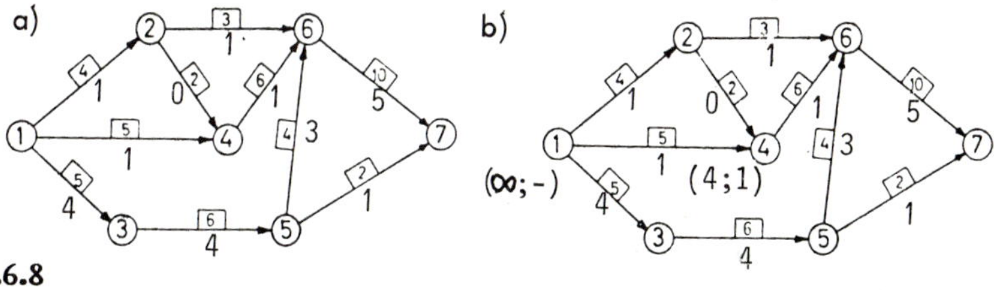

F 22.6.8

Schritt 3: Markierung von Knoten 6 nach Schritt (2a) des Algorithmus mit
$\Delta(6) = \min(\Delta(4); 6-1) = \min(4;5) = 4$
und der Angabe des Vorgängerknotens 4. (F 22.6.9a)

Schritt 4: Markierung der Senke 7 nach Schritt (2a) des Algorithmus mit
$\Delta(7) = \min(\Delta(6); 10-5) = \min(4;5) = 4$
und Angabe des Vorgängerknotens 6. (F 22.6.9b)

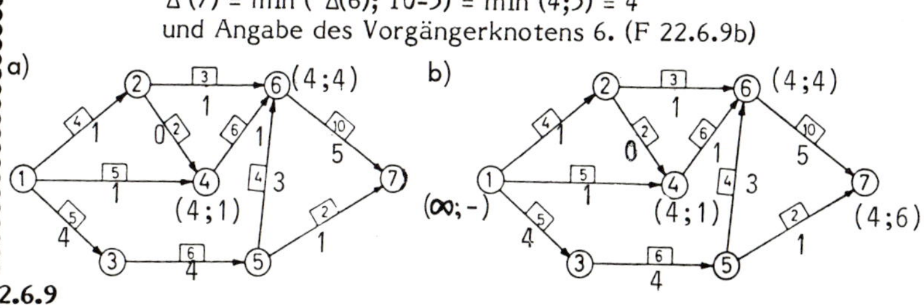

F 22.6.9

Damit ist die Senke markiert. Eine Verbesserung des Flusses ist also möglich und zwar um $\Delta(7) = 4$. Aus den Markierungen folgt, daß diese

Verbesserung entlang des Kantenweges über die Knoten 1,4,6,7, der in diesem Fall zugleich auch ein Pfeilweg ist, erreicht werden kann. Den verbesserten Fluß zeigt F 22.6.10a.

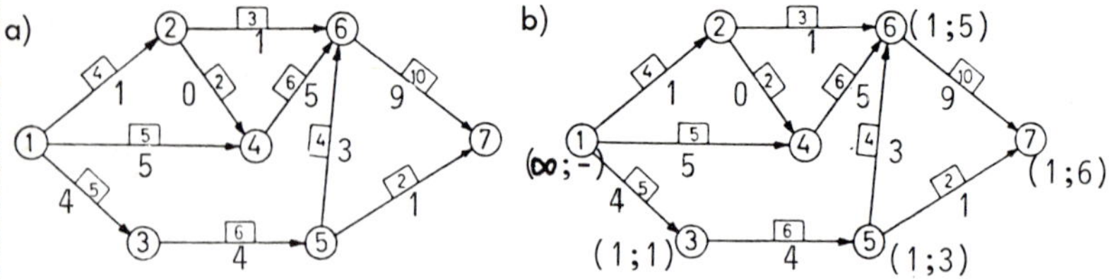

F 22.6.10

Durch schrittweises Markieren ist nun erneut zu versuchen, die Senke zu markieren, um festzustellen, ob der Fluß noch verbessert werden kann. Das ist in 5 Schritten möglich, wobei die Knoten 1,3,5,6 und 7 markiert werden. Das Ergebnis zeigt F 22.6.10b. Der verbesserte Fluß ist in F 22.6.11a eingetragen.

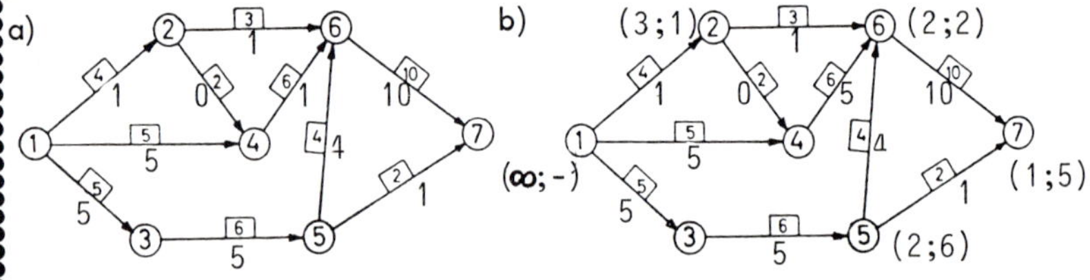

F 22.6.11

Es ist wiederum zu prüfen, ob eine Verbesserung des Flusses möglich ist. In 5 Schritten (Knoten 1,2,6,5,7) kann die Senke markiert werden. Das Ergebnis zeigt F 22.6.11b. Zu der Markierung von Knoten 5 nach Schritt (2b) des Algorithmus ist folgendes zu sagen: Die Markierung von Knoten 6 besagt, daß es möglich ist, 2 Einheiten von der Quelle bis zum Knoten 6 fließen zu lassen. Da die Kapazität des Pfeils (6;7) jedoch bereits völlig erschöpft ist, können diese 2 Einheiten nicht weiterfließen. Reduziert man nun den Fluß von 5 nach 6 um 2 Einheiten, die dann auch nicht wieder aus 6 über (6;7) herausfließen, dann entsteht bei dem Pfeil (6;7) eine freie Kapazität von 2 Einheiten, so daß die von der Quelle dort über Knoten 2 ankommenden 2 Einheiten weiterfließen können. Es muß nun jedoch geprüft werden, ob die 2 Einheiten, die nicht von 5 nach 6 und von dort weiterfließen, über einen anderen Weg zur Senke fließen können. Das ist, wie die Markierung der unmittelbar hinter 5 liegenden Senke zeigt, nur für eine Einheit möglich, so daß der Fluß insgesamt nur um eine Einheit verbessert werden kann. Den verbesserten Fluß zeigt F 22.6.12.

Eine weitere Verbesserung des Flusses ist nicht möglich, da eine Markierung der Senke nicht mehr durchgeführt werden kann.

Damit ist das Verfahren beendet und ein maximaler Fluß von der Quelle zur Senke bestimmt.

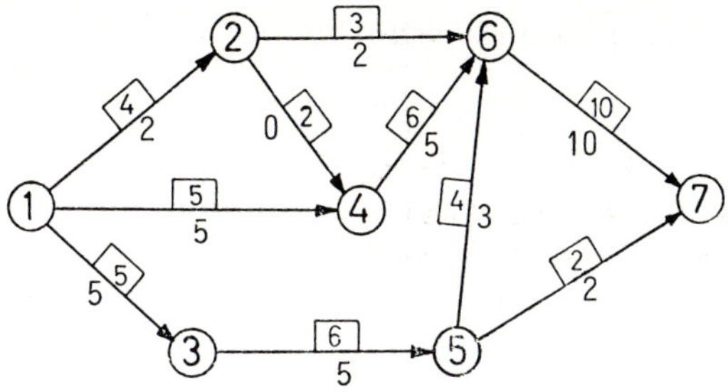

F 22.6.12

Die Bestimmung des maximalen Flusses kann zusätzlich zur Bestimmung eines Minimalschnittes verwendet werden. Auf den Zusammenhang zwischen maximalem Fluß und minimalem Schnitt wurde bereits oben hingewiesen. Es gilt nun:

R 22.6.13

> Für ein Transportnetz sei ein maximaler Fluß bestimmt. Sind nach R 22.6.5 alle überhaupt markierbaren Knoten mit einer Markierung versehen und ist E1 die Menge der markierten und E2 die Menge der unmarkierten Knoten, so ist die Menge der Pfeile k = (ei,ej) mit ei ∈ E1 und ej ∈ E2 der minimale Schnitt.

Anschaulich läßt sich dieser Satz leicht einsehen, wenn man davon ausgeht, daß bei der Markierung nach R 22.6.5 versucht wird, einen aus der Quelle herausfließenden zusätzlichen Fluß sukzessive durch das Transportnetz zu führen. Am minimalen Schnitt muß, wenn der maximale Fluß bereits gefunden ist, dieser Markierungsprozeß aber immer enden, da durch den "Flaschenhals" des Minimalschnittes kein zusätzlicher Fluß mehr hindurch kann.

B 22.6.14 Für B 22.6.6 ergibt, nachdem der Maximalfluß bestimmt wurde, eine Markierung aller überhaupt markierbaren Knoten das Ergebnis in F 22.6.15.

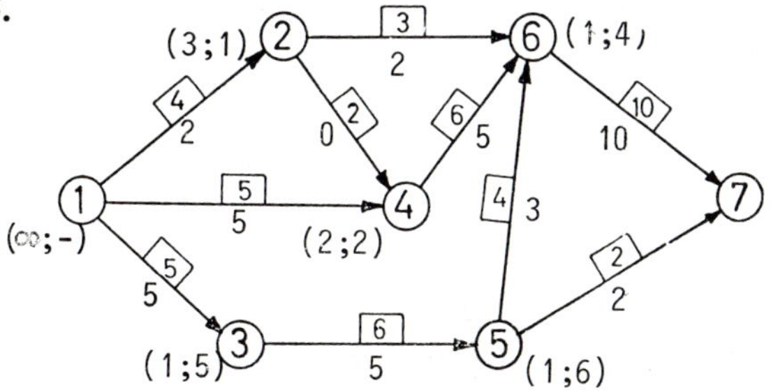

F 22.6.15

Es können also die Knoten 1 bis 6 markiert werden. Es ist E1 = {1,2,3,4,5,6} und E2 = {7}. Als minimalen Schnitt erhält man somit S = {(e6,e7), (e5,e7)}.

Für die manuelle Bestimmung des maximalen Flusses ist hier darauf hinzuweisen, daß der Algorithmus von FORD und FULKERSON auch so angewendet werden kann, daß man bei einer Iteration mehrere Kantenwege bestimmt, entlang derer eine Verbesserung des Flusses möglich ist. Die Senke erhält dann mehrere Markierungen. Bei sich überschneidenden Wegen ist hier jedoch Vorsicht geboten.

Man beachte, daß die Lösung des Flußproblems im Hinblick auf die Beanspruchung der Kantenkapazitäten nicht eindeutig ist.

Häufig taucht das Flußproblem in einer anderen Formulierung auf. Für ein gegebenes Transportnetz sind für die Kanten zusätzlich noch die Kosten für den Transport einer Einheit gegeben. Es ist der kostenminimale Maximalfluß zu suchen. Zur Lösung dieses Problems gibt es spezielle Formulierungen des angegebenen Algorithmus, auf die hier nicht eingegangen werden kann.

Ein triviales Flußproblem besteht darin, in einem Transportnetz mit unbeschränkten Kapazitäten, bei dem für jeden Pfeil anstelle der Kapazität die Kosten c(k) für den Transport einer Einheit vom Anfangs- zum Endknoten der Kante angegeben sind, einen **kostenminimalen** Fluß von der Quelle zur Senke zu bestimmen. Ein Fluß einer bestimmten Stärke ist so durch das Transportnetz zu führen, daß die Gesamtkosten $\sum_{k} c(k)f(k)$ minimal werden. Interpretiert man die Kosten als "Kostenlänge" der Pfeile, so ist ein Weg minimaler "Kostenlänge" von der Quelle q zur Senke s zu finden. Dazu kann einer der im Abschnitt 22.4 bzw. 22.5 beschriebenen Algorithmen herangezogen werden, so daß hier darauf nicht weiter eingegangen zu werden braucht.

Es gibt verschiedene Probleme, die zunächst nicht auf ein Flußproblem schließen lassen, die sich aber in einer Formulierung als Flußproblem leicht lösen lassen. Das gilt z.B. für das sogenannte Verschiffungsproblem. In verschiedenen Versandhäfen lagern bestimmte Mengen eines Gutes. Diese sollen mit Schiffen unterschiedlicher, vorgegebener Kapazität zu unterschiedlichen Empfangshäfen verschifft werden, deren Bedarfsmengen vorgegeben sind. Die Verschiffung soll nun so erfolgen, daß möglichst viel von den Versandhäfen zu den Empfangshäfen verschifft wird, aber der Bedarf der Empfangshäfen nicht überschritten wird. Der in F 22.6.16 wiedergegebene Graph zeigt die Formulierung des Problems. a,b und c geben die in A, B und C vorhandenen Mengen an, d und e die in D und E benötigten Mengen. Die Pfeile von A, B bzw. C nach D bzw. E werden mit den entsprechenden Schiffskapazitäten bewertet. Das Problem besteht dann in der Bestimmung eines möglichst großen Flusses von q nach s.

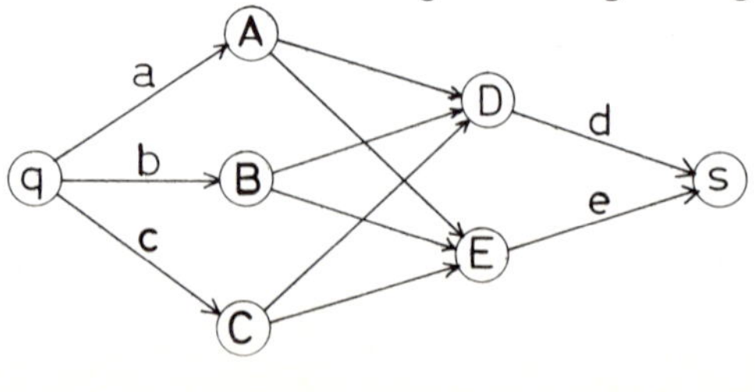

F 22.6.16

22.7 Graphentheoretische Strukturparameter

Die Verwendung der Graphentheorie zur Formulierung von Strukturmodellen für ökonomische Probleme wirft die Frage auf, inwieweit die Graphentheorie Möglichkeiten zur Beurteilung und zum Vergleich von Strukturen schafft. In erster Linie geht es dabei um Parameter zur Kennzeichnung gewisser Eigenschaften von Graphen bzw. Strukturen. In diesem Abschnitt werden exemplarisch typische Parameter behandelt.

Parameter, die die Belastung der Knoten betreffen
Einige Parameter sind bereits im Abschnitt 22.2 im Zusammenhang mit den wichtigsten Begriffen der Graphentheorie behandelt worden.

Die einfachsten Kenngrößen sind die Anzahl der Knoten n und die Anzahl der Kanten r eines Graphen sowie das Verhältnis von Knoten zu Kanten bzw. umgekehrt. Das Verhältnis $\overline{\gamma} = \frac{2r}{n}$ gibt den **durchschnittlichen Knotengrad** an und kann zur Charakterisierung der durchschnittlichen Belastung der Knoten verwendet werden, wenn die Kanten Informations- oder Transportkanäle darstellen. In die Größe $\overline{\gamma}$ geht die Anzahl der mit einem Knoten inzidenten Kanten ein, ohne daß dabei eine eventuelle Richtung der Kanten berücksichtigt wird. Bei der Darstellung eines Kompetenz- oder Informationssystems kann aber die Richtung sehr wohl eine Rolle spielen. Der Eingangsgrad gibt die Anzahl der Vorgesetzten einer Stelle im Kompetenzsystem oder die Anzahl der Informationseingänge im Informationssystem an. Der Ausgangsgrad gibt demgegenüber die Anzahl der Untergebenen oder die Anzahl der Stellen an, an die Informationen abgegeben werden. Die durchschnittliche Belastung kann in beiden Fällen durch den durchschnittlichen Eingangs- bzw. Ausgangsgrad angegeben werden.

Bei der Betrachtung der Knotengrade bzw. der Eingangs- und Ausgangsgrade der Knoten findet nur die Anzahl der mit einem Knoten inzidenten Kanten Berücksichtigung. Für die Betrachtung der benachbarten Stellen oder der Vorgesetzten und Untergebenen in einer Organisation oder der benachbarten Knotenpunkte in einem Verkehrsnetz reicht das aus. Häufiger dürfte jedoch die Analyse der Belastung eines Knotens durch einen Informations-, Verkehrs- oder anderen Fluß von Interesse sein. Hier kann die Flußbelastung jedes Knotens und die durchschnittliche Belastung aller Knoten bestimmt werden.

Bei einigen Fragestellungen, etwa bei der Betrachtung von Kommunikationssystemen, ist dieser Parameter jedoch nicht verwendbar, da die Knoten Informationen verarbeiten und erzeugen. Nach den Definitionen des Abschnitts 22.6 muß dann kein Fluß vorliegen.
Erweitert man den Flußbegriff um einen Ausgangsfluß $f^+(e)$ und einen Eingangsfluß $f^-(e)$ für jeden Knoten, die nicht notwendig übereinstimmen müssen, dann kann man auch für diesen Fall den durchschnittlichen Fluß der Knoten bestimmen.

Bei manchen Problemen kann der Unterschied zwischen Eingangs- und Ausgangsfluß eines Knotens auf eine Verarbeitung der fließenden

Einheiten hindeuten. Bei einem Informationsnetz etwa auf die Erstellung bzw. Erhebung, die Verarbeitung, die Aufbereitung oder die Verdichtung von Informationen.

Parameter, die die Entfernungen in Graphen betreffen
Weiter oben wurde ausführlicher auf die Bestimmung kürzester bzw. längster Wege in Graphen eingegangen. Die Länge des kürzesten Weges zwischen zwei Knoten ei und ej eines Graphen heißt **Distanz** s(ei,ej) oder kurz s_{ij} der beiden Knoten.

Sämtliche Distanzen eines Graphen können in einer sogenannten Distanzmatrix zusammengestellt werden (vgl. D 22.5.4).

Das ist sowohl für bewertete als auch für unbewertete Graphen möglich. Im letzten Fall ist die Anzahl der Kanten der kürzesten Wege maßgebend.
Aus den Distanzen eines Graphen lassen sich folgende Kenngrößen ermitteln:

Die größte in einem Graphen vorkommende Distanz wird als **Durchmesser** des Graphen bezeichnet.

Unter dem **Radius r(e) eines Knotens e** versteht man die größte Distanz, die ein Knoten zu irgendeinem anderen Knoten eines Graphen besitzt.

B 22.7.1 In F 22.7.2 ist ein Graph mit Distanzmatrix wiedergegeben.

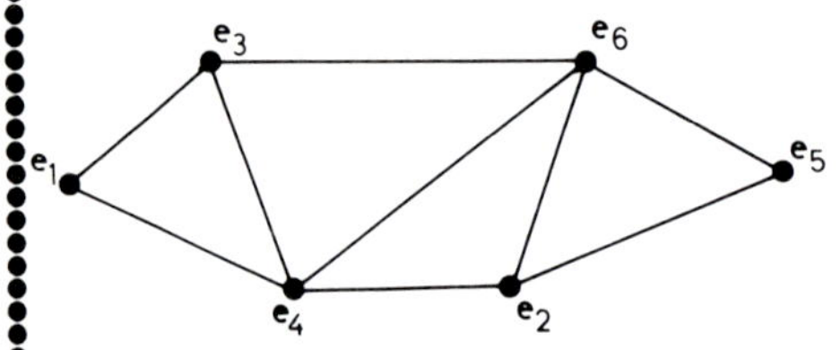

	e_1	e_2	e_3	e_4	e_5	e_6
e_1	0	2	1	1	3	2
e_2	2	0	2	1	1	1
e_3	1	2	0	1	2	1
e_4	1	1	1	0	2	1
e_5	3	1	2	2	0	1
e_6	2	1	1	1	1	0

F 22.7.2

Der Durchmesser des Graphen ist 3, und es gilt:
r(e1) = 3; r(e2) = 2; r(e3) = 2; r(e4) = 2; r(e5) = 3; r(e6) = 2.

Man beachte, daß in einem nichtzusammenhängenden Graphen jeder Knoten den Radius r(e) = ∞ hat, da es zu jedem Knoten mindestens einen anderen Knoten gibt, der von ihm nicht erreicht werden kann.

Für die Beurteilung von Strukturen kann es weiterhin zweckmäßig sein, die **durchschnittliche Distanz eines Knotens** zu allen anderen Knoten und die **durchschnittliche Distanz im Graphen** zu bestimmen.

Parameter, die die Stellung der Knoten im Graphen betreffen
Unter einem **Zentrum** eines Graphen versteht man einen Knoten mit minimalem Radius innerhalb des Graphen. In dem Beispiel aus F 22.7.2 sind die Knoten e2,e3,e4 und e6 Zentren.

Ein **peripherer Knoten** ist demgegenüber ein Knoten mit maximalem Radius. In F 22.7.2 sind e1 und e5 periphere Knoten.

Wird eine soziologische Struktur durch einen gerichteten Graphen dargestellt, in dem die Individuen die Knoten ergeben und die gerichteten Kanten die Dominanz eines Individuums über ein anderes Individuum ausdrücken, dann kann man mittels Eingangs- und Ausgangsgrad der Knoten Kenngrößen für die "Stärke" der Individuen bzw. Knoten aufstellen. Ein einfaches Dominanzkriterium ist die Differenz zwischen Ausgangs- und Eingangsgrad:

$$\gamma^{-}(e) - \gamma^{+}(e).$$

Dividiert man durch die Anzahl der adjazenten Knoten, so ergibt sich eine zwischen -1 und +1 variierende Größe, die ein Maß für die Stärke, d.h. den Grad der direkten Unter- bzw. Überordnung darstellt.

In diese Kennzahl gehen jedoch nur die mit einem Knoten unmittelbar in Verbindung stehenden Knoten ein. Indirekte Über- und Unterordnungsverhältnisse gehen nicht ein. In manchen Fällen dürfte es deshalb zweckmäßig sein, wenn man folgende Kenngrößen ermittelt:

$$\frac{\text{Anzahl der von einem Knoten über Pfeilwege erreichbaren Knoten}}{\text{Anzahl der Knoten des Graphen } -1}$$

als Maßzahl für die Überordnung oder Rangordnung des entsprechenden Individuums;

$$\frac{\text{Anzahl der Knoten, von denen ein Pfeilweg zu dem betreffenden Knoten existiert}}{\text{Anzahl der Knoten des Graphen } -1}$$

als Maßgröße für die Unterordnung des betreffenden Individuums.

Die Differenz beider Maßgrößen ergibt dann eine Kennzahl für die Machtstellung eines Individuums innerhalb einer Organisation.

Bei derartigen Untersuchungen ist allerdings immer darauf zu achten, daß Zyklen auftreten können, denn soziologische Strukturen werden nicht immer streng hierarchisch gegliedert sein. Darauf kann hier jedoch nicht im einzelnen eingegangen werden.

Hinsichtlich der Lage eines Knotens innerhalb eines Graphen kann auch die Bestimmung der Knoten (Teilmenge der Knotenmenge) von Interesse sein, von denen jeder andere Knoten des Graphen aus erreichbar ist. Handelt es sich dabei um die Darstellung eines soziologischen oder biologischen Systems, so kann von den diesen Knoten entsprechenden Elementen aus das gesamte System gesteuert werden.

Es geht hier um die Bestimmung einer sogenannten **Knotenbasis,** einer minimalen Anzahl von Knoten eines gerichteten Graphen, von der jeder andere Knoten aus erreichbar ist.
In einem azyklischen Graphen sind das alle Knoten e mit einem Eingangsgrad von Null: $\gamma^{-}(e) = 0$. Enthält der Graph Pfeilzyklen, so kann aus einem Zyklus ein beliebiger Knoten gewählt werden.

B 22.7.3 Es ist sofort zu ersehen, daß bei dem Graphen in F 22.7.4 e4 und e11 zu einer Knotenbasis gehören.

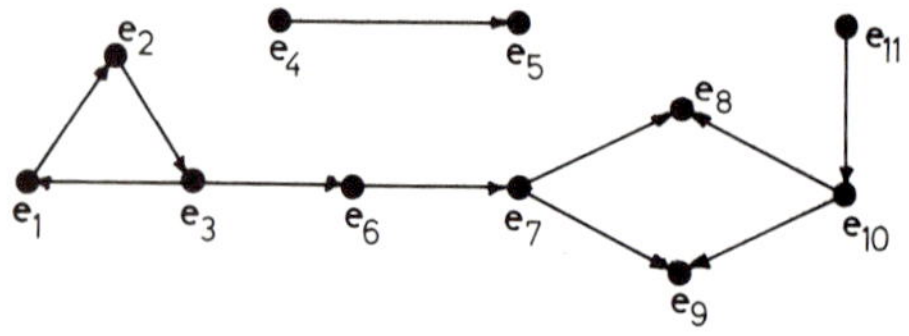

F 22.7.4

Welchen der Knoten e1,e2 und e3 man dazu nimmt, ist beliebig. Es gibt also 3 Knotenbasen B1 = {e1,e4,e11} , B2 = {e2,e4,e11} , B3 = { e3,e4,e11} .

Parameter, die den Zusammenhang eines Graphen betreffen

Für die Beurteilung von Strukturen, die durch Graphen dargestellt werden, spielt in manchen Fällen der Zusammenhang eine Rolle, da er die Empfindlichkeit von Systemen gegen Störungen ausdrücken kann. Jeder Artikulationspunkt in einem Verkehrs- oder anderen Leitungsnetz stellt einen kritischen Punkt des Netzes dar. Fällt die dem Knoten entsprechende Stelle aus, so ist der Zusammenhang des Netzes unterbrochen. Es sind nur noch die Knoten der einzelnen Zusammenhangskomponenten untereinander erreichbar.

Einfache Parameter sind in diesem Zusammenhang die Anzahl der Artikulationspunkte, wobei diese nach der Anzahl der jeweils anfallenden Zusammenhangskomponenten unterschieden werden können. Bei den verschiedenen Strukturen in F 22.7.5 ergibt sich folgendes: In der Kette sind außer den Randknoten alle Knoten Artikulationspunkte. Entfernt man einen, zerfällt der Graph in zwei Komponenten.

Beim Stern ist e1 der einzige Artikulationspunkt, dessen Entfernung zu einem völligen Zerfall des Graphen führt, d.h. es gibt dann nur noch isolierte Knoten. Beim Kreis gibt es keinen Artikulationspunkt.

F 22.7.5

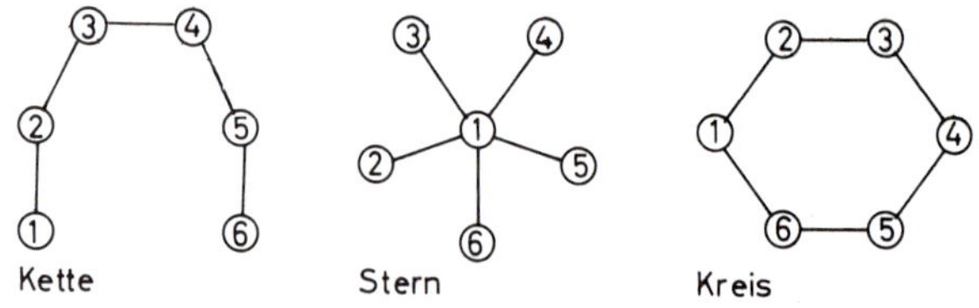

Gibt es keine Artikulationspunkte, dann kann es von Interesse sein, minimale Artikulationsmengen zu bestimmen. Von gleicher Bedeutung sind Schnitte, die aus einer minimalen Anzahl von Kanten bestehen. Entfernt man alle Kanten eines solchen Schnittes, so wird ebenfalls der Zusammenhang des Graphen gestört.

22.8 Anwendungsbeispiele von Graphen und die sich daraus ergebenden Problemstellungen

Bei der Behandlung ökonomischer oder auch anderer Probleme durch die Graphentheorie und ihre Verfahren besteht ein wesentlicher Schritt der Problemlösung in der Formulierung eines Strukturmodells für den jeweiligen Sachverhalt. Die formale Darstellung des Problems durch einen Graphen ist die Darstellung von Problemstruktur bzw. der Struktur der dem Problem zugrundeliegenden Bedingungen. Das gilt z.B. für Verkehrs- oder Transportnetze, für Organisationen, Kommunikationsnetze und Kompetenzsysteme sowie für Projektabläufe. Die durch die Formalisierung erreichte Transparenz der Struktur ist häufig bereits ein wesentlicher Schritt der Problemlösung. Im folgenden sind einige Beispiele für solche Strukturen zusammengestellt. Damit wird zugleich auf die wichtigsten Anwendungen der Graphentheorie hingewiesen. Die Ausführungen knüpfen teilweise an die Beispiele im Abschnitt 22.1 an.

Der hierarchische Aufbau eines **Kompetenzsystems,** dessen übliche Darstellung etwa das Bild in F 2.1.1 ergibt, läßt sich als Graph interpretieren. Kommt es auf die Weisungsbefugnis bzw. die Unterordnung an, so empfiehlt sich die Verwendung eines gerichteten Graphen. Beim reinen Liniensystem erhält man, wie in F 22.8.1, einen gerichteten Baum, bei dem der Ausgangsgrad jedes Knotens die Anzahl der unmittelbar Untergebenen des entsprechenden Stelleninhabers angibt.

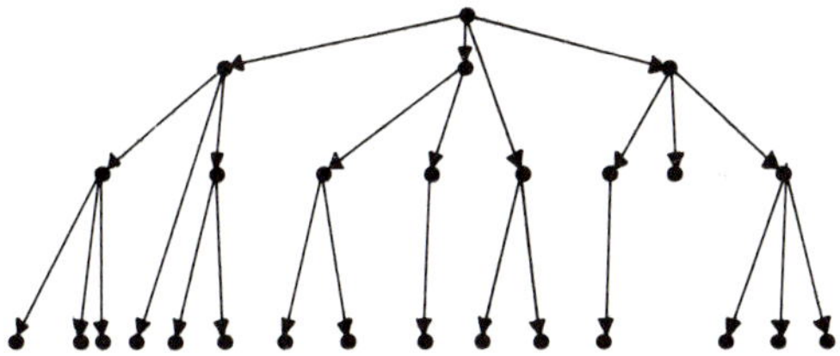

F 22.8.1

Mit Hilfe graphentheoretischer Verfahren lassen sich minimale, maximale und durchschnittliche Länge eines Instanzenweges (vom Stelleninhaber der untersten Ebene bis zur Spitze bzw. umgekehrt) und eines Dienstweges (von einem beliebigen Stelleninhaber zu einem beliebigen anderen Stelleninhaber) bestimmen.

Bei einem Funktions- oder gemischten Organisationssystem kann man sich z.B. für die Anzahl der Wege von einem Stelleninhaber zu jedem anderen interessieren.

In einer beliebigen Organisation (Betrieb, Verein, Kommune, Parlament, Fachbereich, Schule etc.) fließen Informationen von einem Individium zu einem anderen. Die Gesamtheit dieser Informationsflüsse ergibt das **Kommunikationssystem** der Organisation, das sich als Graph darstellen läßt. Die Individuen entsprechen dabei den Knoten, die Informationskanäle den Kanten eines Graphen, die man z.B. mit der Dauer des Informationsflusses bewerten kann.

In einem Kommunikationssystem können besonders die Artikulationspunkte und Artikulationsmengen interessieren, durch deren Ausfall Informationsflüsse unterbrochen werden. So kann z.B. durch den Ausfall einer Vermittlungsstelle eines Telefonnetzes ein Teil dieses Netzes stillgelegt werden.

Existieren zwischen Individuen verschiedene Informationskanäle, so gibt es parallele Kanten.
Man kann sich hier für den (zeitlich) kürzesten Informationsweg zwischen zwei Individuen interessieren sowie für die durchschnittliche Übertragungsdauer von Informationen.

Durch einen gerichteten Graphen läßt sich auch die Richtung des Informationsflusses erfassen. Die Pfeile können dann mit dem Umfang (Intensität, Stärke) des Informationsflusses bewertet werden.

Jeder systematische **Arbeitsablauf**, der aus mehreren hintereinandergeschalteten Arbeitsgängen besteht, die in verschiedenen Stellen bzw. Abteilungen ausgeführt werden, kann als Graph dargestellt werden (vgl. F 22.1.2). Für einen gegebenen kontinuierlichen Arbeitsablauf stellt sich dabei z.B. das Problem, wie die einzelnen Stellen zeitlich bzw. kapazitätsmäßig aufeinander abgestimmt werden können. Dazu lassen sich graphentheoretische Verfahren heranziehen.

In ähnlicher Weise lassen sich die meisten Arbeitsabläufe in Organisationen (Verwaltungen, Betrieben) darstellen.
Das gilt auch für den **Materialfluß** in einem Fertigungsbetrieb (F 21.1.3).

Eine breite praktische Anwendung hat die Graphentheorie in der **Teilebedarfsermittlung** bzw. **Materialbedarfsplanung** von Fertigungs- bzw. Montagebetrieben erfahren, bei denen der Zusammenbau der Fertigprodukte in mehreren Stufen erfolgt. Man erhält hier sogenannte GOZINTO-Graphen (vgl. die Ausführungen im Abschnitt 18.1, vor allem B 18.1.4).

In vielen sozialen und wirtschaftlichen Bereichen hat man es mit der Planung und Steuerung komplexer Arbeitsabläufe (Projekte) zu tun, die sich als zusammenhängender, zyklenfreier Digraph darstellen lassen. Ein Beispiel zeigt F 22.1.4.

Der Digraph gibt eine Darstellung des strukturellen Projektablaufs mit allen Arbeitsgängen und Abhängigkeiten zwischen ihnen (Reihenfolge). Man kann die Pfeile mit der Ausführungszeit der Arbeitsgänge bewerten und einen Zeitplan für den Arbeitsablauf aufstellen, dem die Bestimmung zeitlich längster Wege zugrundeliegt.
Weitere Projektplanungsprobleme sind die Bestimmung kostenoptimaler Projektabläufe bei Einbeziehung von Kosten oder die Behandlung von Kapazitätsfragen.
Die Behandlung derartiger Planungsprobleme ist unter dem Namen **Netzplantechnik** bekannt. Diese stellt das bekannteste und verbreitetste Anwendungsgebiet der Graphentheorie dar.

Ein **Verkehrsnetz** (Straßennetz, Eisenbahnnetz, Wasserstraßennetz) läßt sich als Graph darstellen. F 22.1.5 zeigt einen Ausschnitt aus dem Straßennetz einer Stadt. Die Pfeile bzw. Doppelpfeile sollen andeuten, in welchen Richtungen die Straßen befahren werden können. Interpretiert man die Kreuzungspunkte der Straßen als Knoten und die Straßen als gerichtete Kanten eines Graphen, dann erhält man für das Straßennetz in F 22.1.5 den Graphen in F 22.8.2a. Straßen, die in beiden Richtungen befahren werden können, werden durch zwei entgegengesetzt laufende Pfeile dargestellt. Für einen Fußgänger sind Fahrtrichtungsvorschriften irrelevant, so daß sich für ihn das Straßennetz als ungerichteter Graph darstellen läßt (F 22.8.2b).

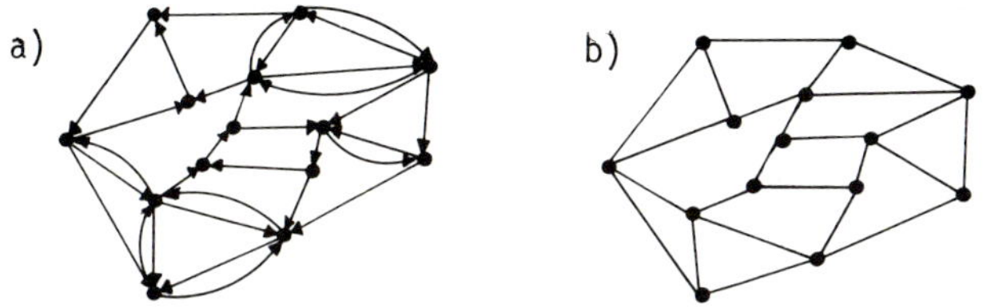

F 22.8.2

Als ungerichteten Graphen kann man im allgemeinen auch ein verschiedene Orte verbindendes Straßennetz darstellen.

Die Kanten können mit Entfernungen oder Kosten bewertet werden. Mit graphentheoretischen Verfahren können dann kürzeste bzw. kostenminimale Wege, optimale (d.h. kürzeste) Rundreisen usw. bestimmt werden. Die Bestimmung eines solchen **optimalen Rundreiseweges** ist als Traveling-Salesman-Problem bekannt.

Ein mit der Bestimmung von kürzesten Wegen verwandtes Problem ist das folgende:

Eine gegebene Anzahl von Orten soll so durch ein zusammenhängendes System von Verkehrswegen verbunden werden, daß die Gesamtlänge des Verkehrsnetzes möglichst klein ist. Dieses Problem ist von der gleichen Struktur, wie das folgende:

Eine Menge von Teilnehmern bzw. Abnehmern (Fernsprechteilnehmer, Wasserversorgung, Elektrizitätsversorgung) soll durch ein Leitungsnetz so verbunden werden, daß das Netz eine minimale Länge aufweist oder mit minimalen Kosten erstellt werden kann. Betrachtet man die Teilnehmer (Abnehmer) als Knoten und sämtliche möglichen Verbindungen als mit ihrer Länge bzw. Kosten bewertete Kanten eines Graphen, dann besteht die Aufgabe darin, für den Graphen ein **Gerüst** (vgl. D 22.2.24) mit minimaler Summe der Kantenwerte zu bestimmen.

Ein Rohrleitungssystem oder ein elektrisches Leitungsnetz läßt sich als Graph darstellen. Die (evtl. gerichteten) Kanten lassen sich mit der Kapazität des der Kante entsprechenden Leitungsstückes bewerten. Man kann sich dann für Flüsse innerhalb des Graphen (Leitungsnetze) interessieren. Von Bedeutung ist dabei insbesondere die Frage nach dem maximalen Fluß zwischen zwei gegebenen Knoten. Dieses Problem taucht auch auf, wenn man sich mit Verkehrsflüssen in Verkehrsnetzen beschäftigt.

Die Beispiele bzw. Problemstellungen stellen nur eine Auswahl der wichtigsten wirtschaftlichen Anwendungen dar.

Weitere Anwendungen bestehen in der Behandlung des Transportproblems, des Umladeproblems und in Zuordnungsproblemen sowie bei der Untersuchung aller Arten von sozioökonomischen Strukturen.

Außerhalb der Wirtschaftswissenschaften finden sich Anwendungen in der Biologie, Medizin, Technik usw. Auf Einzelheiten kann in dem vorliegenden Rahmen nicht eingegangen werden.

Aufgaben

Ü 22.8.1 Zeichne zu den beiden folgenden Projektabläufen Graphen.
a) Zu einem abgelegenen Haus soll ein Zufahrtsweg gebaut werden. Dazu ist zunächst der Boden auszuheben.
Auf eine Schotterpacklage soll eine Decke aus Asphalt aufgebracht werden, die vor dem Erhärten glattzuwalzen ist. Die Bestellung der Materialien (Schotter und Asphalt) erfolgt als ein Vorgang vor Beginn der Arbeiten. Im Graphen sind die Lieferzeiten für den Schotter und den Asphalt zu berücksichtigen.
b) Für das Verlegen einer Wasserleitung sind nacheinander folgende Arbeiten auszuführen: Vorbereitung der Trasse, Aushub des Grabens, Verlegen der Rohre, Zuschütten des Grabens (und Oberflächenherstellung), Druckprüfung. Während der Graben zugeschüttet wird, können die Armaturen montiert werden. Parallel zu den Arbeiten bis zur Druckprüfung wird die Pumpstation gebaut.

Ü 22.8.2 Ein Betrieb fertigt aus 4 Einzelteilen (A,B,C,D) 2 Baugruppen (E,F) und 2 Endprodukte (G,H).
Für eine Baugruppe E werden 4 Stück A, 2 Stück C und ein Stück D benötigt. Für eine Baugruppe F 2 Stück B und 3 Stück D. Für ein Endprodukt G sind 2 Stück A und je 2 Baugruppen E und F erforderlich. Für ein Endprodukt H benötigt man je 1 Stück C und D, 1 Baugruppe E und 2 Baugruppen F.
Zeichne den GOZINTO-Graphen.

Ü 22.8.3 In einem Betrieb sind der Unternehmensleitung U die Abteilungsleiter A,B,C unterstellt. A hat a,b,c,d als Untergebene, B e und f und C ist Vorgesetzter von g,h,j. Die Abteilungsleiter können untereinander Informationen austauschen. Ebenso die Untergebenen jedes Abteilungsleiters innerhalb ihrer Abteilung.
Zeichne den Graphen der Organisationsstruktur. Die Über-/Unterordnung ist durch Pfeile, die Möglichkeit zum Informationsaustausch durch ungerichtete Kanten zu berücksichtigen.

Lösungen der Übungsaufgaben

17.1.1

a) $a_{15} = -6$, $a_{34} = 7$, $a_{43} = 2$, $a_{52} = -4$, $a_{41} = 2$; b) $\sum_{i=1}^{5} a_{i2} = 7$, $\sum_{j=1}^{5} a_{2j} = 2$.

17.1.2

a) $\mathbf{B}_{34} = \begin{pmatrix} 1 & 2 & 3 & 4 \\ 2 & 3 & 4 & 5 \\ 3 & 4 & 5 & 6 \end{pmatrix}$; b) 6,9,12,15; c) 42;

17.2.1

$\mathbf{A}' = \begin{pmatrix} 3 & 4 \\ 2 & 1 \\ 8 & -7 \end{pmatrix}$; $\mathbf{B}' = \begin{pmatrix} 5 & 6 & 2 \\ 17 & 12 & -9 \\ -2 & 3 & 14 \\ 29 & 18 & 32 \end{pmatrix}$; $\mathbf{C}' = \begin{pmatrix} 12 & -7 & 34 \\ 8 & 9 & 2 \\ 16 & 7 & -3 \end{pmatrix}$

17.2.2

Matrix **C** ist symmetrisch.

17.2.3

$\mathbf{A} = \begin{pmatrix} 1 & 5 & -1 & 4 & 9 \\ 5 & 2 & 2 & 0 & 8 \\ -1 & 2 & 6 & 1 & 7 \\ 4 & 0 & 1 & 0 & 7 \\ 9 & 8 & 7 & 7 & 3 \end{pmatrix}$; $\mathbf{B} = \begin{pmatrix} 5 & 1 & 3 & 2 \\ 1 & 2 & 0 & a \\ 3 & 0 & d & b \\ 2 & a & b & c \end{pmatrix}$ a,b,c und d können beliebig gewählt werden.

17.3.1

a) $\begin{pmatrix} 4 & 7 & 10 & 10 \\ 14 & 4 & 2 & 9 \\ 10 & 10 & 12 & 11 \end{pmatrix}$ b) $\begin{pmatrix} 2 & 1 & 0 & 2 \\ 0 & 0 & -2 & -7 \\ -2 & 8 & -6 & 5 \end{pmatrix}$ c) $\begin{pmatrix} -2 & -1 & 0 & -2 \\ 0 & 0 & 2 & 7 \\ 2 & -8 & 6 & -5 \end{pmatrix}$

d) **A**+**C** ist nicht definiert, da die Matrizen verschiedene Ordnungen haben.

17.3.2

$\mathbf{C} = \mathbf{A} + \mathbf{B} = \begin{pmatrix} -2 & 0 \\ 4 & -1 \\ 9 & 9 \end{pmatrix}$.

17.3.3

$\mathbf{a} + \mathbf{b} = \begin{pmatrix} 6 \\ 5 \\ -3 \end{pmatrix}$; $\mathbf{a} - \mathbf{b} - \mathbf{c} = \begin{pmatrix} 0 \\ 0 \\ 0 \end{pmatrix}$; $\mathbf{a}' + \mathbf{b}' = (6,5,-3)$;

$\mathbf{a}' + \mathbf{c}$, $\mathbf{b} + \mathbf{d}$ und $\mathbf{b}' + \mathbf{c}' - \mathbf{d}'$ sind nicht definiert; $\mathbf{a}' + \mathbf{b}' + \mathbf{c}' = (10,8,-6)$.

17.3.4

$$\begin{pmatrix} 3 & 5 & 4 \\ 2 & 6 & 1 \\ 0 & 3 & 4 \end{pmatrix} + \begin{pmatrix} 2 & 1 & 0 \\ 3 & 2 & 1 \\ 2 & 1 & 4 \end{pmatrix} = \begin{pmatrix} 5 & 6 & 4 \\ 5 & 8 & 2 \\ 2 & 4 & 8 \end{pmatrix} .$$

17.4.1

a) $5\mathbf{A} = \begin{pmatrix} 20 & 10 \\ 5 & 0 \end{pmatrix}$; b) $(-2)\mathbf{B} = \begin{pmatrix} -2 & -2 \\ -2 & -2 \end{pmatrix}$; c) $3\mathbf{A} - 2\mathbf{B} + \mathbf{C} = \begin{pmatrix} 8 & 3 \\ -2 & -4 \end{pmatrix}$;

d) $\mathbf{A} - 10\mathbf{B} - 3\mathbf{C} = \begin{pmatrix} 0 & -5 \\ 0 & -4 \end{pmatrix}$.

17.4.2 $\left.\begin{array}{l} 5 + \lambda + \mu = 0 \\ 4 + \lambda \quad\;\; = 0 \\ -3 \quad -3\mu = 0 \end{array}\right\} \Rightarrow \lambda = -4, \quad \mu = -1.$

17.4.3 a = 2, b = 4, c = 1, d = 3.

17.5.1
a'b = 0; **b'c** = -2; **c'd** = nicht definiert; **c'b** = -2; **c'a** = 0; **ac** = nicht definiert.

17.5.2
$\mathbf{a'e}_3 = -6$; $\mathbf{e'}_3\mathbf{a} = -6$; **a's** = 9; **s'a** = 9.

17.5.3
a) $U = \mathbf{p'x} \geqq U^*$; b) $(1,1,1,1)\mathbf{x} \geqq 1000$.

17.6.1
a) **AB** = nicht definiert; b) $\mathbf{BA} = \begin{pmatrix} 2 & 6 & 10 \\ 4 & 12 & 20 \\ 3 & 9 & 15 \\ 1 & 3 & 5 \end{pmatrix}$;

c) **AC** = (10,14,18,28); d) **BC** = nicht definiert; e) $\mathbf{CB} = \begin{pmatrix} 34 \\ 23 \\ 11 \end{pmatrix}$;

f) $\mathbf{CD} = \begin{pmatrix} 25 & 26 & 34 \\ 17 & 17 & 23 \\ 8 & 9 & 11 \end{pmatrix}$ g) $\mathbf{DC} = \begin{pmatrix} 7 & 10 & 13 & 20 \\ 10 & 15 & 20 & 30 \\ 9 & 12 & 15 & 24 \\ 5 & 8 & 11 & 16 \end{pmatrix}$;

17.6.2
a) $\mathbf{AB} = \begin{pmatrix} -12 \\ 13 \end{pmatrix}$; b) **BA** = nicht definiert; c) $\mathbf{AE} = \begin{pmatrix} 7 & -2 \\ 8 & 22 \end{pmatrix}$;

d) $\mathbf{EA} = \begin{pmatrix} 18 & -7 \\ -4 & 11 \end{pmatrix}$ e) $\mathbf{CD} = \begin{pmatrix} -13 & 21 \\ 5 & -1 \end{pmatrix}$ f) $\mathbf{DC} = \begin{pmatrix} -1 & 15 & -1 \\ 10 & 4 & 24 \\ -7 & -5 & -17 \end{pmatrix}$;

g) **GA** = (-25 22); h) **GB** = -29; i) $\mathbf{BG} = \begin{pmatrix} -15 & -21 \\ -10 & -14 \end{pmatrix}$;

k) **FC** = nicht definiert; l) $\mathbf{CF} = \begin{pmatrix} 15 \\ -11 \end{pmatrix}$; m) **ED** = nicht definiert;

n) $\mathbf{DE} = \begin{pmatrix} 0 & -10 \\ 14 & 16 \\ -10 & -10 \end{pmatrix}$; o) $\mathbf{A}^2 = \begin{pmatrix} -11 & 9 \\ -15 & -14 \end{pmatrix}$; p) $\mathbf{A}^4 = \begin{pmatrix} -14 & -225 \\ 375 & 61 \end{pmatrix}$.

17.6.3
a) m und n beliebig, $A_{m1}B_{1n} = C_{mn}$; b) n = m, $A_{1n}B_{n1} = C_{11}$;
c) n = m, $A_{mm}B_{m1} = C_{m1}$; d) n = 1, $A_{m1}B_{11} = C_{m1}$;
e) m = n, $A_{1n}B_{nn} = C_{1n}$; f) m = 1, $A_{11}B_{1n} = C_{1n}$.

17.6.4
a) $m = 1$, $r = 1$, n beliebig; b) $m = 1$, $r > 1$, n beliebig; c) $r = 1$, $m > 1$ n beliebig; d) $m > 1$, $r > 1$, n beliebig.

17.6.5
$$\mathbf{Ab} = \begin{pmatrix} -9 \\ 0 \\ -3 \end{pmatrix} = -3 \begin{pmatrix} 3 \\ 0 \\ 1 \end{pmatrix} = -3b;$$
b)
$$\mathbf{Ac} = \begin{pmatrix} -5 \\ -10 \\ 5 \end{pmatrix} = 5 \begin{pmatrix} -1 \\ -2 \\ 1 \end{pmatrix} = 5c.$$

17.6.6 a)
$$\begin{pmatrix} 3 & 1 & 2 \\ 2 & 3 & 4 \end{pmatrix} \begin{pmatrix} 3 & 1 \\ 0 & 3 \\ 1 & 2 \end{pmatrix} = \begin{pmatrix} 11 & 10 \\ 10 & 19 \end{pmatrix}$$
b)
$$(2,4) \begin{pmatrix} 11 & 10 \\ 10 & 19 \end{pmatrix} = (62,96);$$
c)
$$\begin{pmatrix} 11 & 10 \\ 10 & 19 \end{pmatrix} \begin{pmatrix} 10 \\ 5 \end{pmatrix} = \begin{pmatrix} 160 \\ 195 \end{pmatrix};$$
d)
$$(70,95) \begin{pmatrix} 10 \\ 5 \end{pmatrix} = 1175.$$

17.6.7
Für die Käuferanteile im Januar ergibt sich: $\mathbf{a}_1 = (40,20,10,30)$;
Als Übergangsmatrix ergibt sich
$$\mathbf{A} = \begin{pmatrix} 0{,}6 & 0{,}1 & 0{,}1 & 0{,}2 \\ 0{,}1 & 0{,}5 & 0{,}1 & 0{,}3 \\ 0{,}2 & 0{,}1 & 0{,}6 & 0{,}1 \\ 0{,}4 & 0{,}2 & 0{,}1 & 0{,}3 \end{pmatrix}$$

Februar: $\mathbf{a}_2 = \mathbf{a}_1\mathbf{A} = (40,21,15,24)$;
März: $\mathbf{a}_3 = \mathbf{a}_2\mathbf{A} = (38{,}7;20{,}8;17{,}5;23{,}0)$;
April: $\mathbf{a}_4 = \mathbf{a}_3\mathbf{A} = (38{,}0;20{,}6;18{,}8;22{,}6)$.

17.7.1
Da **AB** = **E** ist, können **A** und **B** invers zueinander sein.

17.7.2 a)
$$\mathbf{x} = \begin{pmatrix} 20 \\ 10 \\ 20 \\ 10 \end{pmatrix};$$
b)
$$\mathbf{A} = \begin{pmatrix} 0{,}3 & 0{,}2 & 0{,}2 & 0{,}2 \\ 0{,}1 & 0{,}3 & 0{,}05 & 0{,}1 \\ 0{,}3 & 0{,}4 & 0{,}2 & 0{,}2 \\ 0{,}05 & 0{,}3 & 0{,}05 & 0{,}3 \end{pmatrix};$$
c)
$$\mathbf{y} = \begin{pmatrix} 0{,}7 & -0{,}2 & -0{,}2 & -0{,}2 \\ -0{,}1 & 0{,}7 & -0{,}05 & -0{,}1 \\ -0{,}3 & -0{,}4 & 0{,}8 & -0{,}2 \\ -0{,}05 & -0{,}3 & -0{,}05 & 0{,}7 \end{pmatrix} \begin{pmatrix} 20 \\ 10 \\ 20 \\ 10 \end{pmatrix} = \begin{pmatrix} 6 \\ 3 \\ 4 \\ 2 \end{pmatrix}.$$

17.7.3
Es ist $\mathbf{AA} = \mathbf{A}^2 = \mathbf{E}$, also gilt $A = A^{-1}$.

17.9.1
a) $(6,9,0,3)+(-4,-7,3,0)+(-6,-4,2,4) = (-4,-2,5,7)$;
b) $(2,3,0,1)+(12,21,-9,0)+(-12,-8,4,8) = (2,16,-5,9)$.

18.1.1
$$\begin{pmatrix} 5 & 3 & -2 \\ -1 & -1 & 1 \\ 2 & -4 & 4 \end{pmatrix} \begin{pmatrix} x \\ y \\ z \end{pmatrix} = \begin{pmatrix} 1 \\ 0 \\ 2 \end{pmatrix}$$

18.1.2 a) nein; b) $\begin{pmatrix} 5 & -4 & -1 \\ -3 & 5 & 4 \end{pmatrix} \begin{pmatrix} x \\ y \\ z \end{pmatrix} = \begin{pmatrix} 0 \\ 0 \end{pmatrix}$;

c) Nach Multiplikation der 2. Gleichung mit x_2^2 und den Substitutionen $x_1 x_2 = x$ und $x_2^2 = y$ erhält man $\begin{pmatrix} 1 & 5 \\ 1 & -3 \end{pmatrix} \begin{pmatrix} x \\ y \end{pmatrix} = \begin{pmatrix} 1 \\ -1 \end{pmatrix}$.

18.1.3

a)

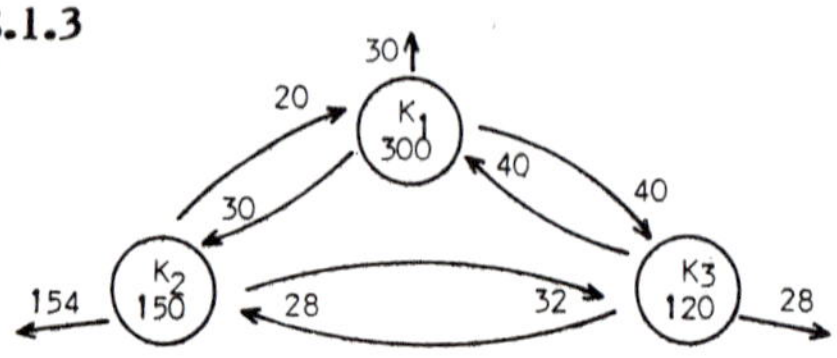

b) Werden die Verrechnungspreise mit v_1, v_2 und v_3 bezeichnet, so ergibt sich:

$$\begin{pmatrix} 100 & -20 & -40 \\ -30 & 206 & -28 \\ -40 & -32 & 96 \end{pmatrix} \begin{pmatrix} v_1 \\ v_2 \\ v_3 \end{pmatrix} = \begin{pmatrix} 300 \\ 150 \\ 120 \end{pmatrix} .$$

18.1.4 $x = 40 + 3y + 6z$, $y = 60 + 5z$, $z = 20$ bzw. $\begin{pmatrix} 1 & -3 & -6 \\ 0 & 1 & -5 \\ 0 & 0 & 1 \end{pmatrix} \begin{pmatrix} x \\ y \\ z \end{pmatrix} = \begin{pmatrix} 40 \\ 60 \\ 20 \end{pmatrix}$

18.1.5 Mengen der Legierungen x_1 bzw. x_2. Menge des Kupfers: x_3.

$$\begin{pmatrix} 50 & 60 & 0 \\ 30 & 10 & 100 \\ 20 & 30 & 0 \end{pmatrix} \begin{pmatrix} x_1 \\ x_2 \\ x_3 \end{pmatrix} = \begin{pmatrix} 43 \\ 38 \\ 19 \end{pmatrix} ; \text{ Lösung: } \begin{pmatrix} x_1 \\ x_2 \\ x_3 \end{pmatrix} = \begin{pmatrix} 0{,}5 \\ 0{,}3 \\ 0{,}2 \end{pmatrix}$$

18.3.1

$$\left(\begin{array}{ccc|c} 1 & 1 & -1 & 4 \\ 2 & -1 & 1 & 5 \\ 1 & 1 & 1 & 6 \end{array}\right) \Rightarrow \left(\begin{array}{ccc|c} 1 & 1 & -1 & 4 \\ 0 & -3 & 3 & -3 \\ 0 & 0 & 2 & 2 \end{array}\right) \Rightarrow \left(\begin{array}{ccc|c} 1 & 0 & 0 & 3 \\ 0 & 1 & -1 & 1 \\ 0 & 0 & 2 & 2 \end{array}\right) \Rightarrow \left(\begin{array}{ccc|c} 1 & 0 & 0 & 3 \\ 0 & 1 & 0 & 2 \\ 0 & 0 & 1 & 1 \end{array}\right) \Rightarrow \begin{pmatrix} x_1 \\ x_2 \\ x_3 \end{pmatrix} = \begin{pmatrix} 3 \\ 2 \\ 1 \end{pmatrix}$$

18.3.2 a)

$$\left(\begin{array}{ccc|c} 1 & 3 & -4 & 10 \\ 3 & 10 & -6 & 40 \\ 4 & 12 & -12 & 48 \end{array}\right) \Rightarrow \left(\begin{array}{ccc|c} 1 & 3 & -4 & 10 \\ 0 & 1 & 6 & 10 \\ 0 & 0 & 4 & 8 \end{array}\right) \Rightarrow \left(\begin{array}{ccc|c} 1 & 0 & -22 & -20 \\ 0 & 1 & 6 & 10 \\ 0 & 0 & 4 & 8 \end{array}\right) \Rightarrow \left(\begin{array}{ccc|c} 1 & 0 & 0 & 24 \\ 0 & 1 & 0 & -2 \\ 0 & 0 & 1 & 2 \end{array}\right) \Rightarrow \begin{pmatrix} x_1 \\ x_2 \\ x_3 \end{pmatrix} = \begin{pmatrix} 24 \\ -2 \\ 2 \end{pmatrix}$$

b)

$$\left(\begin{array}{ccc|c} 1 & 4 & 1 & 0 \\ 1 & 0 & 1 & 4 \\ 0{,}5 & -3 & 2 & 5 \end{array}\right) \Rightarrow \left(\begin{array}{ccc|c} 1 & 4 & 1 & 0 \\ 0 & -4 & 0 & 4 \\ 0 & -5 & 1{,}5 & 5 \end{array}\right) \Rightarrow \left(\begin{array}{ccc|c} 1 & 0 & 1 & 4 \\ 0 & 1 & 0 & -1 \\ 0 & 0 & -1{,}5 & 0 \end{array}\right) \Rightarrow \left(\begin{array}{ccc|c} 1 & 0 & 0 & 4 \\ 0 & 1 & 0 & -1 \\ 0 & 0 & 1 & 0 \end{array}\right) \Rightarrow \begin{pmatrix} x \\ y \\ z \end{pmatrix} = \begin{pmatrix} 4 \\ -1 \\ 0 \end{pmatrix}$$

18.3.3

$$\begin{aligned} 4Z + 4K + 2E &= 68 \\ 200Z + 1000K + 30E &= 3600 \\ 10K - E &= 0 \end{aligned} \quad \Rightarrow \quad \begin{aligned} 2Z + 2K + E &= 34 \\ 20Z + 100K + 3E &= 360 \\ 10K - E &= 0 \end{aligned}$$

$$\left(\begin{array}{ccc|c} 2 & 2 & 1 & 34 \\ 20 & 100 & 3 & 360 \\ 0 & 10 & -1 & 0 \end{array}\right) \Rightarrow \left(\begin{array}{ccc|c} 1 & 1 & 0{,}5 & 17 \\ 0 & 80 & -7 & 20 \\ 0 & 10 & -1 & 0 \end{array}\right) \Rightarrow \left(\begin{array}{ccc|c} 1 & 0 & 0 & 5 \\ 0 & 1 & 0 & 2 \\ 0 & 0 & 1 & 20 \end{array}\right) \Rightarrow \begin{pmatrix} Z \\ K \\ E \end{pmatrix} = \begin{pmatrix} 5 \\ 2 \\ 20 \end{pmatrix}$$

18.4.1

$$\left(\begin{array}{ccc|c} 1 & -2 & -3 & 2 \\ 1 & -4 & -13 & 14 \\ -3 & 5 & 4 & 0 \end{array}\right) \Rightarrow \left(\begin{array}{ccc|c} 1 & -2 & -3 & 2 \\ 0 & -2 & -10 & 12 \\ 0 & -1 & -5 & 6 \end{array}\right) \Rightarrow \left(\begin{array}{ccc|c} 1 & 0 & 7 & -10 \\ 0 & 1 & 5 & -6 \\ 0 & 0 & 0 & 0 \end{array}\right)$$

$x = -10-7z$; $y = -6-5z$

18.4.2

$$\left(\begin{array}{ccccc|c} 1 & 0 & 0 & \frac{1}{2} & 2 & -2 \\ 0 & 1 & 0 & -\frac{1}{2} & 1 & 5 \\ 0 & 0 & 1 & -\frac{1}{2} & 0 & -1 \end{array}\right) \quad \text{bzw.} \quad \begin{array}{l} x_1 = -2 - 0{,}5x_4 - 2x_5 \\ x_2 = 5 + 0{,}5x_4 - x_5 \\ x_3 = -1 - 0{,}5x_4 \end{array}$$

18.4.3

$$\left(\begin{array}{ccc|c} 1 & 3 & -5 & 8 \\ 2 & -1 & 6 & 9 \\ 3 & 2 & 1 & 20 \end{array}\right) \Longrightarrow \left(\begin{array}{ccc|c} 1 & 3 & -5 & 8 \\ 0 & -7 & 16 & -7 \\ 0 & -7 & 16 & -4 \end{array}\right) \Longrightarrow \left(\begin{array}{ccc|c} 1 & 3 & -5 & 8 \\ 0 & 1 & -\frac{16}{7} & 1 \\ 0 & 0 & 0 & 3 \end{array}\right)$$

Das Gleichungssystem ist nicht lösbar.

18.4.4

$$\left(\begin{array}{cccc|c} 1 & 2 & 3 & -10 & 11 \\ 1 & 5 & 9 & -22 & 20 \\ 1 & -1 & -3 & 2 & 2 \\ 2 & 4 & 6 & -20 & 22 \end{array}\right) \Longrightarrow \left(\begin{array}{cccc|c} 1 & 0 & -1 & -2 & 5 \\ 0 & 1 & 2 & -4 & 3 \\ 0 & 0 & 0 & 0 & 0 \\ 0 & 0 & 0 & 0 & 0 \end{array}\right) \Longrightarrow \begin{array}{l} x_1=5+x_3+2x_4 \\ x_2=3-2x_3+4x_4 \end{array}$$

18.5.1

a)
$$\left(\begin{array}{ccc|c} 2 & 1 & -2 & 10 \\ 3 & 2 & 2 & 1 \\ 5 & 4 & 3 & 4 \end{array}\right) \Longrightarrow \left(\begin{array}{ccc|c} 2 & 1 & -2 & 10 \\ 0 & 0{,}5 & 5 & -14 \\ 0 & 0 & -7 & 21 \end{array}\right) \Longrightarrow \begin{array}{l} z = -3 \\ y = 2 \\ x = 1\ ; \end{array}$$

b)
$$\left(\begin{array}{ccc|c} 5 & 7 & 15 & 6 \\ 1 & 2 & 3 & 6 \\ 2 & 4 & 12 & 6 \end{array}\right) \Longrightarrow \left(\begin{array}{ccc|c} 5 & 7 & 15 & 6 \\ 0 & 0{,}6 & 0 & 4{,}8 \\ 0 & 0 & 6 & -6 \end{array}\right) \Longrightarrow \begin{array}{l} x = -7 \\ y = 8 \\ z = -1 \end{array}$$

18.5.2

$$\left(\begin{array}{ccc|c} 1 & 2 & 2-t & t^2 \\ 1 & 3 & 3-t & t^2+2 \\ 0 & 2-t & t^2 & t^2+t+6 \end{array}\right) \Longrightarrow \left(\begin{array}{ccc|c} 1 & 2 & 2-t & t^2 \\ 0 & 1 & 1 & 2 \\ 0 & 0 & t^2+t-2 & t^2+3t+2 \end{array}\right)\ ;$$

$t^2+t-2 = 0 \Longrightarrow t_1 = 1$ und $t_2 = -2$.

Für $t = 1$ lautet die letzte Zeile $(0\ \ 0\ \ 0\ \ 6)$. Das Gleichungssystem ist also für $t = 1$ **nicht** lösbar.

Für $t = -2$ lautet die letzte Zeile $(0\ \ 0\ \ 0\ \ 0)$. Das Gleichungssystem ist für $t = -2$ **mehrdeutig** lösbar.

Für $t = 0$ ergibt sich

$$\left(\begin{array}{ccc|c} 1 & 2 & 2 & 0 \\ 0 & 1 & 1 & 2 \\ 0 & 0 & -2 & 2 \end{array}\right) \quad \text{bzw.} \quad \begin{array}{l} x_1 = -4 \\ x_2 = 3 \\ x_3 = -1. \end{array}$$

18.6.1

$$\mathbf{A}^{-1} = \begin{pmatrix} -1 & 1 & 1 \\ \frac{4}{5} & -\frac{2}{5} & -\frac{3}{5} \\ \frac{3}{5} & -\frac{4}{5} & -\frac{1}{5} \end{pmatrix}.$$

18.6.2 Ausgangsmatrix: $\left(\begin{array}{cc|cc} 2 & 8 & 1 & 0 \\ 1 & 4 & 0 & 1 \end{array}\right)$

Matrix nach der 1. Iteration: $\left(\begin{array}{cc|cc} 1 & 4 & \frac{1}{2} & 0 \\ 0 & 0 & -\frac{1}{2} & 1 \end{array}\right)$

Im nächsten Schritt müßte der Einheitsvektor e_2 erzeugt werden. Das ist jedoch nicht möglich, da die Elemente a_{21} und a_{22} gleich Null sind. Die Matrix hat daher keine Inverse.

18.6.3
a) $\mathbf{A}^{-1} = \begin{pmatrix} -1 & 1 \\ 3 & -2 \end{pmatrix}$; b) $\mathbf{B}^{-1} = \begin{pmatrix} \frac{3}{43} & \frac{7}{43} \\ \frac{4}{43} & -\frac{5}{43} \end{pmatrix}$;

c) $\mathbf{C}^{-1} = \begin{pmatrix} 7 & -3 & -3 \\ -1 & 1 & 0 \\ -1 & 0 & 1 \end{pmatrix}$; d) $\mathbf{D}^{-1} = \begin{pmatrix} 1 & -1 & -1 \\ 0 & 2 & 1 \\ 0 & 1 & 1 \end{pmatrix}$; e) $\mathbf{E}^{-1}$ existiert nicht.

18.7.1
a) $\mathbf{A}^{-1} = \begin{pmatrix} 4 & 0 & -5 \\ -18 & 1 & 24 \\ -3 & 0 & 4 \end{pmatrix}$; $\mathbf{x} = \mathbf{A}^{-1}\mathbf{b} = \begin{pmatrix} 1 \\ -1 \\ 3 \end{pmatrix}$.

b) $\mathbf{A}^{-1} = \begin{pmatrix} -1 & 1 & 1 \\ \frac{4}{5} & -\frac{2}{5} & -\frac{3}{5} \\ \frac{3}{5} & -\frac{4}{5} & -\frac{1}{5} \end{pmatrix}$; $\mathbf{x} = \mathbf{A}^{-1}\mathbf{b} = \begin{pmatrix} 1 \\ 3 \\ 4 \end{pmatrix}$.

c) Da die Inverse der Koeffizientenmatrix nicht existiert, kann die Lösung des Gleichungssystems auf diesem Wege nicht gefunden werden.
d) Da die dritte Gleichung aus der ersten durch Multiplikation mit 2 hervorgeht, ist sie überflüssig

$\mathbf{A} = \begin{pmatrix} 1 & 1 \\ 1 & -1 \end{pmatrix}$, $\mathbf{b} = \begin{pmatrix} 1 \\ 3 \end{pmatrix}$, $\mathbf{A}^{-1} = \begin{pmatrix} \frac{1}{2} & \frac{1}{2} \\ \frac{1}{2} & -\frac{1}{2} \end{pmatrix}$, $\begin{pmatrix} x \\ y \end{pmatrix} = \mathbf{A}^{-1}\mathbf{b} = \begin{pmatrix} 2 \\ -1 \end{pmatrix}$.

18.7.2 Mit a,b und c seien die benötigten Mengen der Produkte A, B und C bezeichnet:

a) $\begin{aligned} a+2b+3c &= 25 \\ 3a+b+4c &= 25 \\ 2a+5b+2c &= 50 \end{aligned}$; b) $\begin{pmatrix} 1 & 2 & 3 \\ 3 & 1 & 4 \\ 2 & 5 & 2 \end{pmatrix} \begin{pmatrix} a \\ b \\ c \end{pmatrix} = \begin{pmatrix} 25 \\ 25 \\ 50 \end{pmatrix}$;

c) $\mathbf{A}^{-1} = \frac{1}{25} \begin{pmatrix} -18 & 11 & 5 \\ 2 & -4 & 5 \\ 13 & -1 & -5 \end{pmatrix}$, $\begin{pmatrix} a \\ b \\ c \end{pmatrix} = \mathbf{A}^{-1}\mathbf{b} = \begin{pmatrix} 3 \\ 8 \\ 2 \end{pmatrix}$.

18.8.1 a) linear abhängig, denn b = -2a; b) linear unabhängig; c) linear abhängig, den a+b+c = d; d) linear abhängig, da es sich um 4 Vektoren 3. Ordnung handelt; e) linear unabhängig

18.8.2 a) d = 0, d = 1; b) a,b und c sind immer linear unabhängig.

18.9.1 a) rang(**A**) = 3, b) rang(**B**) = 2, c) rang(**C**) = 3.

18.9.2 In einem zweidimensionalen kartesischen Koordinatensystem kann der Vektor (x,y) als Pfeil vom Koordinatenursprung zum Punkt (x,y) gedeutet werden. Linear abhängige Vektoren liegen dann auf **einer** Geraden.

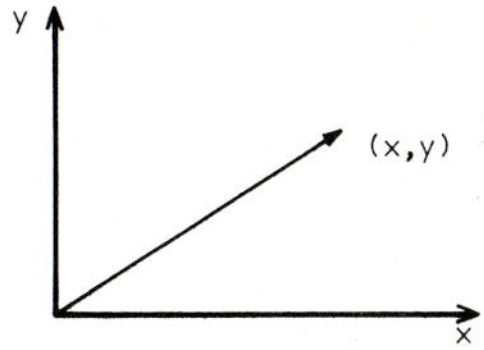

Bei Vektoren mit drei Elementen (x,y,z) kann man entsprechend eine Interpretation als Pfeile im Raum vom Koordinatenursprung zum Punkt (x,y,z) vornehmen. Linear abhängige Vektoren liegen dann in einer Ebene.

18.9.3 a) rang(**A**) = rang(**A**|**b**) = 3 = n $\Longrightarrow$ eindeutig lösbar;
b) rang(**A**) = 2 < rang(**A**|**b**) = 3 $\Longrightarrow$ nicht lösbar;
c) rang(**A**) = 3 = rang(**A**|**b**) < n = 4 $\Longrightarrow$ mehrdeutig lösbar.

18.9.4 m Gleichungen in 2 Unbekannten stellen m Geraden im (x_1,x_2)-Koordinatensystem dar. Die Lösung enthält die Punkte, die allen Geraden gemeinsam sind. Es gilt

Lage der Geraden zueinander:	Lösbarkeitskriterium ergibt:
1 Schnittpunkt	eindeutig lösbar
Identität	mehrdeutig lösbar
Parallelität	nicht lösbar
mehrere verschiedene Schnittpunkte für je 2 Geraden	nicht lösbar

19.1.1 a) $|\mathbf{A}| = 11$; b) $|\mathbf{B}| = 1$; c) $|\mathbf{C}| = 0$; d) $|\mathbf{D}|$ nicht definiert.

19.1.2 $a_{11}a_{22} = a_{12}a_{21}$.

19.1.3
$$\mathbf{A}_{ad} = \begin{pmatrix} 4 & 2 \\ -1 & 3 \end{pmatrix}; \quad \mathbf{B}_{ad} = \begin{pmatrix} 0 & 0 & -3 \\ 2 & -4 & -3 \\ -4 & 2 & 6 \end{pmatrix}.$$

19.2.1 a) $|\mathbf{A}| = \lambda^2 - 13\lambda - 2$; b) $|\mathbf{B}| = -4$; c) $|\mathbf{C}| = 38$.

19.2.2 $|\mathbf{A}| = -80$.

19.3.1 a) $|\mathbf{A}| = -4$;
b) $|\mathbf{B}| = -8$. **B** ergibt sich aus **A** durch Multiplikation der ersten Zeile mit 2 (Anwendung von R 19.3.5);
c) $|\mathbf{C}| = 4$. **C** ergibt sich aus **A** durch Vertauschen der 2. und 3. Spalte (Anwendung von R 19.3.9);
d) $|\mathbf{D}| = -4$. **D** ergibt sich aus **A** durch Addition der 2. Zeile zur 1. Zeile (Anwendung von R 19.3.11);
e) $|\mathbf{E}| = -108$. **E** = 3**A** (Anwendung von R 19.3.7);

f) $|\mathbf{F}| = 0$. Die 2. Zeile von **F** ist gleich dem doppelten der 1. Zeile (Anwendung von R 19.3.13).

19.3.2 Es gilt: $|\mathbf{A}|\ |\mathbf{B}| = |\mathbf{A}\,\mathbf{B}|$ (R 19.3.2). Durch mehrfache Anwendung dieser Regel erhält man:

$$\underbrace{|\mathbf{A}| \ldots\ldots |\mathbf{A}|}_{r\text{-mal}} = |\mathbf{A}|^r = |\mathbf{A}^r|$$

Da aber $|\mathbf{A}^r| = 0$ ist, gilt somit auch:

$$|\mathbf{A}|^r = 0 \Rightarrow |\mathbf{A}| = 0 \Rightarrow \mathbf{A} \text{ singulär.}$$

19.4.1 a)

$$x_1 = \frac{\begin{vmatrix} 13 & 7 \\ -2 & 4 \end{vmatrix}}{\begin{vmatrix} 2 & 7 \\ -2 & 4 \end{vmatrix}} = 3, \quad x_2 = \frac{\begin{vmatrix} 2 & 13 \\ -2 & -2 \end{vmatrix}}{\begin{vmatrix} 2 & 7 \\ -2 & 4 \end{vmatrix}} = 1;$$

b)

$$x_1 = \frac{\begin{vmatrix} -10 & 6 & 4 \\ 12 & -6 & -2 \\ -1 & 1 & 2 \end{vmatrix}}{\begin{vmatrix} -3 & 6 & 4 \\ 2 & -6 & -2 \\ -1 & 1 & 2 \end{vmatrix}} = -4, \quad x_2 = \frac{\begin{vmatrix} -3 & -10 & 4 \\ 2 & 12 & -2 \\ -1 & -1 & 2 \end{vmatrix}}{\begin{vmatrix} -3 & 6 & 4 \\ 2 & -6 & -2 \\ -1 & 1 & 2 \end{vmatrix}} = -3, \quad x_3 = \frac{\begin{vmatrix} -3 & 6 & -10 \\ 2 & -6 & 12 \\ -1 & 1 & -1 \end{vmatrix}}{\begin{vmatrix} -3 & 6 & 4 \\ 2 & -6 & -2 \\ -1 & 1 & 2 \end{vmatrix}} = -1.$$

19.4.2 a)

$$x = \frac{\begin{vmatrix} 10 & 2 \\ 3 & 3 \end{vmatrix}}{\begin{vmatrix} 4 & 2 \\ 2 & 3 \end{vmatrix}} = 3, \quad y = \frac{\begin{vmatrix} 4 & 10 \\ 2 & 3 \end{vmatrix}}{\begin{vmatrix} 4 & 2 \\ 2 & 3 \end{vmatrix}} = -1;$$

b)

$$\left(\begin{array}{cc|c} 4 & 2 & 10 \\ 2 & 3 & 3 \end{array}\right) \Rightarrow \left(\begin{array}{cc|c} 1 & \frac{1}{2} & \frac{5}{2} \\ 0 & 2 & -2 \end{array}\right) \Rightarrow \left(\begin{array}{cc|c} 1 & 0 & 3 \\ 0 & 1 & -1 \end{array}\right) \Rightarrow \begin{pmatrix} x \\ y \end{pmatrix} = \begin{pmatrix} 3 \\ -1 \end{pmatrix}.$$

19.4.3 Die Zahl bzw. ihre Ziffern seien mit B bzw. mit x, y und z bezeichnet.
Dann gilt: $B = 100x+10y+z$.

a)

$$\left.\begin{array}{r} x + y + z = 18 \\ x + z \quad = y \\ 100z + 10y + x = B-99 \end{array}\right\} \Rightarrow \left\{\begin{array}{r} x + y + z = 18 \\ x - y + z = 0 \\ 99x \quad -99z = 99; \end{array}\right.$$

b)

$$\begin{pmatrix} 1 & 1 & 1 \\ 1 & -1 & 1 \\ 99 & 0 & -99 \end{pmatrix} \begin{pmatrix} x \\ y \\ z \end{pmatrix} = \begin{pmatrix} 18 \\ 0 \\ 99 \end{pmatrix};$$

c) $|\mathbf{A}| = 396,\quad |\mathbf{A}_1| = 1980,\quad |\mathbf{A}_2| = 3564,\quad |\mathbf{A}_3| = 1584,$

$\Rightarrow x = 5,\ y = 9,\ z = 4 \Rightarrow B = 594.$

19.5.1 a) $|\mathbf{A}| = 1;$ b) $|\mathbf{B}| = 2;$

$$\mathbf{A}^{-1} = \begin{pmatrix} 7 & -3 & -3 \\ -1 & 1 & 0 \\ -1 & 0 & 1 \end{pmatrix}; \qquad \mathbf{B}^{-1} = \frac{1}{2}\begin{pmatrix} 1 & -1 & -1 \\ 0 & 4 & 2 \\ 0 & 2 & 2 \end{pmatrix} = \begin{pmatrix} \frac{1}{2} & -\frac{1}{2} & -\frac{1}{2} \\ 0 & 2 & 1 \\ 0 & 1 & 1 \end{pmatrix}.$$

19.5.2 Aus $\mathbf{A} = \mathbf{BC}$ ergibt sich durch Multiplikation mit $\mathbf{C}^{-1}$ von rechts

$\mathbf{A}\ \mathbf{C}^{-1} = \mathbf{B}$

$$C^{-1} = \begin{pmatrix} \frac{3}{2} & -\frac{1}{2} & -2 \\ 4 & -2 & -5 \\ -2 & 1 & 3 \end{pmatrix} \Rightarrow \mathbf{B} = \mathbf{AC}^{-1} = \begin{pmatrix} -\frac{25}{2} & \frac{13}{2} & 18 \\ \frac{3}{2} & -\frac{3}{2} & -1 \\ \frac{7}{2} & -\frac{3}{2} & -4 \end{pmatrix}.$$

20.2.1

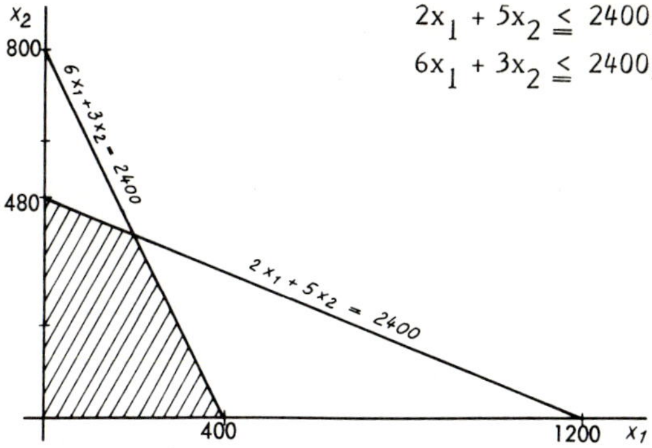

$2x_1 + 5x_2 \leqq 2400;\quad x_1 \geqq 0$

$6x_1 + 3x_2 \leqq 2400;\quad x_2 \geqq 0$

20.2.2

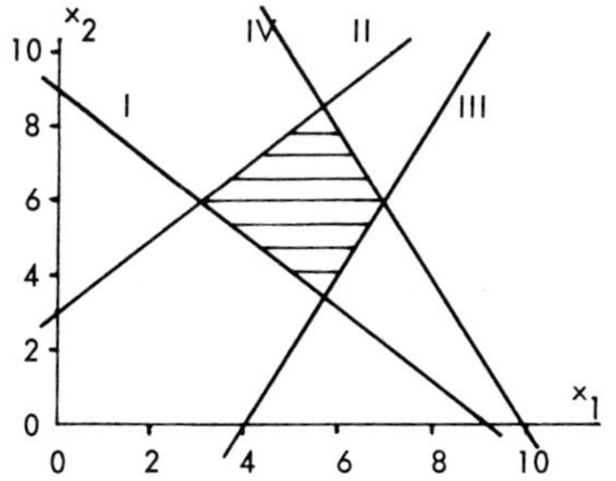

20.2.3

$0{,}1x_1 + 0{,}2x_2 \geqq 1;\quad x_1 \geqq 0$

$0{,}2x_1 + 0{,}1x_2 \geqq 0{,}8;\quad x_2 \geqq 0$

$0{,}1x_1 + 0{,}6x_2 \geqq 1{,}8$

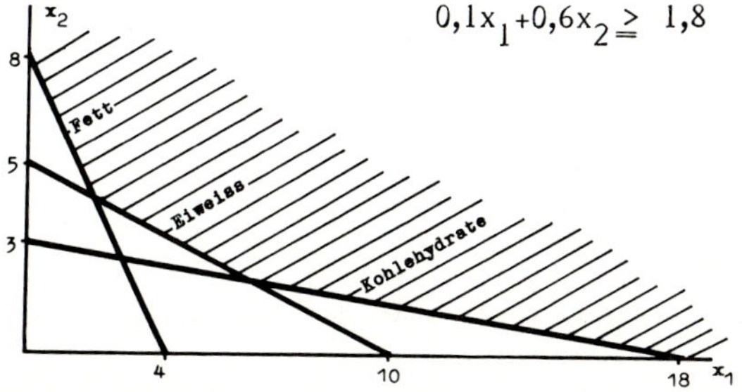

20.2.4

a)
$$2x_1+5x_2 \leqq 1000 \qquad x_1 \geqq 0$$
$$5x_1+4x_2 \leqq 1000 \qquad x_2 \geqq 0$$
$$2x_1+x_2 \leqq 320$$

b)

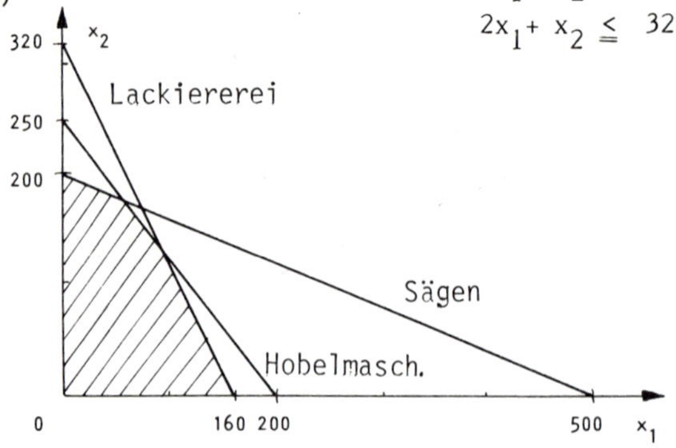

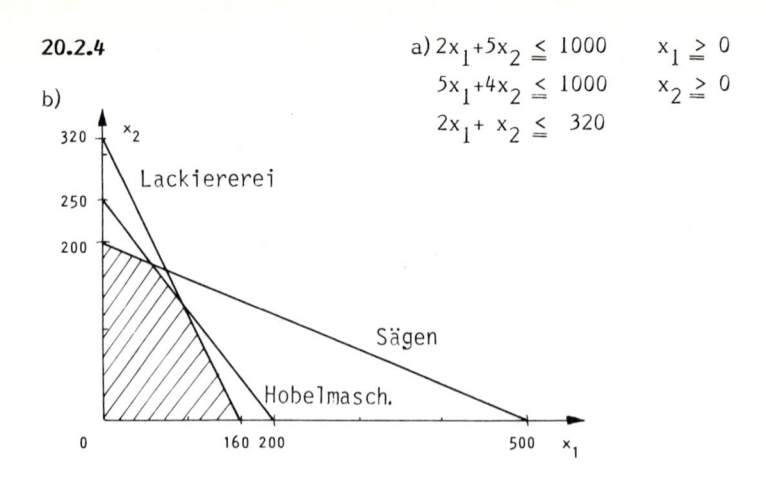

c) Nein, dazu müßten sich die Kapazitätsbegrenzungslinien (Geraden) in einem Punkt schneiden.

d) z.B. Erhöhung der Kapazität der Hobelmaschine.

20.3.1

a)
$$\text{I} \quad 4x_1+4x_2 \leqq 200, \quad x_1 \geqq 0,$$
$$\text{II} \quad 8x_1+4x_2 \leqq 200, \quad x_2 \geqq 0.$$
$$\text{III} \quad 2x_1+10x_2 \leqq 200,$$

b)

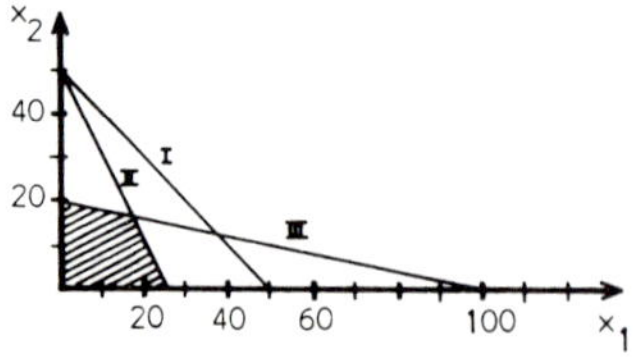

c) Die Kapazitätsbedingung I ist überflüssig, da sie von der Bedingung II dominiert wird.

20.3.2

a, b, c)

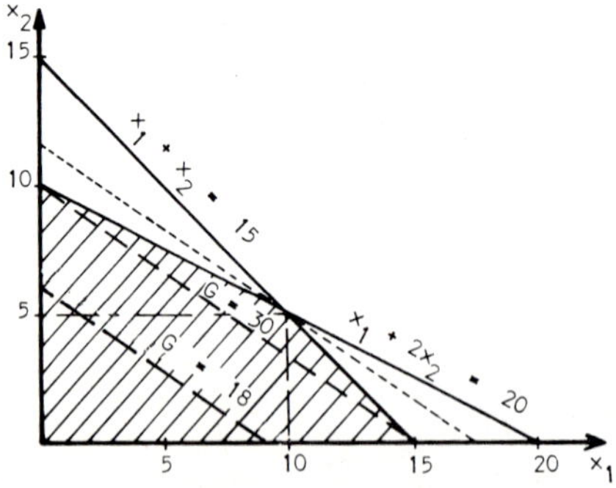

Das Maximum der Zielfunktion liegt bei $x_1 = 10$, $x_2 = 5$.

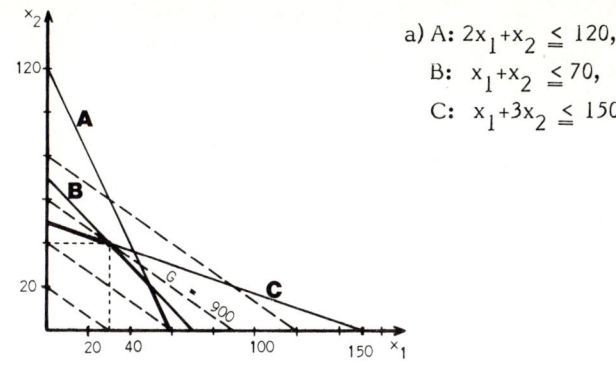

20.3.3

b)

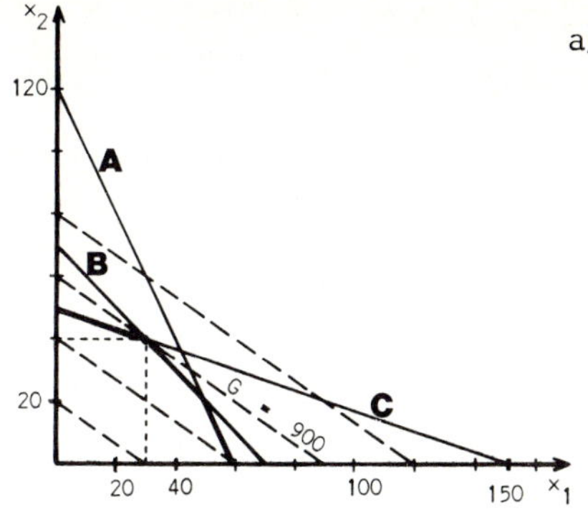

a) A: $2x_1+x_2 \leqq 120$,
B: $x_1+x_2 \leqq 70$,
C: $x_1+3x_2 \leqq 150$,

c) Nein; d) Neue Beschränkung: $x_1 + x_2 \leqq 78$, $t = 4\frac{4}{7}$ h;
e) siehe Figur unter b).

20.4.1 $\text{Max}\left\{G = 5x_1+4x_2 \;\middle|\; \begin{pmatrix} 8 & 12 \\ 15 & 5 \end{pmatrix}\begin{pmatrix} x_1 \\ x_2 \end{pmatrix} \leqq \begin{pmatrix} 2400 \\ 2400 \end{pmatrix};\; \begin{pmatrix} x_1 \\ x_2 \end{pmatrix} \geqq \begin{pmatrix} 0 \\ 0 \end{pmatrix}\right\}$.

20.4.2 Maximiere $G = 24x_{11}+12x_{12}+15x_{13}+25x_{21}+15x_{22}+6x_{23}$

unter den Bedingungen

$x_{11}+x_{21} \leqq 100$; $x_{12}+x_{22} \leqq 40$; $x_{13}+x_{23} \leqq 60$;

$4x_{11}+2x_{12}+5x_{13} \leqq 100$; $6x_{21}+5x_{22}+10x_{23} \leqq 300$ und
$x_{ij} \geqq 0$ $(i=1,2;\ j=1,2,3)$.

20.4.3 Seien mit x_1 und x_2 die Mengen von Bier und Brot bezeichnet, mit N der Nutzen. Dann gilt:

$\text{Max}\left\{N = x_1+1{,}5x_2 \;\middle|\; \begin{pmatrix} 1 & 1{,}25 \\ 0{,}2 & 0{,}48 \end{pmatrix}\begin{pmatrix} x_1 \\ x_2 \end{pmatrix} \leqq \begin{pmatrix} 400 \\ 120 \end{pmatrix};\; \begin{pmatrix} x_1 \\ x_2 \end{pmatrix} \geqq \begin{pmatrix} 0 \\ 0 \end{pmatrix}\right\}$.

20.5.1

a) Ausgangstableau:

x_1	x_2	y_1	y_2	y_3	G	
2	1	1	0	0	0	120
1	1	0	1	0	0	70
1	3	0	0	1	0	150
-10	-15	0	0	0	1	0

Endtableau:

x_1	x_2	y_1	y_2	y_3	G	
0	0	1	-2,5	0,5	0	20
1	0	0	1,5	-0,5	0	30
0	1	0	-0,5	0,5	0	40
0	0	0	7,5	2,5	1	900

$x_1 = 30$
$x_2 = 40$
$y_1 = 20$
$G = 900$;

b) $x_1 = 50$, $x_2 = 20$; c) $30 \leqq x_1 \leqq 50$, $x_2 = 70 - x_1$.

20.5.2 $x_4 = 50$, $x_5 = 30$, $G = 420$.

20.5.3 Seien x_1 und x_2 die Anzahlen der männlichen und weiblichen Gäste.

a) $G = (0{,}3 \cdot 9 + 0{,}7 \cdot 6)x_1 + (0{,}5 \cdot 9 + 0{,}5 \cdot 6)x_2 = 6{,}9x_1 + 7{,}5x_2$;

$x_1 + x_2 \leqq 300$, $0{,}3x_1 + 0{,}5x_2 \leqq 100$; $x_1 \geqq 0$, $x_2 \geqq 0$;

b) Ausgangstableau:

x_1	x_2	y_1	y_2	G	
1	1	1	0	0	300
0,3	0,5	0	1	0	100
-6,9	-7,5	0	0	1	0

Endtableau

x_1	x_2	y_1	y_2	G	
1	0	2,5	-5	0	250
0	1	-1,5	5	0	50
0	0	6	3	1	2100

$x_1 = 250$,
$x_2 = 50$,
$G = 2100$

c) Ja. Der Maximalgewinn entsteht genau dann, wenn Motel und Restaurant voll ausgelastet sind. Es ist dann

$$\left.\begin{aligned} x_1 + x_2 &= 300 \\ 0{,}3x_1 + 0{,}5x_2 &= 100 \end{aligned}\right\} \Rightarrow x_1 = 250,\ x_2 = 50.$$

20.6.1 $$\text{Max}\left\{ G = 5x_1 + 4x_2 \;\middle|\; \begin{pmatrix} 1 & 2 \\ 5 & 4 \\ 11 & 4 \end{pmatrix} \begin{pmatrix} x_1 \\ x_2 \end{pmatrix} \leqq \begin{pmatrix} 240 \\ 600 \\ 1200 \end{pmatrix}, \begin{pmatrix} x_1 \\ x_2 \end{pmatrix} \geqq \begin{pmatrix} 0 \\ 0 \end{pmatrix} \right\}$$

Endtableau:

0	0	1	$-\frac{3}{4}$	$\frac{1}{4}$	0	90
0	1	0	$\frac{11}{24}$	$-\frac{5}{24}$	0	25
1	0	0	$-\frac{1}{6}$	$\frac{1}{6}$	0	100
0	0	0	1	0	1	600

Die Nicht-Basisvariable y_3 hat in der letzten Zeile den Wert 0, somit liegt eine mehrdeutige Lösung vor.

20.6.2 a) $$\text{Max}\left\{ G = 4x_1 + 6x_2 \;\middle|\; \begin{pmatrix} 3 & 1 \\ 1 & 3 \\ 2 & 2 \end{pmatrix} \begin{pmatrix} x_1 \\ x_2 \end{pmatrix} \leqq \begin{pmatrix} 60 \\ 60 \\ 60 \end{pmatrix}, \begin{pmatrix} x_1 \\ x_2 \end{pmatrix} \geqq \begin{pmatrix} 0 \\ 0 \end{pmatrix} \right\}$$

b) Endtableau:

0	0	1	1	-2	0	0
0	1	0	$\frac{1}{2}$	$-\frac{1}{4}$	0	15
1	0	0	$-\frac{1}{2}$	$\frac{3}{4}$	0	15
0	0	0	1	$\frac{3}{2}$	1	150

oder:

1	0	$\frac{3}{8}$	$-\frac{1}{8}$	0	0	15
0	1	$-\frac{1}{8}$	$\frac{3}{8}$	0	0	15
0	0	$-\frac{1}{2}$	$-\frac{1}{2}$	1	0	0
0	0	$\frac{3}{4}$	$\frac{7}{4}$	0	1	150

$x_1 = 15$, $x_2 = 15$. Die Basisvariable y_1 nimmt den Wert Null an. Es liegt also eine degenerierte Lösung vor.

20.7.1

Das Minimum liegt bei $y_1 = 45$ und $y_2 = 25$.

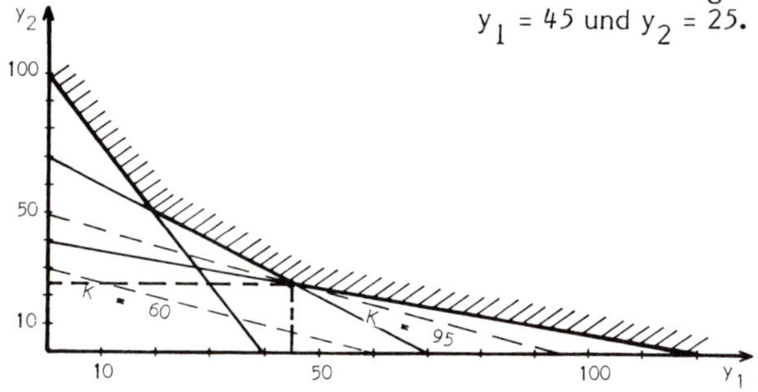

20.7.2 Aufteilungsmöglichkeiten für eine Rolle

Plan	1	2	3	4	5	6
65 cm Breite	2	1	1	0	0	0
55 cm Breite	0	1	0	2	1	0
45 cm Breite	0	0	1	0	2	3
Verschnitt	20	30	40	40	5	15

Die Anzahl der Rollen nach Plan i wird mit y_i bezeichnet.

Minimiere $K = 20y_1+30y_2+40y_3+40y_4+5y_5+5y_6$ unter den Beschränkungen $2y_1+y_2+y_3 \geqq 20$, $y_2+2y_4+y_5 \geqq 30$, $y_3+2y_5+3y_6 \geqq 50$ und $y_i \geqq 0$ $(i=1,\dots,6)$.

20.7.3 $G = 5(y_{11}+y_{12}+y_{13})+4(y_{21}+y_{22}+y_{23})+7(y_{31}+y_{32}+y_{33})$

$-3(y_{11}+y_{21}+y_{31})-5(y_{12}+y_{22}+y_{32})-2(y_{13}+y_{23}+y_{33})$

$= 2y_{11}+3y_{13}+y_{21}-y_{22}+2y_{23}+4y_{31}+2y_{32}+5y_{33}$

Mengenbeschränkungen

$y_{11}+y_{21}+y_{31} \leqq 200\,000$, $y_{12}+y_{22}+y_{32} \leqq 250\,000$,

$y_{13}+y_{23}+y_{33} \leqq 150\,000$

Mischungsbedingungen

$y_{11} \geqq 0{,}6(y_{11}+y_{12}+y_{13})$ oder $3y_{12}+3y_{13}-2y_{11} \leqq 0$

$y_{12} \geqq 0{,}1(y_{11}+y_{12}+y_{13})$ oder $y_{11}+y_{13}-9y_{12} \leqq 0$

$y_{21} \geqq 0{,}4(y_{21}+y_{22}+y_{23})$ oder $2y_{22}+2y_{23}-3y_{21} \leqq 0$

$y_{22} \geqq 0{,}3(y_{21}+y_{22}+y_{23})$ oder $3y_{21}+3y_{23}-7y_{22} \leqq 0$

$y_{32} \geqq 0{,}6(y_{31}+y_{32}+y_{33})$ oder $3y_{31}+3y_{33}-2y_{32} \leqq 0$

20.8.1 Die Mengen an Schweröl, leichtem Heizöl und Kohle seien mit y_1, y_2 und y_3 bezeichnet. Dann ergibt sich:

$$\text{Min}\,\{K = 30y_1+40y_2+24y_3 \mid 24y_1+28y_2+16y_3 \geqq 48000;\ y_3 \geqq 800;\ y_1,y_2,y_3 \geqq 0\}$$

Simplex Tableau der dualen Aufgabe:

x_1	x_2	y_1	y_2	y_3	G	
24	0	1	0	0	0	30
28	0	0	1	0	0	40
16	1	0	0	1	0	24
-48000	-800	0	0	0	1	0

Endtableau:

1	0	$\frac{1}{24}$	0	0	0	$\frac{5}{4}$
0	0	$-\frac{7}{6}$	1	0	0	5
0	1	$-\frac{2}{3}$	0	1	0	4
0	0	$1466\frac{2}{3}$	0	800	1	63200

Es werden $y_1 = 1466\frac{2}{3}$ t Schweröl und $y_3 = 800$ t Kohle eingesetzt. Die minimalen Kosten betragen K = 63200.

20.8.2

Ausgangstableau der dualen Aufgabe:

x_1	x_2	y_1	y_2	G	
2	2	1	0	0	3
3	1	0	1	0	4
-18	-10	0	0	1	0

Endtableau:

0	1	$\frac{3}{4}$	$-\frac{1}{2}$	0	$\frac{1}{4}$
1	0	$-\frac{1}{4}$	$\frac{1}{2}$	0	$\frac{5}{4}$
0	0	3	4	1	25

Optimale Lösung $y_1 = 3$, $y_2 = 4$. Minimum der Zielfunktion: K = 25.

21.1.1 a)

	R1	R2	R3	R4	
T1	5	6	4	2	3000
T2	8	5	6	3	2400
T3	6	5	7	2	4200
	2000	2500	1500	3600	

b) zum Beispiel:

	R1	R2	R3	R4	
T1	2000	1000			3000
T2		1500	900		2400
T3			600	3600	4200
	2000	2500	1500	3600	

	R1	R2	R3	R4	
T1	2000		1000		3000
T2		1900	500		2400
T3		600		3600	4200
	2000	2500	1500	3600	

21.2.1 $K = 5x_{11}+4x_{12}+3x_{13}+7x_{14}+3x_{21}+5x_{22}+2x_{23}+6x_{24}+2x_{31}+5x_{32}$
$+ 3x_{33}+3x_{34}$

Beschränkungen:

(1) $x_{11}+x_{21}+x_{31} = 25$ (5) $x_{11}+x_{12}+x_{13}+x_{14} = 16$

(2) $x_{12}+x_{22}+x_{32} = 8$ (6) $x_{21}+x_{22}+x_{23}+x_{24} = 22$

(3) $x_{13}+x_{23}+x_{33} = 6$ (7) $x_{31}+x_{32}+x_{33}+x_{34} = 13$

(4) $x_{14}+x_{24}+x_{34} = 12$ $x_{ij} \geqq 0$; $i=1,2,3$; $j=1,2,3,4$.

21.3.1

a)

	E1	E2	E3	E4	
V1	16				16
V2	9	8	5		22
V3			1	12	13
	25	8	6	12	

b)

	E1	E2	E3	E4	
V1	2	8	6		16
V2	22				22
V3	1			12	13
	25	8	6	12	

21.3.2 a) Nord-West-Ecken-Regel;

	B1	B2	B3	B4	
T1	2000	1000			3000
T2		1500	900		2400
T3			600	3600	4200
	2000	2500	1500	3600	

K = 71300

b) VOLGELsches Approximationsmethode:

	B1	B2	B3	B4	
T1				3000	3000
T2		1800		600	2400
T3	2000	700	1500		4200
	2000	2500	1500	3600	

K = 41300

21.4.1 Optimallösung

	E_1	E_2	E_3	
V_1	6 / 2	3 / 8	2 / 5	15
V_2	4 / 10	4 / +3	5 / +5	10
	12	8	5	

21.4.2

	B_1	B_2	B_3	B_4	
A_1	7 (+7)	6 (+7)	4 (+6)	2 / 3000	3000
A_2	9 (+3)	5 / 1800	6 (+2)	8 / 600	2400
A_3	6 / 2000	5 / 700	4 / 1500	10 (+2)	4200
	2000	2500	1500	3600	

21.4.3 a) Zielfunktion:

$$K = 11x_{11}+13x_{12}+15x_{13}+20x_{14}+14x_{21}+17x_{22}+12x_{23}+13x_{24}$$
$$+\ 18x_{31}+18x_{32}+13x_{33}+12x_{34}$$

Nebenbedingungen:

$x_{ij} \geqq 0$ für alle i und j.

$$\sum_{j=1}^{4} x_{1j} = 4, \quad \sum_{j=1}^{4} x_{2j} = 6 \quad \sum_{j=1}^{4} x_{3j} = 8,$$

$$\sum_{i=1}^{3} x_{i1} = 6, \quad \sum_{i=1}^{3} x_{i2} = 3, \quad \sum_{i=1}^{3} x_{i3} = 4, \quad \sum_{i=1}^{3} x_{i4} = 5.$$

b) Ausgangsbasislösung nach der Nord-West-Ecken-Regel:

Garage \ Baustelle	1	2	3	4	
1	$x_{11}=4$				4
2	$x_{21}=2$	$x_{22}=3$	$x_{23}=1$		6
3			$x_{33}=3$	$x_{34}=5$	8
	6	3	4	5	

Kilometerleistung der Lösung:

$$K = 11\cdot4+14\cdot2+17\cdot3$$
$$+12\cdot1+13\cdot3+12\cdot5$$
$$= 44+28+51+12+39+60$$
$$= 234.$$

c) Optimallösung:

Garage \ Baustelle	1	2	3	4	
1	11 / 1	13 / 3	15 (+6)	20 (+12)	4
2	14 / 5	17 (+1)	12 / 1	13 (+2)	6
3	18 (+3)	18 (+1)	13 / 3	12 / 5	8
	6	3	4	5	

Die Kilometerleistung im Optimum beträgt:
$K = 11 \cdot 1 + 13 \cdot 3 + 14 \cdot 5 + 12 \cdot 1 + 13 \cdot 3 + 12 \cdot 5 = 231.$

21.5.1

	E_1, $v_1 = 6$	E_2, $v_2 = 5$	E_3, $v_3 = 4$	E_4, $v_4 = 8$	
V_1 $u_1 = -6$	7 / +7	6 / +7	4 / +6	2 / 3000	3000
V_2 $u_2 = 0$	9 / +3	5 / 1800	6 / +2	8 / 600	2400
V_3 $u_3 = 0$	6 / 2000	5 / 700	4 / 1500	10 / +2	4200
	2000	2500	1500	3600	

21.5.2 a) Zielfunktion:

$$K = 6x_{11}+2x_{12}+8x_{13}+7x_{14}+5x_{15}+4x_{21}+3x_{22}+7x_{23}+5x_{24}+9x_{25}$$
$$+ 2x_{31}+1x_{32}+3x_{33}+6x_{34}+4x_{35}+5x_{41}+6x_{42}+4x_{43}+8x_{44}+3x_{45}$$

Nebenbedingungen:

(1) $x_{11}+x_{12}+x_{13}+x_{14}+x_{15} = 40$ (2) $x_{11}+x_{21}+x_{31}+x_{41} = 30$

$x_{21}+x_{22}+x_{23}+x_{24}+x_{25} = 70$ $x_{12}+x_{22}+x_{32}+x_{42} = 60$

$x_{31}+x_{32}+x_{33}+x_{34}+x_{35} = 60$ $x_{13}+x_{23}+x_{33}+x_{43} = 50$

$x_{41}+x_{42}+x_{43}+x_{44}+x_{45} = 30$ $x_{14}+x_{24}+x_{34}+x_{44} = 40$

$x_{ij} \geqq 0$, $i=1,2,3,4$; $j=1,2,3,4,5$; $x_{15}+x_{25}+x_{35}+x_{45} = 20$

b)

	B1	B2	B3	B4	B5	
Z1	30	10	0	0	0	40
Z2	0	50	20	0	0	70
Z3	0	0	30	30	0	60
Z4	0	0	0	10	20	30
	30	60	50	40	20	

c)

	3	2	4	4	3	
0	6 / +3	2 / 40	8 / +4	7 / +3	5 / +2	40
1	4 / 30	3 / 0	7 / +2	5 / 40	9 / +5	70
-1	2 / 0	1 / 20	3 / 40	6 / +3	4 / +2	60
0	5 / +2	6 / +4	4 / 10	8 / +4	3 / 20	30
	30	60	50	40	20	

d) Es ergibt sich die Optimallösung in c)

21.7.1

a)

	9	20	15	
-8	8 / *+7*	12 / 200	25 / *+18*	200
0	9 / 150	20 / 50	15 / 200	400
	150	250	200	

b)

	9	13	15	6	
-1	8 / 70	12 / 130	25 / *+11*	6 / *+1*	200
0	9 / 80	20 / *+7*	15 / 200	6 / 120	400
	150	130	200	120	

c)

	9	20	15	
-8	8 / *+7*	12 / 180	25 / *+18*	180
0	9 / 150	20 / 50	15 / 200	400
0	20 / *+11*	20 / 20	20 / *+5*	20
	150	250	200	

22.2.1

a)

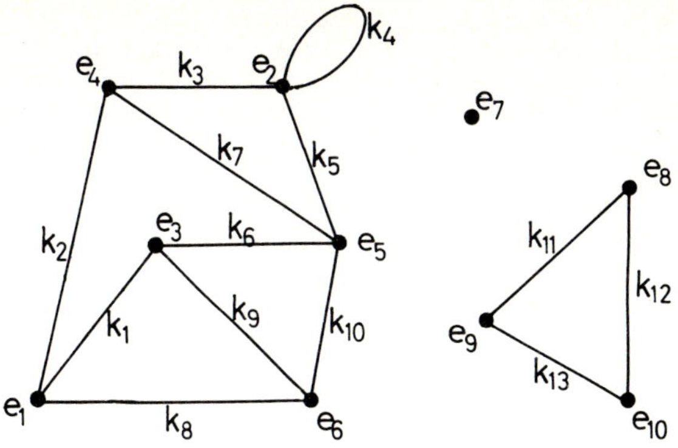

b)

	e1	e2	e3	e4	e5	e6	e7	e8	e9	e10
e1	0	0	1	1	0	1	0	0	0	0
e2	0	2	0	1	1	0	0	0	0	0
e3	1	0	0	0	1	1	0	0	0	0
e4	1	1	0	0	1	0	0	0	0	0
e5	0	1	1	1	0	1	0	0	0	0
e6	1	0	1	0	1	0	0	0	0	0
e7	0	0	0	0	0	0	0	0	0	0
e8	0	0	0	0	0	0	0	0	1	1
e9	0	0	0	0	0	0	0	1	0	1
e10	0	0	0	0	0	0	0	1	1	0

c)

ν	1	2	3	4	5	6	7	8	9	10
$\gamma(e_\nu)$	3	4	3	3	4	3	0	2	2	2

d) e2, e4, e5; e) k5, k6, k7, k8, k9;

f) E' = {e1,e2,e3,e4,e5,e10 }
K' = { k1,k2,k3,k4,k5,k6,k7 }

$\phi'(k1) = (e1,e3)$; $\phi'(k2) = (e1,e4)$; $\phi'(k3) = (e2,e4)$; $\phi'(k4) = (e2,e2)$;
$\phi'(k5) = (e2,e5)$; $\phi'(k6) = (e3,e5)$; $\phi'(k7) = (e4,e5)$;

	e1	e2	e3	e4	e5	e10
e1	0	0	1	1	0	0
e2	0	2	0	1	1	0
e3	1	0	0	0	1	0
e4	1	1	0	0	1	0
e5	0	1	1	1	0	0
e10	0	0	0	0	0	0

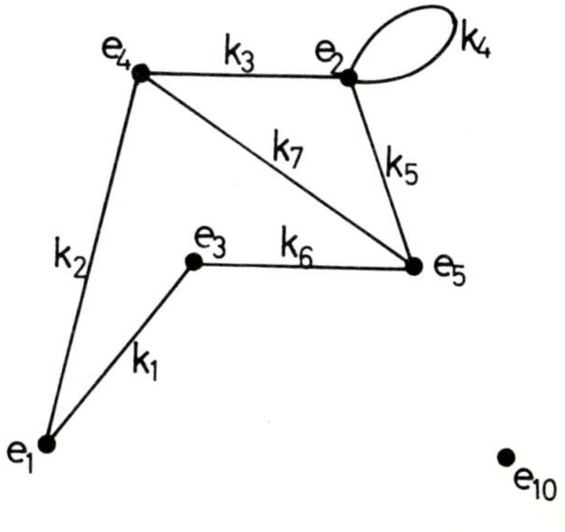

22.2.2 a) Miminalgrad: 2 Maximalgrad: 4
b) Einen Untergraphen erhält man durch Entfernung von Knoten und der mit diesem Knoten inzidenten Kanten. Die Anzahl der Untergraphen wird also gegeben durch die Anzahl der echten Teilmengen der Knotenmenge E. Man erhält somit $2^{13} - 1 = 8191$.

c) 9, nämlich k1,k2,k6; k3,k6; k4,k5,k6; k4,k5,k3,k1,k2,k6; k1,k2,k3,k4,k5,k6; k4,k5,k2,k1,k3,k6; k3,k5,k4,k1,k2,k6; k3,k2,k1,k4,k5,k6; k1,k2,k5,k4,k3,k6;

d) 3, nämlich k1,k2,k6; k3,k6 und k4,k5,k6;

e) e4,e5,e,9,e11; f) k6,k16

g) k1,k2,k3,k4,k5,k6,k7,k8,k9,k10,k11,k12,k13,k14,k15,k16,k17,k18,k19;

h) k1,k4,k5,k6,k7,k8,k11,k14,k15,k16,k17,k18;

i)

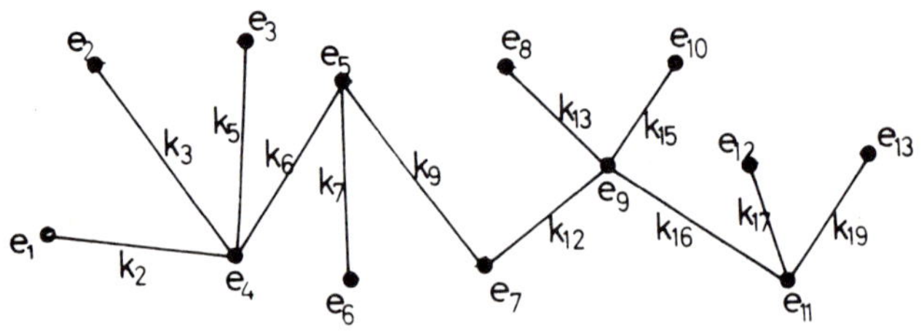

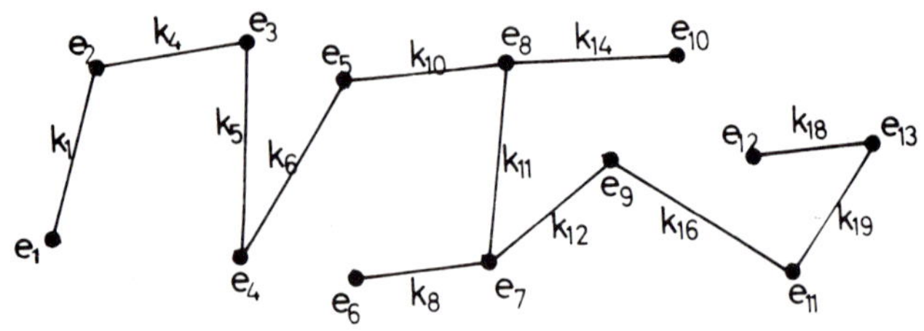

22.2.3 Da jeder Knoten des Graphen genau einmal berührt werden soll, und keine Restriktionen durch nicht vorhandene Kanten bestehen, ist diese Frage gleichbedeutend mit der Frage nach der Anzahl der Permutationen von 4 Elementen. Es gibt 4! = 24 Wege.

22.2.4 Die dem betreffenden Knoten zugeordnete Zeile und Spalte enthält nur "0", da der Knoten keinen Nachbarn hat.

22.2.5 Jede "2" auf der Hauptdiagonalen der Adjazenzmatrix zeigt eine Schleife an.

22.2.6 Für einen **ungerichteten** Graphen mit der Adjazenzmatrix $A = (a_{ij})$ gilt

$$\gamma(ei) = \sum_j a_{ij} = \sum_j a_{ji}$$

Für einen gerichteten Graphen mit der Adjazenzmatrix $\mathbf{A} = (a_{ij})$ gilt

$$\gamma^+(ei) = \sum_j a_{ij} \text{ und } \gamma^-(ej) = \sum_i a_{ij}.$$

22.4.1

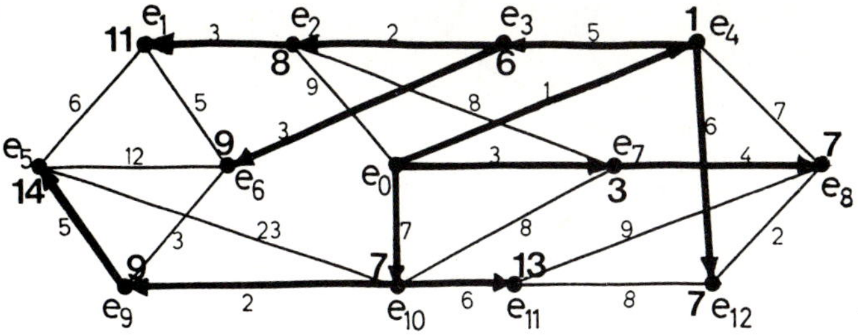

22.4.2

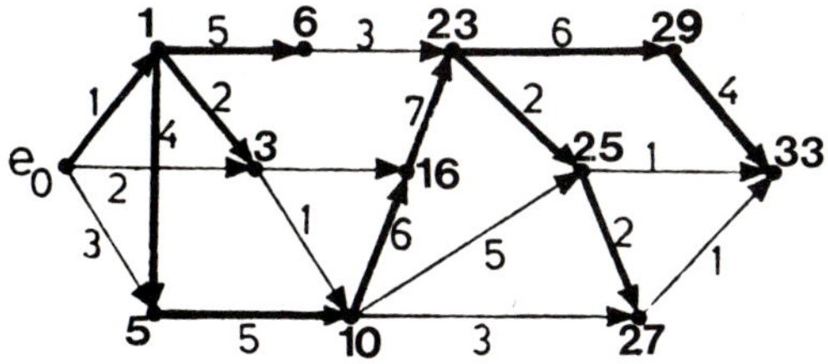

22.4.3

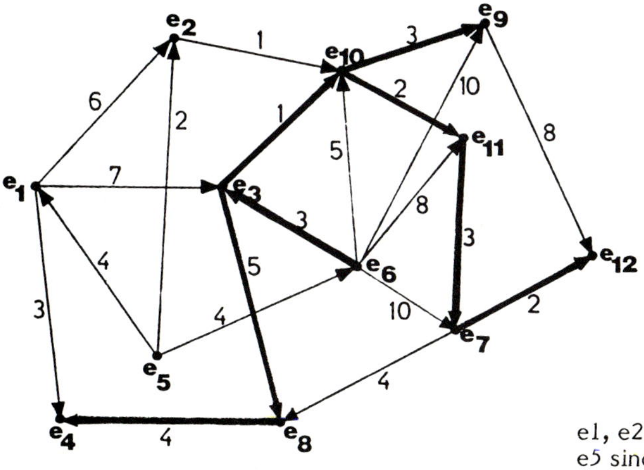

e1, e2 und e5 sind von e6 aus nicht erreichbar.

22.4.4

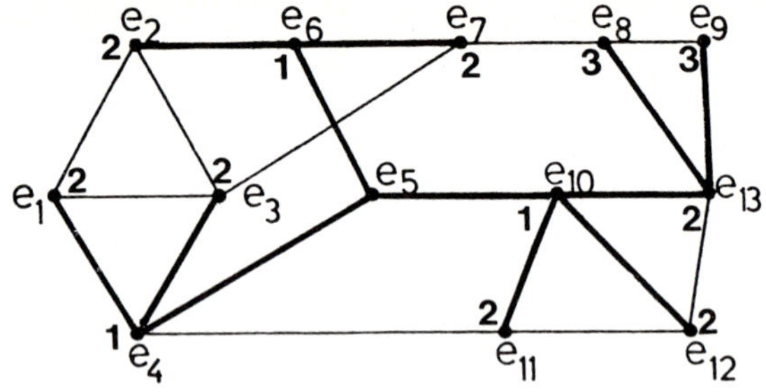

22.5.1

a)

$$\mathbf{C}^*=\begin{pmatrix} 0 & 8 & 2 & \infty & \infty & \infty \\ 8 & 0 & 4 & 5 & 16 & \infty \\ 2 & 4 & 0 & 12 & \infty & \infty \\ \infty & 5 & 12 & 0 & \infty & 5 \\ \infty & 16 & \infty & \infty & 0 & 2 \\ \infty & \infty & \infty & 5 & 2 & 0 \end{pmatrix};\mathbf{C}^{*(2)}=\begin{pmatrix} 0 & 6 & 2 & 13 & 24 & \infty \\ 6 & 0 & 4 & 5 & 16 & 10 \\ 2 & 4 & 0 & 9 & 20 & 17 \\ 13 & 5 & 9 & 0 & 7 & 5 \\ 24 & 16 & 20 & 7 & 0 & 2 \\ \infty & 10 & 17 & 5 & 2 & 0 \end{pmatrix};$$

$$\mathbf{C}^{*(3)}=\begin{pmatrix} 0 & 6 & 2 & 11 & 22 & 18 \\ 6 & 0 & 4 & 5 & 12 & 10 \\ 2 & 4 & 0 & 9 & 19 & 14 \\ 11 & 5 & 9 & 0 & 7 & 5 \\ 22 & 12 & 19 & 7 & 0 & 2 \\ 18 & 10 & 14 & 5 & 2 & 0 \end{pmatrix};\mathbf{C}^{*(4)}=\begin{pmatrix} 0 & 6 & 2 & 11 & 20 & 16 \\ 6 & 0 & 4 & 5 & 12 & 10 \\ 2 & 4 & 0 & 9 & 16 & 14 \\ 11 & 5 & 9 & 0 & 7 & 5 \\ 20 & 12 & 16 & 7 & 0 & 2 \\ 16 & 10 & 14 & 5 & 2 & 0 \end{pmatrix};$$

$$\mathbf{C}^{*(5)}=\begin{pmatrix} 0 & 6 & 2 & 11 & 18 & 16 \\ 6 & 0 & 4 & 5 & 12 & 10 \\ 2 & 4 & 0 & 9 & 16 & 14 \\ 11 & 5 & 9 & 0 & 7 & 5 \\ 18 & 12 & 16 & 7 & 0 & 2 \\ 16 & 10 & 14 & 5 & 2 & 0 \end{pmatrix};\mathbf{C}^{*(6)}=\begin{pmatrix} 0 & 6 & 2 & 11 & 18 & 16 \\ 6 & 0 & 4 & 5 & 12 & 10 \\ 2 & 4 & 0 & 9 & 16 & 14 \\ 11 & 5 & 9 & 0 & 7 & 5 \\ 18 & 12 & 16 & 7 & 0 & 2 \\ 16 & 10 & 14 & 5 & 2 & 0 \end{pmatrix}.$$

b) Es ist $\mathbf{S} = \mathbf{C}^{*(5)}$

c)

$$\mathbf{R}=\begin{pmatrix} 1 & 3 & 1 & 2 & 6 & 4 \\ 3 & 2 & 2 & 2 & 6 & 4 \\ 3 & 3 & 3 & 2 & 6 & 4 \\ 3 & 4 & 2 & 4 & 6 & 4 \\ 3 & 4 & 2 & 6 & 5 & 5 \\ 3 & 4 & 2 & 6 & 6 & 6 \end{pmatrix}$$

22.8.1

a)

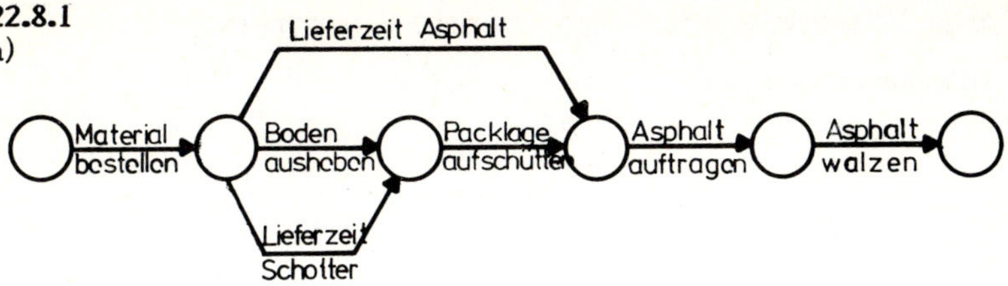
Lieferzeit Asphalt
Material bestellen
Boden ausheben
Packlage aufschütten
Asphalt auftragen
Asphalt walzen
Lieferzeit Schotter

b)

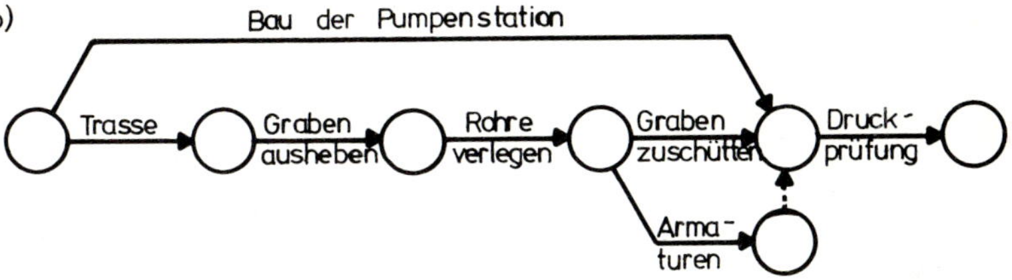
Bau der Pumpenstation
Trasse
Graben ausheben
Rohre verlegen
Graben zuschütten
Druck-prüfung
Arma-turen

22.8.2

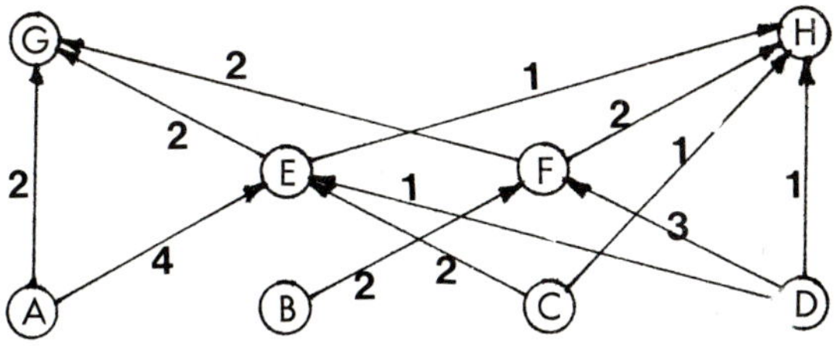
G
H
E
F
A
B
C
D

22.8.3

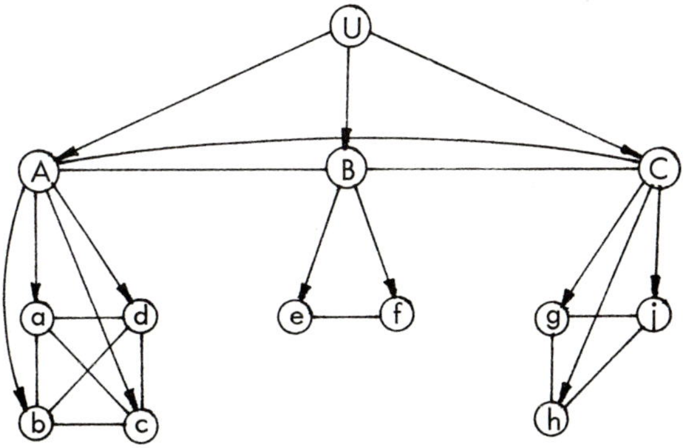
U
A
B
C
a
d
e
f
g
j
b
c
h

Weiterführende und ergänzende Literatur

1. Allgemeine Literatur

Dück, W., Körth, H., Runge, W. (Hrsg.): Mathematik für Ökonomen. Band 1 und Band 2. Thun, Frankfurt/M. Verlag Harri Deutsch, 1980.

Kemeny, J.G., Schleifer jr., A., Snell, J.L., Thompson, G.L.: Mathematik für die Wirtschaftspraxis. Berlin, New York. de Gruyter, 2. Aufl. 1972.

Tinhofer, G.: Mathematik für Studienanfänger. München, Wien. Carl Hanser Verlag, 1977.

Zurmühl, R.: Praktische Mathematik für Ingenieure und Physiker. Berlin, Heidelberg, New York. Springer-Verlag, 5. Aufl. 1965.

2. Formelsammlungen und Nachschlagewerke

Bartsch, H.-J.: Mathematische Formeln. Leipzig. VEB Fachbuchverlag Leipzig, 20. Aufl. 1984.

Bronstein, I.N., Semendjajew, K.A.: Taschenbuch der Mathematik. Zürich, Frankfurt. Verlag Harri Deutsch, 21. Aufl. 1983.

Gellert, W., Kästner, H., Neuber, S. (Hrsg.): Fachlexikon ABC Mathematik. Thun, Frankfurt/M. Verlag Harri Deutsch, 1978.

Meschkowski, H.: Mathematisches Begriffswörterbuch. Mannheim, Wien, Zürich. Bibliographisches Institut, 3. Aufl. 1971.

Rottmann, K. (Hrsg.): Mathematische Formelsammlung. Mannheim. Bibliographisches Institut, 3. Aufl. 1984.

Vogel, A.: Mathematische und statistische Tabellen. Stuttgart. Verlag Konrad Wittwer, 1983.

3. Zu Kapitel 17, 18 und 19 (Matrizen, Determinanten, Gleichungssysteme)

Aitken, A.C.: Determinanten und Matrizen. Mannheim, Wien, Zürich. Bibliographisches Institut, 1969.

Ayres, Frank: Matrizen. New York, u.a.. Schaum's outline series (McGraw-Hill), 1978.

Dietrich, G., Stahl, H.: Grundzüge der Matrizenrechnung. München. Ernst Battenberg Verlag, 9. Aufl. 1975.

Dietrich, G., Stahl, H.: Matrizen und Determinanten und ihre Anwendung in Rechnik und Ökonomie. Thun, Frankfurt/M., Verlag Harri Deutsch, 5. Aufl. 1978.

Goodman, A.W., Ratti, J.S.: Finite Mathematics with applications. New York, London. Macmillan, 1971.

Vogel, Friedrich: Matrizenrechnung in der Betriebswirtschaft. Opladen. Westdeutscher Verlag, 1970.

Zurmühl, R.: Matrizen. Berlin, Göttingen, Heidelberg. 4. Aufl. 1964.

4. Zu Kapitel 20 und 21 (Lineare Optimierung)

Blum, E., Oettli, W.: Mathematische Optimierung. Berlin, Heidelberg, New York. Springer-Verlag, 1975.

Dantzig, G.B.: Lineare Programmierung und Erweiterungen. Berlin, Heidelberg, New York. Springer-Verlag, 1966.

Ellinger, Th.: Operations Research. Berlin, Heidelberg, New York. Springer-Verlag, 1984.

Krekó, Béla: Lehrbuch der Linearen Optimierung. Berlin. VEB Deutscher Verlag der Wissenschaften, 5. Aufl. 1970.

Richter, Klaus-Jürgen: Methoden der Optimierung. Band I: Lineare Optimierung. Leipzig. VEB Fachbuchverlag, 4. Aufl. 1971.

Witte, Th., Deppe, J.F., Born, A.: Lineare Programmierung. Wiesbaden. Gabler Verlag 1975.

5. Zu Kapitel 22 (Graphentheorie)

Busacker, R.G., Saaty, Th.L.: Endliche Graphen und Netzwerke. München, Wien. Oldenbourg Verlag 1968.

Hässig, K.: Graphentheoretische Methoden des Operations Research. Stuttgart. Teubner Verlag, 1979.

Harary, F.: Graphentheorie. München, Wien. Oldenbourg Verlag, 1974.

Laue, R.: Elemente der Graphentheorie und ihre Anwendungen in den biologischen Wissenschaften. Braunschweig. Friedr. Vieweg + Sohn, 1971.

Noltemeier, H.: Graphentheorie mit Algorithmen und Anwendungen. Berlin, New York. de Gruyter, 1976.

Perl, J.: Graphentheorie. Wiesbaden. Akademische Verlagsgesellschaft, 1981.

Sachs, H.: Einführung in die Theorie der endlichen Graphen. München. Hanser Verlag,1971.

Walther, H.: Anwendungen der Graphentheorie. Braunschweig/Wiesbaden. Friedr. Vieweg + Sohn, 1979.

Symbolverzeichnis

Symbole, die nicht in diesem Band erläutert sind, wurden ebenfalls mit aufgeführt. Bei den Seitenzahlen wurde dann die Bandnummer hinzugefügt.

$\mathbb{N}$	Menge der natürlichen Zahlen, Band 1, S.17
$\mathbb{Z}$	Menge der ganzen Zahlen, Band 1, S.17
$\mathbb{Q}$	Menge der rationalen Zahlen, Band 1, S.17
$\mathbb{R}$	Menge der reellen Zahlen, Band 1, S.17
$\mathbb{R}^n$	Raum der reellen n-Tupel, Band 1, S.55
a^n	n-te Potenz von a, Band 1, S.18
$\sqrt[n]{a}$	n-te Wurzel aus a, Band 1, S.18
$a < b$	a kleiner als b
$a = b$	a gleich b
$a > b$	a größer als b
$a \leqq b$	a kleiner gleich b
$a \geqq b$	a größer gleich b
$\sum_{i=k}^{n} a_i$	Summenzeichen, "Summe aller a_i für i von k bis n", Band 1, S.24,25
$\prod_{i=k}^{n} a_i$	Produktzeichen, "Produkt aller a_i für i von k bis n", Band 1, S.29
$\lvert a \rvert$	Betrag a, absoluter Betrag von a, Band 1, S.30
(a,b)	abgeschlossenes Intervall, $a \leqq x \leqq b$, Band 1, S.22
)a,b(	offenes Intervall, $a < x < b$, Band 1, S.22
(a,b(	rechts halboffenes Intervall, $a \leqq x < b$, Band 1, S.22
)a,b)	links halboffenes Intervall, $a < x \leqq b$, Band 1, S.22
$\bar{A}$	Negation von A, "nicht A", Band 1, S.32
$\wedge$	und, Konjunktion, Band 1, S.33
$\vee$	oder, Disjunktion, Band 1, S.33
$\Longrightarrow$	Implikation,Band 1, S.34
$\Longleftrightarrow$	Äquivalenz, Band 1, S.35
$a \in A$	a Element A, Band 1, S.44
$b \notin A$	b nicht Element A, Band 1, S.44
$\{ \}$, $\emptyset$	leere Menge, Band 1, S.44

$A \subset B$	A ist Teilmenge von B, Band 1, S.46
$A \not\subset B$	A ist nicht Teilmenge von B, Band 1, S.46
$\mathfrak{P}(A)$	Potenzmenge der Menge A, Band 1, S.47
$A \cap B$	Durchschnitt der Mengen A und B, Band 1, S.48
$A \cup B$	Vereinigung der Mengen A und B, Band 1, S.49
$B \setminus A$	Differenz zwischen den Mengen B und A, Band 1, S.50
$\bar{A} = \complement_{\Omega} A$	Komplement von A in bezug auf Ω, Band 1, S.50
$n!$	n Fakultät, Band 1, S.64
$\binom{n}{k}$	Binomialkoeffizient, Band 1, S.65
$\mathbf{A},\mathbf{B},\ldots$	Matrix S.10
(a_{ij})	Matrix S.10
$\mathbf{A}_{mn}$	mxn Matrix S.10
$(a_{ij})_{mn}$	mxn Matrix S.10
$\mathbf{a},\mathbf{b},\ldots$	Spaltenvektor S.11
$\mathbf{a}',\mathbf{b}',\ldots$	Zeilenvektor S.11
$\mathbf{0}$	Nullmatrix S.13
$\mathbf{E}$	Einheitsmatrix S.14
$\mathbf{e}_i$	i-ter Einheitsvektor S.14
$\mathbf{A}'$	Transponierte der Matrix **A** S.15
$\mathbf{A}^T$	Transponierte der Matrix **A** S.15
$\mathbf{A}^{-1}$	Inverse der Matrix **A** S.32
rang($\mathbf{A}$)	Rang der Matrix **A** S.73
det ($\mathbf{A}$)	Determinante der Matrix A S.76
$\vert\mathbf{A}\vert$	Determinante der Matrix A S.76
$\mathbf{A}_{ad}$	adjungierte Matrix S.79

Stichwortverzeichnis

-, Nullv. 13
-, Rang eines Vektorsystems 73